DIE GRUNDLEHREN DER MATHEMATISCHEN WISSENSCHAFTEN

IN EINZELDARSTELLUNGEN MIT BESONDERER BERÜCKSICHTIGUNG DER ANWENDUNGSGEBIETE

GEMEINSAM MIT

W. BLASCHKE
HAMBURG

M. BORN
GÖTTINGEN

C. RUNGE †
GÖTTINGEN

HERAUSGEGEBEN VON

R. COURANT
GÖTTINGEN

BAND XXXV

STRAHLENOPTIK

VON

M. HERZBERGER

BERLIN

VERLAG VON JULIUS SPRINGER

1931

STRAHLENOPTIK

VON

Dr. M. HERZBERGER
WISSENSCHAFTL. MITARBEITER BEI CARL ZEISS IN JENA

MIT 60 ABBILDUNGEN

BERLIN

VERLAG VON JULIUS SPRINGER

1931

ISBN 978-3-642-98580-5   ISBN 978-3-642-99395-4 (eBook)
DOI: 10.1007/978-3-642-99395-4

HERRN PROFESSOR Dr. R. STRAUBEL

GEWIDMET

Vorwort.

Das vorliegende Buch versucht, im Geiste W. R. HAMILTONS die geometrische Optik in ihrem heutigen Bestand aus *einem* Grundgesetz, einer Umformung des FERMATschen Prinzipes, einheitlich aufzubauen. Um zu zeigen, daß die hier angewandten Methoden auch für andere Variationsprobleme sich nützlich erweisen können, werden im ersten Teil, angeregt durch Arbeiten von C. CARATHÉODORY, die Grundgesetze auch in anisotropen und inhomogenen Mitteln behandelt. Im zweiten Teil findet man eine Darstellung der Gesetze erster Ordnung, in dem u. a. die Ergebnisse A. GULLSTRANDS neu abgeleitet werden; hier wird insbesondere darauf geachtet, den oft verwischten Unterschied deutlich aufzuzeigen zwischen den Eigenschaften der optischen Abbildung in der Nähe einer Rotationsachse und den Eigenschaften einer kollinearen Abbildung mit in der Grenze gleichen Eigenschaften. Die Theorie der Strahlenbegrenzung nach ABBE und M. v. ROHR geht hier auch weiter als üblich, und es wird auf die Grenzen ihrer Gültigkeit hingewiesen. Die SEIDELschen Bildfehler werden sowohl in ihrer Abhängigkeit von der Blendenlage, als auch — wohl zum erstenmal — in ihrer Abhängigkeit von der Objektlage eingehend behandelt; dies Kapitel wird sicher auch dem reinen Praktiker etwas bieten, da hier u. a. die Grenzen der Forderungen angegeben werden, die man an optische Systeme stellen darf. Der vorletzte Teil beschäftigt sich mit den Abbildungsgesetzen bei endlicher Öffnung und endlicher Apertur, insbesondere mit der ABBESCHEN Sinusbedingung und ihren Erweiterungen. In diesem und dem letzten Teil, der besondere, ausgezeichnete Abbildungen des ganzen Strahlenraums behandelt, sind insbesondere Untersuchungen verarbeitet, die mein Kollege H. BOEGEHOLD mit mir gemeinsam in den letzten Jahren veröffentlichte.

Bei der Bearbeitung des Manuskripts bin ich den Herren H. BOEGEHOLD, C. CARATHÉODORY, R. COURANT, H. LÜNEBURG für mannigfache Ratschläge zu großem Dank verpflichtet. Bei der Korrektur haben mich außerdem die Herren W. FENCHEL, H. HAMBURGER, v. KOPPEN-

FELS, J. PICHT, G. PRANGE sehr unterstützt, und haben durch ihre Bemerkungen an vielen Stellen in sachlicher Hinsicht, wie in der stilistischen Fassung das Buch gefördert.

Besonderen Dank schulde ich der Firma CARL ZEISS für das weitgehende Entgegenkommen, das mir die Abfassung dieses Buches ermöglichte.

Herrn FEUERRIEGEL bin ich für die Anfertigung der Zeichnungen sowie für mannigfache äußere Hilfe zu Dank verpflichtet.

Jena, im August 1931.   M. HERZBERGER.

Inhaltsverzeichnis.

Häufiger verwendete Buchstaben und Zeiger.

a) kleine lateinische Buchstaben.

a, b, c Eikonalkoeffizienten,

a auch Entfernung zweier Prismenkanten,

c Lichtgeschwindigkeit, auch Mittelpunktsentfernung,

d Dicke, $\tilde{d}$ Abstand aufeinander folgender Hauptpunkte,

e schiefe Dicke,

f Brennweite,

g Abstand aufeinander folgender Brennpunkte,

h Einfallshöhe,

i Winkel eines Strahls gegen die Flächennormale,

k Strahlungsweite,

m Abstand aufeinander folgender Mittelpunkte,

n Brechungsindex,

p schiefer Abstand,

r Krümmungsradius,

s Schnittweite,

u Winkel eines Aperturstrahls gegen die Achse,

v Pfeilhöhe,

w Winkel eines Hauptstrahls gegen die Achse,

x, y, z Koordinatenachsen, z stets Richtung des Anfangsstrahls,

g, l, p, q auch Hilfsgrößen in der SEIDELschen Theorie.

b) große lateinische Buchstaben.

B Blende,

C Mittelpunkt,

E allgemeines Eikonal,

F Brennpunkt,

H Hauptpunkt,

K Knotenpunkt,

O, P Punkte,

Q ABBEsche Invariante,

S Scheitel, auch Streckeneikonal,

$S_1 - S_6$ SEIDELsche Bildfehler,

V gemischtes Eikonal,

W Winkeleikonal, auch für sekundäres Spektrum.

c) kleine griechische Buchstaben.

α	Prismenwinkel,
β	Vergrößerung,
γ	Winkelvergrößerung,
δ	Variationszeichen,
ε	Ablenkungswinkel,
$\xi,\ \eta,\ \zeta$	Richtungskosinus,
λ	Wellenlänge,
ν	ABBEsche Dispersion,
ϱ	Krümmung,
φ	Kugelwinkel.

d) große griechische Buchstaben.

$A,\ B,\ \Gamma,\ \Delta,\ E$　Größen der SEIDELschen Bildfehlertheorie,
Γ　　　　　auch Fernrohrvergrößerung,
Δ　　　　　auch Differenzzeichen, insbesondere für den Längs-
　　　　　　öffnungsfehler $\Delta' = \Delta(s')$,
V　　　　　Differenzzeichen für Farbenabweichungen,
P　　　　　Petzvalsumme,
Σ　　　　　Summenzeichen,
(Φ)　　　　Brechungsmatrix, (Δ) Übergangsmatrix.

Deutsche kleine Buchstaben.

a	Ausgangs- und Endpunkt,
i, j	Einheitsvektoren,
n	Normalenvektor,
o	Einheitsvektor in Richtung der Flächennormale,
s	Einheitsvektor in der Strahlrichtung.

Zeiger.

Größen, die sich auf die νte Fläche beziehen, sollen den Zeiger ν erhalten (r_ν). Die Größen nach der Brechung werden durch einen Strich von den entsprechenden Größen vor der Brechung unterschieden (s_ν, s_ν').

Größen, die sich auf die Blende beziehen, sind durch den Zeiger B gekennzeichnet.

Differentiation nach einem Parameter wird oft abkürzend durch einen Zeiger gekennzeichnet, z. B. $\dfrac{\partial V}{\partial b} = V_b$.

Sind die Bezugspunkte in Objekt- und Bildraum nicht konjugiert, so werden die auf den Objektraum bezüglichen Größen überstrichen ($\bar{z},\ \bar{j},\ \bar{F}$).

Der obere Zeiger o kennzeichnet im sechsten Teil, daß die entsprechenden Funktionen für $c = 0$ zu nehmen sind, also $V_{bc}^{o} = V_{bc}\,(a, b, c = 0)$.

§ 1. Einleitung.

Die Strahlenoptik geht von der Fiktion des Lichtstrahls aus. In einem *homogenen, isotropen* Mittel (s. S. 2) breitet sich das Licht entlang den geradlinigen Lichtstrahlen nach allen Seiten mit konstanter Geschwindigkeit aus. Die Geschwindigkeit hängt von der Farbe der Strahlen und der Natur des Mittels ab, sie beträgt im luftleeren Raum für Strahlen aller Farben ca. 300000 km/sec.

Eine optische Abbildung ordnet jedem Lichtstrahl in einem ersten Mittel (*Objektraum*) einen Lichtstrahl des letzten Mittels (*Bildraum*) zu. Eine optische Abbildung ist also eine Abbildung des Geradenraums oder wenigstens eines Teiles davon. Wir werden jedoch in § 4 umgekehrt erkennen, daß nicht jede Geradenabbildung durch ein optisches System erzeugt werden kann. Bei dieser Betrachtungsweise wird die Strahlenoptik zu einem Teilgebiet der *differentiellen Liniengeometrie*, eine Behandlungsweise, die vor allem der große schwedische Gelehrte A. Gullstrand in seinen Arbeiten durchgeführt hat.

Setzt man jedoch als Grundannahme die Hypothese: das Licht bewege sich in einem homogenen isotropen Mittel stets so, daß die Zeit zwischen zwei beliebigen Punkten seiner Bahn ein Minimum sei [Fermat (*1*)[1]], so kann man auch die Geradlinigkeit der Lichtstrahlen noch *beweisen*. Eine etwas vorsichtiger gehaltene Fassung des Fermatschen Prinzips werden wir in § 2 kennenlernen. Die dort gegebene Fassung reicht nicht nur aus, um auch die Gesetze der Brechung und Reflexion an der Trennungsfläche zweier homogen isotroper Mittel zu gewinnen, man findet auch die Gesetze der Lichtfortpflanzung in inhomogenen und anisotropen Mitteln. Durch den Fermatschen Satz wird die Strahlenoptik zu einem Kapitel der Variationsrechnung. Diese Behandlungsweise der geometrischen oder Strahlenoptik verdanken wir W. R. Hamilton; sie soll in diesem Buch unter geringer Abänderung der Methoden des großen irischen Mathematikers durchgeführt werden. Um die Ergebnisse auch für die Variationsrechnung nutzbar zu machen, soll wenigstens im ersten Teil auf die Voraussetzung, daß alle Mittel homogen isotrop sind, verzichtet werden.

---

[1] Diese Ziffern beziehen sich auf das am Schluß des Buches befindliche Literaturverzeichnis.

Herzberger, Strahlenoptik.   1

An Stelle der Lichtgeschwindigkeit v in einem Mittel benutzt man in der Optik gewöhnlich das *Brechungsverhältnis* (Brechungszahl, Brechungsindex)

$$n = \frac{c}{v}, \tag{1}$$

c bedeutet hierin die Lichtgeschwindigkeit im Vakuum. n hängt für *einfarbiges* (*monochromatisches*) Licht nur von dem Mittel ab. Es kann in dem allgemeinsten, hier zu betrachtenden Fall noch von Ort zu Ort variieren, kann aber auch von der Richtung der Lichtstrahlen abhängen.

Sei ein Punkt P des Mittels durch x_1, x_2, x_3 und die Richtung des betrachteten Lichtstrahls durch die Richtungskosinus ξ_1, ξ_2, ξ_3 gegeben, dann ist im allgemeinen n eine Funktion der x_i und ξ_i; und zwar können wir, gegebenenfalls durch Umformung unter Benutzung der Identität

$$\xi_1^2 + \xi_2^2 + \xi_3^2 = 1, \tag{2}$$

erreichen, daß n in den ξ_i eine positiv homogene Funktion erster Ordnung wird.

Ein Mittel wird als optisch *homogen* bezeichnet, wenn n vom Ort unabhängig ist.

Ein Mittel wird als optisch *isotrop* bezeichnet, wenn n von der Richtung unabhängig ist, wenn wir also n in der Form

$$n = \tilde{n}\,\sqrt{\xi_1^2 + \xi_2^2 + \xi_3^2} \tag{3}$$

schreiben können, worin $\tilde{n}$ eine Funktion der x_i allein ist.

Wir werden mit diesen allgemeinen Begriffen in unserm Buch vollkommen auskommen; jedoch sei es in der Einleitung gestattet, ein paar Worte zu verlieren über die besondere Gestalt der Funktionen n, die in der Optik betrachtet werden können.

Die Brechungszahlen eines homogen isotropen Mittels hängen von der Farbe, d. h. von der Wellenlänge des betrachteten Lichts ab. Eine Anzahl Wellenlängen, die man mit Hilfe von Spektrallinien gut messen kann, hat man besonders bezeichnet. Tabelle 1 gibt einige solcher Bezeichnungen für Wellenlängen des sichtbaren Spektrums.

Tabelle 1. Einige besonders wichtige Wellenlängen.

Bezeichnung	Wellenlänge	Farbe
A'	$0{,}769\,\mu$	Rot
C	$0{,}656\,\mu$	,,
D	$0{,}589\,\mu$	Gelb
d	$0{,}588\,\mu$	,,
F	$0{,}486\,\mu$	Blau
g	$0{,}436\,\mu$	Violett
G'	$0{,}434\,\mu$	,,

$$1\mu = \frac{1}{1000}\,\text{mm}.$$

In Tabelle 2 sind für eine Anzahl homogen isotroper Mittel, die in der Optik Verwendung finden, die Brechungszahlen in Abhängigkeit von der Farbe aufgetragen. Es ist noch zu bemerken, daß das Brechungsverhältnis der Luft für alle Farben sich so wenig von Eins unterscheidet, daß wir für die Zwecke dieses Buches n (Luft) $= 1$ setzen können. Die Größe v in der letzten Kolonne ist für die Abhängigkeit der Brechungszahlen von der Farbe charakteristisch. Wir werden sie erst in einem späteren Abschnitt dieses Buches benutzen, (s. S. 74).

Tabelle 2 (s. LANDOLT-BÖRNSTEIN (1)).
Brechungszahlen einiger wichtiger homogener isotroper Mittel.

Substanz	n_c	n_d	n_g	$v = \dfrac{n_D - 1}{n_F - n_c}$
Wasser.	1,331	1,333	1,340	56
Monobromnaphthalin .	1,649	1,658	1,702	20
Cedernholzöl	1,511	1,514	1,528	49
Flußspat.	1,432	1,434	1,439	95
Diamant	2,410	2,417	2,448	56
Einige Glassorten:				
Kron 1	1,507	1,510	1,520	62
Schwerkron 1	1,607	1,610	1,624	56,5
Flint 2	1,615	1,620	1,642	36
Schwerflint 1.	1,710	1,717	1,749	29,5

Als Beispiel für ein inhomogenes, isotropes Mittel könnte die Atmosphäre genommen werden, bei der das Brechungsverhältnis nach oben stetig abnimmt, ein anderes Beispiel bildet das von J. CL. MAXWELL (2) untersuchte Fischauge. Legen wir unsern Koordinatenanfangspunkt in den Mittelpunkt des Fischauges, so ist nach MAXWELL n als Funktion des Ortes durch die Beziehung

$$n = n_0 \frac{a^2}{a^2 + x_1^2 + x_2^2 + x_3^2} \sqrt{\xi_1^2 + \xi_2^2 + \xi^2} \tag{4}$$

gegeben. n_0 ist hierin der Wert des Brechungsindex im Mittelpunkt, a eine weitere, experimentell zu bestimmende Konstante. Wie aus Formel (4) hervorgeht, ist n im Fischauge eine Funktion, die nur von der Mittelpunktsentfernung des betrachteten Punktes abhängt, und von der Mitte aus stetig abnimmt.

Beispiele *homogener* aber *anisotroper* Mittel bilden die Krystalle. Wählt man das Koordinatensystem so, daß die Koordinatenachsen den sogenannten Hauptachsen der Krystalle parallel verlaufen, dann ist nach A. FRESNEL n eine zweiwertige Funktion der Richtungskosinus, die durch die positiven Wurzeln von

$$\frac{\xi_1^2}{\frac{1}{n^2} - \frac{1}{n_1^2}} + \frac{\xi_2^2}{\frac{1}{n^2} - \frac{1}{n_2^2}} + \frac{\xi_3^2}{\frac{1}{n^2} - \frac{1}{n_3^2}} = 0 \tag{5}$$

gegeben ist. n_1, n_2, n_3 sind hierin Konstante, die sogenannten *Hauptbrechungsindices* des Krystalls. Wir sehen, in jeder Krystallrichtung gibt es zwei Lichtstrahlen mit verschiedenen Brechungsquotienten,

d. h. verschiedenen Geschwindigkeiten. Bei dem Versuch, die in diesem Buch abgeleiteten Gesetze auf Krystalle anzuwenden, empfiehlt es sich, obige Gleichung nach n aufzulösen, und jeden der beiden Strahlen für sich zu behandeln.

Wir haben bisher noch gar nicht die Tatsache berücksichtigt, daß das, was sich entlang den Lichtstrahlen fortbewegt, eine periodische Erregung von sehr kleiner Wellenlänge ist ($0{,}4\,\mu < \lambda < 0{,}8\,\mu$, s. Tabelle 1). Würde die Lichtausbreitung in den einzelnen Mitteln ungestört vor sich gehen, so würde die endliche Wellenlänge keinen Schaden anrichten; so aber werden durch die das Licht begrenzenden Öffnungen Störungen eintreten, es wird an ihren Rändern Licht abgebeugt werden. Diese Beugungserscheinungen werden im allgemeinen wenig ausmachen, solange die das Licht begrenzenden Öffnungen sehr groß gegen die Wellenlänge sind; sie werden jedoch sehr bemerkbar, wenn auch nur eine der Öffnungen klein ist. Die hier entwickelte Strahlenoptik gibt physikalisch richtige Ergebnisse also nur, wenn alle Öffnungen gegen die Wellenlänge groß sind. Dieser Tatbestand ist bei allen Anwendungen unserer Wissenschaft immer streng zu beachten.

Erster Teil.

Die optischen Grundgesetze in allgemeinen Systemen.

§ 2. Der Satz von FERMAT. Die EULERschen Gleichungen.

In einem homogenen isotropen Mittel bewegt sich das Licht geradlinig, d. h. auf dem Wege, den zurückzulegen die kürzeste Zeit erfordert.

Das FERMATsche *Prinzip*, das die Grundlage unserer Betrachtungen bildet, verlangt dagegen nur, daß für den vom Licht wirklich zwischen zwei Punkten seiner Bahn zurückgelegten Weg die erste Variation der Zeit immer, auch in inhomogenen, anisotropen Mitteln, verschwinde:

$$\delta T = 0.\tag{1}$$

Wir wollen in folgendem für diejenigen Leser, denen die Grundbegriffe der Variationsrechnung nicht geläufig sind, die Bedeutung von Formel (1) näher erklären.

Betrachten wir zwei beliebige Punkte $\overline{P}$ und P' auf einem Lichtstrahl (Kurve $\mathfrak{C}_0$, s. Abb. 1). Die Gültigkeit von Gleichung (1) besagt dann folgendes. Wir betten $\mathfrak{C}_0$ in eine von einem Parameter $\varkappa$ stetig abhängende Kurvenschar $\mathfrak{C}(\varkappa)$ ein, die $\overline{P}$ mit P' verbindet[1].

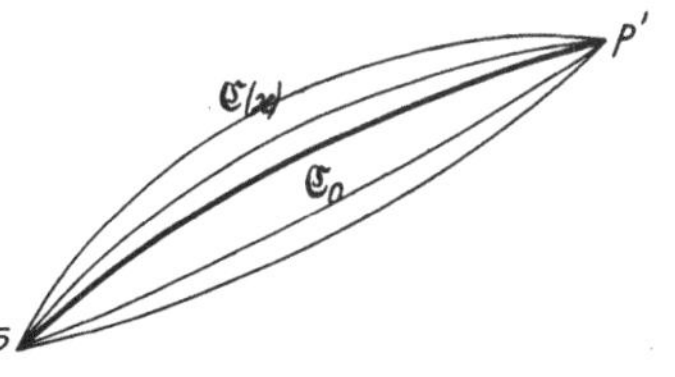

Abb. 1. Zum Satz von FERMAT.

$\mathfrak{C}_0$ soll dabei zum Parameterwert $\varkappa_0$ gehören. In jedem Punkt einer der Kurven ist eine bestimmte Geschwindigkeit $v = \dfrac{c}{n}$ gegeben. Bezeichne ds das Bogenelement der Kurve $\mathfrak{C}(\varkappa)$, dann stellt

$$T(\varkappa) = \frac{1}{c} \int\limits_{\overline{P}\,\mathfrak{C}(\varkappa)}^{P'} n\,ds = \frac{1}{c} E(\varkappa)\tag{2}$$

die Zeit dar, die das Licht gebrauchen würde, wenn es auf der Kurve

---

[1] Die Gleichungen der Kurven seien stetige und so oft wie notwendig stückweise differenzierbare Funktionen der Kurvenparameter und des Parameters $\varkappa$.

$\mathfrak{C}(\varkappa)$ sich von $\overline{P}$ nach P' bewegen würde. Es soll nun, wie immer wir die Kurvenschar $\mathfrak{C}(\varkappa)$ wählen, stets gelten

$$\left(\frac{dT}{d\varkappa}\right)_{\varkappa=\varkappa_0} = 0,\tag{3}$$

dann sagen wir, für die Kurve $\mathfrak{C}_0$ verschwindet zwischen $\overline{P}$ und P' die erste Variation der Zeit und schreiben: $\delta T = 0$.

Gleichung (3) ist, wie aus den Lehrbüchern der Differentialrechnung bekannt ist, notwendig, aber nicht hinreichend dafür, daß die vom Licht zur Zurücklegung des Weges zwischen $\overline{P}$ und P' gebrauchte Zeit kleiner ist als die auf einem beliebigen andern Weg. Man wird in der Optik auch finden, daß zwar Gleichung (1) stets erfüllt ist, daß aber keineswegs der Lichtweg zwischen zwei Punkten stets ein Minimum ist. Das einfachste Gegenbeispiel bildet, wie man leicht errechnet, ein Lichtstrahl, der von einem Hohlspiegel reflektiert wird.

Die durch Gleichung (2) gegebene Größe $E(\varkappa)$ bezeichnet man als den *Lichtweg* zwischen $\overline{P}$ und P' auf der Kurve $\mathfrak{C}(\varkappa)$. Wir können das FERMATsche Prinzip nun auch in folgender Form aussprechen.

FERMATsches Prinzip. Die erste Variation des Lichtwegs verschwindet für die vom Licht zwischen zwei Punkten $(\overline{P}, P')$ seiner Bahn wirklich zurückgelegte Kurve $\mathfrak{C}_0$, d. h. es gilt

$$\delta E = \delta \int\limits_{\overline{P}(\mathfrak{C}_0)}^{P'} n\,ds = 0.\tag{4}$$

Wir wollen Gleichung (4) nun zunächst benützen, um die Gleichungen der Lichtstrahlen in *einem* Mittel zu erhalten, in welchem der Brechungsquotient n eine dreimal stetig differenzierbare Funktion des Orts (Koordinaten x_1, x_2, x_3) und der Strahlrichtung in diesem Punkt $\left(\text{Koordinaten } \xi_i = \frac{dx_i}{ds} = \dot{x}_i\right)$ ist. Wir können wegen § 1 (2) ohne Einschränkung sogar annehmen, daß n in den $\dot{x}_i$ homogen von erster Ordnung ist. Unter dieser Voraussetzung können wir an Stelle der Bogenlänge in (4) einen anderen Parameter $t = t(s)$ einführen. Bezeichnen wir die Ableitungen nach s abgekürzt durch einen darüber gesetzten Punkt, die Ableitung nach t durch einen Strich, so erhält man wegen $\frac{\dot{x}}{\dot{t}} = x'$

$$E = \int\limits_{\mathfrak{C}_0} n(x_i,\,\dot{x}_i)\,ds = \int\limits_{\mathfrak{C}_0} n(x_i,\,x'_i)\,\dot{t}\,ds = \int\limits_{\mathfrak{C}_0} n(x_i,\,x'_i)\,dt.\tag{5}$$

Wir hüllen, wie oben, unsere Kurve $\mathfrak{C}_0$, deren Punkte in ein und demselben Mittel liegen, ein in eine einparametrige Schar von Kurven, die stetig von einem Parameter $(\varkappa)$ abhängen und $\overline{P}$ mit P' verbinden. Statt der Bogenlänge s wählen wir im Variationsintegral einen Parameter t, der in $\overline{P}$ sowohl wie in P' für alle Kurven denselben Wert, z. B. Null bzw. Eins, haben soll. Wir formen unser Variationsintegral mit Hilfe partieller Integration um und finden:

$$\frac{dE}{d\varkappa} = \frac{d}{d\varkappa} \int_{\overline{P}}^{P'} n(x_i,\,\dot{x}_i)\,ds = \int_0^1 \frac{d}{d\varkappa}\,n\,(x_i,\,x_i')\,dt$$

$$= \int_0^1 \sum_{i}^{3} \frac{\partial n}{\partial x_i}\frac{dx_i}{d\varkappa}\,dt + \int_0^1 \sum_{i}^{3} \frac{\partial n}{\partial x_i'}\frac{dx_i'}{d\varkappa}\,dt = \sum_{1}^{3} \frac{\partial n}{\partial x_i'}\frac{dx_i}{d\varkappa}\,\Big|_{t=0}^{t=1} \tag{6}$$

$$+ \int_0^1 \sum_{i}^{3} \left(\frac{\partial n}{\partial x_i} - \frac{d}{dt}\frac{\partial n}{\partial x_i'}\right)\frac{dx_i}{d\varkappa}\,dt = \int_{\overline{P}}^{P'} \sum_{i}^{3} \left(\frac{\partial n}{\partial x_i} - \frac{d}{ds}\frac{\partial n}{\partial \dot{x}_i}\right)\frac{dx_i}{d\varkappa}\,ds = 0.$$

Das Glied $\sum \frac{\partial n}{\partial x_i'}\frac{dx_i}{d\varkappa}\Big|_{t=0}^{t=1}$ verschwindet, da die x_i sowohl an der

Stelle $t = 0$, als an der Stelle $t = 1$ konstant sind.

Aus Gleichung (6) können wir schließen: $\frac{dE}{d\varkappa}$ verschwindet für unsere Kurve jedenfalls, unabhängig von der Wahl der einbettenden Kurvenschar, wenn die drei Eulerschen Differentialgleichungen

$$\frac{\partial n}{\partial x_i} - \frac{d}{ds}\frac{\partial n}{\partial \dot{x}_i} = 0\,, \tag{7}$$

$$i = 1, 2, 3$$

oder nach Ausführung der Differentiation nach s

$$\sum_{1}^{3} \left(\frac{\partial^2 n}{\partial \dot{x}_i\,\partial \dot{x}_\varkappa}\ddot{x}_\varkappa + \frac{\partial^2 n}{\partial \dot{x}_i\,\partial x_\varkappa}\dot{x}_\varkappa\right) = \frac{\partial n}{\partial x_i}\,, \tag{7a}$$

$$i = 1, 2, 3$$

in jedem Punkt des Lichtstrahls erfüllt sind. Die Lösungen des Differentialgleichungssystems (7) befriedigen also jedenfalls unsere Forderung, daß auf ihnen zwischen je zweien ihrer Punkte die erste Variation des Lichtwegs verschwindet. In den Lehrbüchern der Variationsrechnung beweist man übrigens auch, daß nur für die Lösungen der Eulerschen Differentialgleichung, die man dort als *Extremalen* bezeichnet, die erste Variation verschwindet; oder mit anderen Worten: Genügt eine Kurve nicht den drei Eulerschen Differentialgleichungen (7), so kann man immer eine sie enthaltende einparametrige Kurvenschar durch $\overline{P}$ und P' konstruieren, so daß für sie in dieser Schar $\left(\frac{dE}{d\varkappa}\right)_{\varkappa = \varkappa_0} \neq 0$ wird.

Die drei Eulerschen Differentialgleichungen (7) sind übrigens nicht voneinander unabhängig. Multiplizieren wir mit $\dot{x}_i$ und addieren, so erhält man unter Benutzung der EULERschen Homogenitätsrelation

$$\sum_{1}^{3} {}_{i}\frac{\partial n}{\partial \dot{x}_{i}}\,\dot{x}_{i} = n \tag{8}$$

und ihrer Ableitung nach x_i bzw. $\dot{x}_i$ eine Identität.

Statt von der Extremalen des Variationsproblems (3) können wir in der Optik anschaulicher von den *Lichtstrahlen* sprechen. Beide Bezeichnungen werden in diesem Buch nebeneinander gebraucht.

Ist das betrachtete Mittel *homogen*, also n vom Ort unabhängig, so nehmen die EULERschen Differentialgleichungen die Form

$$\sum_{1}^{3} {}_{\varkappa}\frac{\partial^2 n}{\partial \dot{x}_{i}\,\partial \dot{x}_{\varkappa}}\,\ddot{x}_{\varkappa} = 0 \tag{9}$$

$$i = 1, 2, 3$$

an.

Wir sehen also, in einem homogenen Mittel sind jedenfalls die geraden Linien

$$\ddot{x}_{i} = 0, \tag{10}$$

$$i = 1, 2, 3$$

Lösungen unseres Variationsproblems.

Ist das Mittel inhomogen, aber isotrop, so wird

$$n = \tilde{n}\,(x_{i})\,\sqrt{\dot{x}_1^2 + \dot{x}_2^2 + \dot{x}_3^2}. \tag{11}$$

Die EULERschen Differentialgleichungen ergeben

$$\tilde{n}\,\ddot{x}_{i} + \dot{x}_{i} \sum_{1}^{3} {}_{\varkappa}\frac{\partial \tilde{n}}{\partial x_{\varkappa}}\,\dot{x}_{\varkappa} = \frac{\partial \tilde{n}}{\partial x_{i}}. \tag{12}$$

Als Beispiel möge der Leser die Rechnung für das MAXWELLsche Fischauge durchführen. Er findet als Differentialgleichungen wegen

$$n = \frac{a^2}{a^2 + r^2}\,n_0$$

mit $r^2 = x_1^2 + x_2^2 + x_3^2$

$$(a^2 + r^2)\,\ddot{x}_{i} + \dot{x}_{i}\,\frac{d\,(r^2)}{dt} = 2\,x_{i} \tag{13}$$

$$i = 1, 2, 3.$$

Als Lösung dieser Differentialgleichung erhält man alle Kreise, deren Ebenen den Koordinatenanfangspunkt enthalten, und in bezug auf die dieser die Potenz a^2 hat [s. z. B. C. CARATHÉODORY (2)]. Wir sehen, die Bahnen der Lichtstrahlen sind unabhängig von der Konstanten n_0, dem Brechungsindex im Ursprung.

§ 3. Der Normalenvektor. Das Brechungsgesetz.

Wir wollen nun, immer unter Zugrundelegung des FERMATschen Prinzips, untersuchen, wie ein Lichtstrahl seine Bahn verändert, wenn er an eine Unstetigkeitsfläche des Brechungsindex n kommt, d. h. wenn er von einem Mittel in ein anderes gelangt.

Bevor wir die Rechnung durchführen, seien noch zwei Vektoren eingeführt, die im folgenden eine Rolle spielen werden. Wir bezeichnen den im allgemeinen eindeutig bestimmten Einheitsvektor $\mathfrak{s}$ tangential zu einem Lichtstrahl als *Strahlvektor*. Seine Koordinaten sind

$$\mathfrak{s}:(\dot{x}_1,\ \dot{x}_2,\ \dot{x}_3)\,. \tag{1}$$

Den Vektor $\mathfrak{n}$ mit den Koordinaten

$$\mathfrak{n}:\left(\frac{\partial n}{\partial \dot{x}_1},\ \frac{\partial n}{\partial \dot{x}_2},\ \frac{\partial n}{\partial \dot{x}_3}\right) \tag{2}$$

bezeichnen wir als *Normalenvektor*[1]. Die EULERsche Homogenitätsrelation § 2 (8) schreibt sich dann

$$\mathfrak{n}\,\mathfrak{s} = n\,. \tag{3}$$

Ist das betrachtete Mittel *isotrop*, so ergibt sich aus § 2 (11)

$$\mathfrak{n} = n\,\mathfrak{s}\,. \tag{4}$$

Für isotrope Mittel, und wie man leicht erkennt auch nur für sie, fallen in jedem Punkt Strahl und Normalenrichtung zusammen.

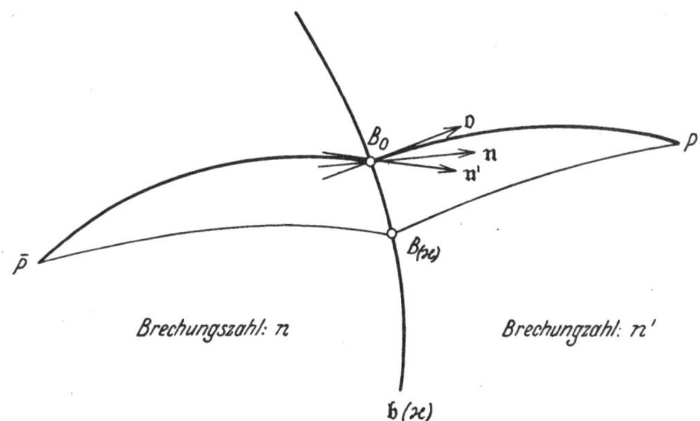

Abb. 2. Brechung eines Lichtstrahls an der Grenze zweier Mittel.

Wir betrachten jetzt zwei beliebige Mittel, die durch eine Fläche mit dem Ortsvektor $\mathfrak{b}$ getrennt werden. Wir setzen voraus, die Koordinaten von $\mathfrak{b}_i$ seien stetig und stetig differenzierbare Funktionen des Ortes. Wir betrachten zwei Punkte $\bar{P}$ und P' eines Lichtstrahls, die durch die brechende Fläche getrennt seien und wollen mit Hilfe des

---

[1] Diese Bezeichnung rührt daher, daß der Vektor $\mathfrak{n}$ stets normal zu den Wellenflächen steht (siehe hierzu § 5). Der entsprechende Vektor wird in den mechanischen Problemen als *Impulsvektor* bezeichnet.

FERMATschen Prinzips die Bahn des Lichtstrahls bestimmen. Wir betten den Lichtstrahl, der die brechende Fläche im Punkt B_0 durchstoßen möge, wieder in eine einparametrige Schar von Kurven ein, die durch $\overline{P}$ und P' gehen und die brechende Fläche in den Punkten $B(\varkappa)$ durchstoßen mögen. Unser Lichtstrahl muß zwischen $\overline{P}$ und B_0 und zwischen B_0 und P' den zu dem betreffenden Mittel gehörenden EULERschen Differentialgleichungen [§ 2 (7)] genügen. Wir finden in Analogie zu § 2 (6) indem wir das Variationsintegral in zwei Teile zerspalten

$$\frac{dE}{d\varkappa} = \int\limits_{\overline{P}}^{B} \frac{\partial n}{\partial \varkappa}\, ds + \int\limits_{B}^{P'} \frac{\partial n'}{\partial \varkappa}\, ds = \sum_{1}^{3}{}^{i}\, \frac{\partial n}{\partial \dot{x}_i}\frac{dx_i}{d\varkappa}\bigg|_{\overline{P}}^{B} + \sum_{1}^{3}{}^{i}\, \frac{\partial n'}{\partial \dot{x}_i}\frac{dx'_i}{d\varkappa}\bigg|_{B}^{P'}$$

$$= \sum_{1}^{3}{}^{i}\, \frac{db_i}{d\varkappa}\left(\frac{\partial n}{\partial \dot{x}_i} - \frac{\partial n'}{\partial \dot{x}_i}\right) = 0,$$

(5)

falls wir die Größen des zweiten Mittels durch einen Strich von den entsprechenden Größen des ersten Mittels unterscheiden. Unter Benutzung von (2) nimmt Gleichung (5) die Form an

$$(\mathfrak{n}' - \mathfrak{n})\, \frac{d\mathfrak{b}}{d\varkappa} = 0\,.$$

(6)

In Gleichung (6) ist $\frac{d\mathfrak{b}}{d\varkappa}$ ein Vektor tangential zur brechenden Fläche; man überlegt sich leicht, indem man andere Vergleichskurven zuläßt, daß $\frac{d\mathfrak{b}}{d\varkappa}$ jede beliebige Richtung tangential zur brechenden Fläche haben kann. Der Vektor $\mathfrak{n}' - \mathfrak{n}$ hat also die Richtung der Flächennormale, deren Einheitsvektor wir mit $\mathfrak{o}$ bezeichnen. An Stelle von (6) kann man also auch schreiben

$$\mathfrak{n}' - \mathfrak{n} = \varGamma\, \mathfrak{o},$$

(7)

wo $\varGamma$ ein skalarer Faktor ist oder nach vektorieller Multiplikation (Zeichen $\times$) mit $\mathfrak{o}$

$$\mathfrak{n}' \times \mathfrak{o} = \mathfrak{n} \times \mathfrak{o}\,.$$

(8)

Die Gleichungen (6) bis (8) zeigen, wie die Richtung des Normalenvektors sich verändert, wenn der Lichtstrahl von einem Mittel in ein anderes übertritt. Sie bilden den mathematischen Ausdruck des allgemeinen *Brechungsgesetzes* für beliebige Mittel. Es könnte jedoch ein Lichtstrahl auch an der Trennungsfläche zweier Mittel in das erste Mittel zurückgeworfen (reflektiert) werden. Auch in diesem Fall sind die obigen Formeln gültig; man muß nur beachten, daß dann in (6) bis (8) für $\mathfrak{n}'$ die Werte des Brechungsindex für das erste Mittel, den Durchstoßpunkt und die reflektierte Richtung einzusetzen sind. Die Gleichungen (6) bis (8) geben formal das *Reflexionsgesetz* genau so wieder, wie das *Brechungsgesetz*.

Aus Gleichung (7) geht insbesondere folgender Satz hervor.

Die Normalenvektoren, die zu einem einfallenden, dem gebrochenen und reflektierten Strahl gehören, liegen in einer Ebene mit dem Einfallslot $\mathfrak{o}$.

Im allgemeinen ist es eindeutig, bei Krystallen natürlich für jeden der beiden n-Werte (Doppelbrechung), möglich, einem einfallenden Strahl einen reflektierten oder gebrochenen Strahl zuzuordnen. Man bestimme zuerst den Normalenvektor $\mathfrak{n}$, was immer eindeutig möglich ist, dann aus (7) oder (8) und (2) den Vektor $\mathfrak{n}'$, schließlich suche man die zugehörige Strahlrichtung; die beiden letzten Schritte sind nicht immer eindeutig. Es ist eine wunderbare Entdeckung W. R. HAMILTONS, bei Krystallen die innere und äußere *konische Refraktion* vorausgesagt und mit Hilfe der FRESNELschen Formel [§ 1 (5)] berechnet zu haben. Hier entspricht einem einfallenden Strahl ein Kegelmantel austretender geradliniger Strahlen.

Die Durchführung der hier angedeuteten Untersuchung für Krystalle sei dem Leser überlassen, da sie für den Zweck des Buches nicht vonnöten ist, er wird hierbei aufs deutlichste den Vorteil der Vektorrechnung gegenüber der üblichen Koordinatenrechnung empfinden.

§ 4. Das Differentialgesetz der Strahlenoptik.

Wir wollen jetzt den FERMATschen Satz anwenden auf eine einparametrige Schar von Lichtstrahlen, die beliebig viele Mittel durchlaufen mögen. Jedem der Lichtstrahlen entspreche ein Wert des Parameters $\varkappa$. Die Lichtstrahlen mögen im ersten Mittel (Objektraum) durch eine stetige Kurve $\bar{\mathfrak{a}}(\varkappa)$ mit stetiger Tangente, im Bildraum durch eine Kurve $\mathfrak{a}'(\varkappa)$ geschnitten werden. Jede dieser Kurven darf unter Umständen in einen Punkt entarten. Wir wenden das FERMATsche Prinzip auf diese Lichtstrahlenmannigfaltigkeit an; seien $\mathfrak{b}_1(\varkappa)$, $\mathfrak{b}_2(\varkappa)\ldots\mathfrak{b}_\nu(\varkappa)$ die Schnittkurven unserer Lichtstrahlen mit den brechenden oder reflektierenden Flächen und zerlegen wir unser Variationsintegral in Teile von der einen Fläche zur nächsten, benutzen schließlich die Tatsache, daß die Lichtstrahlen in einem festen Mittel den EULERschen Differentialgleichungen genügen, sowie daß die Strahlen an jeder Fläche gemäß § 3 gebrochen bzw. reflektiert werden, so finden wir

$$\frac{dE}{d\varkappa} = \frac{d}{d\varkappa}\int_{\bar{P}}^{P'} n\,ds = \frac{d}{d\varkappa}\left(\int_{\bar{P}}^{B_1} n\,ds + \int_{B_1}^{B_2} n_{12}\,ds \cdots + \int_{B_\nu}^{P'} n'\,ds\right)$$

$$= \sum_{1}^{3}{}_i\frac{\partial n}{\partial \dot{x}_i}\frac{\partial x_i}{\partial \varkappa}\bigg|_{\bar{P}}^{B_1} + \sum_{1}^{3}{}_i\frac{\partial n_{12}}{\partial \dot{x}_i}\frac{d x_i}{d\varkappa}\bigg|_{B_1}^{B_2} + \cdots \sum_{1}^{3}{}_i\frac{\partial n'}{\partial \dot{x}_i}\frac{d x_i}{d\varkappa}\bigg|_{B_\nu}^{P'} \tag{1}$$

$$= \mathfrak{n}'\frac{d\mathfrak{a}'}{d\varkappa} - \bar{\mathfrak{n}}\frac{d\bar{\mathfrak{a}}}{d\varkappa},$$

wo $\mathfrak{n}'$ bzw. $\bar{\mathfrak{n}}$ den Wert von $\mathfrak{n}$ im Schnitt des Lichtstrahls mit der Kurve $\mathfrak{a}'(\varkappa)$ bzw. $\bar{\mathfrak{a}}(\varkappa)$ kennzeichnen soll.

Gleichung (1) gilt für jede beliebige Schar von Lichtstrahlen und von Kurven $\mathfrak{a}$ und $\mathfrak{a}'$. Wir können dafür auch schreiben

$$\mathfrak{n}'\,d\mathfrak{a}' - \bar{\mathfrak{n}}\,d\bar{\mathfrak{a}} = dE \tag{2}$$

und Gleichung (2) wie folgt deuten:

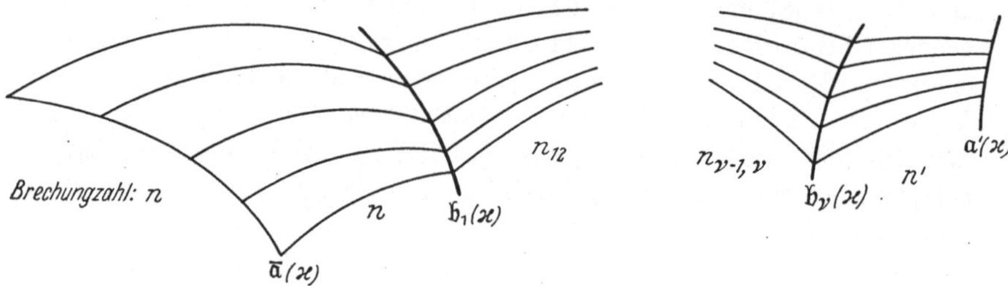

Abb. 3. Zum Differentialgesetz.

($\mathfrak{h}_\nu(\varkappa)$ Schnittkurve der Strahlen mit der νten brechenden Fläche), ($\bar{\mathfrak{a}}(\varkappa)$ Kurve der Anfangspunkte), $\mathfrak{a}'(\varkappa)$ Kurve der Endpunkte).

Gegeben sei eine ein-, zwei-, drei- oder vierparametrige Schar von Lichtstrahlen, also von Kurven, die in ihrem ganzen Verlauf den EULER-schen Differentialgleichungen genügen; $\bar{\mathfrak{a}}$ und $\mathfrak{a}'$ seien reguläre Funktionen der Scharparameter, die auf jedem Strahl einen Anfangspunkt und einen Endpunkt bestimmen. Dann besagt Gleichung (2), daß die linke Seite stets ein totales Differential der zugehörigen Variabeln ist, und zwar ist E der Lichtweg zwischen Anfangs- und Endpunkt. *Nur solche Abbildungen des Geradenraumes sind also optisch möglich, bei denen obige Bedingung erfüllt ist.*

Gleichung (2) wird sich für die Entwicklung der Strahlenoptik als sehr nützlich erweisen, und zwar aus folgendem Grunde. Über die Anfangspunkte $\bar{\mathfrak{a}}$ und die Endpunkte $\mathfrak{a}'$ kann man beliebig verfügen und sie dem zu untersuchenden Problem anpassen; man muß nur darauf achten, daß hierbei jedem betrachteten Lichtstrahl eindeutig *ein* Anfangs- und *ein* Endpunkt zugeordnet wird, und daß die gewählten Variabeln den Strahlen, die man betrachtet, eineindeutig zugeordnet werden.

Eine (2) entsprechende Gleichung findet sich schon bei W. R. HA-MILTON (4) und wird dort viel benutzt; jedoch benutzt HAMILTON insbesondere in (4) die sechs Koordinaten eines beliebigen Punktes in Ding- und Bildraum als Parameter. Daraus erklären sich die Schwierigkeiten, die manche Nachfolger HAMILTONS bei dem Versuch vorfanden, die HAMILTONschen Methoden auf gegebene Aufgaben der Strahlenoptik anzuwenden.

Aus Gleichung (2) kann man E eliminieren, wenn man eine zweiparametrige Strahlenschar betrachtet. Seien die Parameter u, v, bezeichnen wir die Ableitungen abgekürzt z. B. $E_u = \frac{\partial E}{\partial u}$, dann folgt aus $E_{uv} = E_{vu}$:

$$\mathfrak{n}_v' \mathfrak{a}_u' - \mathfrak{n}_u' \mathfrak{a}_v' = \bar{\mathfrak{n}}_v \bar{\mathfrak{a}}_u - \bar{\mathfrak{n}}_u \bar{\mathfrak{a}}_v \,. \tag{3}$$

Mit anderen Worten: Die durch (3) ausgedrückte Größe ist konstant längs des Lichtstrahls.

Da die EULERsche Differentialgleichung eine vierparametrige Lösungsschar hat, so gibt es sechs unabhängige Ausdrücke der Form (3), die längs des Strahls invariant bleiben.

Gleichung (3) kann man auch, wie folgt, infinitesimal deuten:

Abb. 4. Drei Nachbarstrahlen.

Seien neben dem durch $\bar{\mathfrak{a}}, \bar{\mathfrak{n}}, \mathfrak{a}', \mathfrak{n}'$ gegebenen Anfangsstrahl zwei Nachbarstrahlen durch $\bar{\mathfrak{a}} + d\bar{\mathfrak{a}}$, $\bar{\mathfrak{n}} + d\bar{\mathfrak{n}}$ und $\bar{\mathfrak{a}} + \delta\bar{\mathfrak{a}}$, $\bar{\mathfrak{n}} + \delta\bar{\mathfrak{n}} \ldots$ gegeben. Dann gilt

$$d\mathfrak{n}' \delta\mathfrak{a}' - \delta\mathfrak{n}' d\mathfrak{a}' = d\bar{\mathfrak{n}} \delta\bar{\mathfrak{a}} - \delta\bar{\mathfrak{n}} d\bar{\mathfrak{a}} \,. \tag{4}$$

Der Ausdruck (4) bleibt ungeändert, wie immer wir das kleine aus $\bar{\mathfrak{a}}, \bar{\mathfrak{a}} + d\bar{\mathfrak{a}}, \bar{\mathfrak{a}} + \delta\bar{\mathfrak{a}}$ gebildete Dreieck auf den drei Strahlen stetig verschieben.

§ 5. Die Wellenflächen der Optik. Das HILBERTsche Integral. Die kaustischen Kurven.

Wir fragen jetzt nach der geometrischen Bedeutung des Vektors $\mathfrak{n}$.

Wir betrachten zunächst einen einzelnen Lichtstrahl und auf ihm zwei Punkte $\bar{\mathfrak{a}}$ und $\mathfrak{a}'$. Durch $\bar{\mathfrak{a}}$ legen wir ein Flächenelement $d\bar{\mathfrak{a}}$ senkrecht zu $\bar{\mathfrak{n}}$, durch $\mathfrak{a}'$ ein Flächenelement $d\mathfrak{a}'$ senkrecht zu $\mathfrak{n}'$. Dann gibt Gleichung § 4 (2)

$$dE = 0 \,. \tag{1}$$

Bezeichnen wir die Flächenelemente senkrecht zum Normalenvektor als *Wellenflächenelemente*, so besagt (1):

Der Lichtweg zwischen zwei Wellenflächenelementen ist auf allen Nachbarstrahlen in erster Näherung konstant.

Betrachten wir die Gesamtheit der Strahlen, die durch einen Punkt $\bar{\mathfrak{a}}$ gehen. Wir nehmen diesen Punkt als Ausgangspunkt auf allen Strahlen an und tragen von ihm auf allen Strahlen konstante Lichtwege ab;

die so entstehende Fläche sei die Fläche unserer Endpunkte. Dann ist $d\bar{\mathfrak{a}} = 0$, $dE = 0$ und Gleichung § 4 (2) gibt

$$\mathfrak{n}'\, d\mathfrak{a}' = 0 \tag{2}$$

oder in Worten:

Tragen wir auf allen durch einen Punkt gehenden Strahlen konstante Lichtwege ab, so steht die Fläche der Endpunkte senkrecht auf den zu den Strahlen gehörenden Normalenvektoren; sie ist eine *Wellenfläche* des Lichtstrahlenbündels. Zu jedem Wert E des Lichtwegs gibt es eine Wellenfläche, die jedoch z. B. in einen Punkt entarten kann.

Aus § 3 (4) geht hervor, daß in einem isotropen Mittel alle Wellenflächen senkrecht auf den Lichtstrahlen stehen.

Aufgabe. Es sind die Wellenflächen um einen Punkt für einen einachsigen und einen zweiachsigen homogenen Krystall in geschlossener Form anzugeben.

Man hätte von vornherein die Lichtausbreitung auch mit Hilfe der Wellenflächen beschreiben können. Der von einem Punkt $\bar{\mathfrak{a}}$ ausgehende Lichtimpuls befindet sich zur Zeit t auf derjenigen Wellenfläche, die man erhält, wenn man auf allen Strahlen denjenigen konstanten Wert des Lichtwegs aufträgt, der in der Zeit t im luftleeren Raum zurückgelegt worden wäre, s. § 2 (2).

Die Wellenflächen kommen somit ganz natürlich in der Strahlenoptik vor. Sie erleichtern den Übergang zur Beugungsoptik, weil jeder Punkt einer Wellenfläche gleichzeitig in derselben Phase schwingt.

Um eine ein wenig knappere und seit KNESER (*1*) in der Variationsrechnung übliche Ausdrucksweise zu haben, wollen wir in Zukunft von einem Wellenflächenelement oder einem beliebigen Linienelement mit $(\bar{\mathfrak{n}}\, d\bar{\mathfrak{a}} = 0)$ sagen, es liegt *transversal* zu dem betrachteten Lichtstrahl.

Betrachten wir eine beliebige Fläche $\bar{\mathfrak{a}}(u, v)$. Wir können eine Strahlenmannigfaltigkeit bestimmen, zu der diese Fläche transversal liegt. Tragen wir von der Ausgangsfläche aus auf allen Strahlen beliebige Lichtwege gleicher Größe ab, so gelangen wir wegen $\bar{\mathfrak{n}}\, d\bar{\mathfrak{a}} = 0$ und § 4 (2) zu einer Fläche und bei Änderung der Lichtweglänge zu einer Schar von Flächen, die wieder zu unserer Strahlenmannigfaltigkeit transversal liegen.

Eine zweifach unendliche Strahlenmannigfaltigkeit, die eine und damit unendlich viele Wellenflächen (transversale Flächen) hat, wollen wir *eine feldartige Mannigfaltigkeit* nennen. Den eben abgeleiteten Satz können wir dann als Satz von der *Erhaltung der Feldeigenschaft* bezeichnen.

Als Spezialfall betrachten wir die *Abbildung* eines Punktes P durch eine beliebige ein- oder zweiparametrige Strahlenmannigfaltigkeit. Wir nennen einen Punkt durch eine ein- oder zweiparametrige Strahlenmannigfaltigkeit abgebildet, wenn die Strahlen zusammenhängend sind, d. h. wenn man von jedem Strahl innerhalb der Mannigfaltigkeit stetig zu jedem anderen Strahl gelangen kann und diese sich in einem Punkt P', dem *Bildpunkt* von P, vereinigen. Für diese Strahlen können wir als Ausgangsmannigfaltigkeit den Objektpunkt $\mathfrak{a}$, als Endmannigfaltigkeit den Punkt $\mathfrak{a}'$ wählen, dann ist, weil $\mathfrak{a}$ und $\mathfrak{a}'$ nicht von den Parametern abhängen, $d\mathfrak{a} = d\mathfrak{a}' = 0$ und aus § 4 (2) folgt:

$$dE = 0 \tag{3}$$

oder in Worten:

Wird ein Punkt abgebildet, so ist auf allen abbildenden Strahlen der Lichtweg zwischen Objekt- und Bildpunkt konstant [s. z. B. W. R. Hamilton (*1*)].

Sei eine beliebige zweifach unendliche Strahlenmannigfaltigkeit und eine sie schneidende Fläche $\bar{\mathfrak{a}}$ gegeben. Wir behaupten, sie bildet dann und nur dann eine feldartige Mannigfaltigkeit, wenn auf einer beliebigen das Feld schneidenden Fläche $\bar{\mathfrak{a}}$ der Ausdruck $\bar{\mathfrak{n}}\,d\bar{\mathfrak{a}}$ als Funktion der beiden Parameter ein totales Differential ist:

$$\bar{\mathfrak{n}}\,d\bar{\mathfrak{a}} = d\varPhi. \tag{4}$$

Erstens: (4) sei erfüllt. Wir tragen von der Ausgangsfläche aus auf allen Strahlen die Lichtwegstrecke $E = -\varPhi + C$ auf. Hierin sei $\varPhi$ ein beliebiges Integral von (4), C eine Konstante. Dann gibt § 4 (2) für die Endfläche

$$\mathfrak{n}'\,d\mathfrak{a}' - d\varPhi = d(-\varPhi + C) = -d\varPhi, \tag{5}$$

also

$$\mathfrak{n}'\,d\mathfrak{a}' = 0,$$

d. h. die so konstruierten Flächen sind gerade die Wellenflächen.

Sei umgekehrt eine feldartige Mannigfaltigkeit gegeben, $\bar{\mathfrak{a}}(u, v)$ eine Wellenfläche, und schneiden wir die Strahlen mit einer beliebigen Fläche $\mathfrak{a}'(u, v)$, so ist

$$\mathfrak{n}'\,d\mathfrak{a}' = dE, \tag{6}$$

also die Bedingung (4) erfüllt. Aus (4) folgt übrigens, wenn wir $\varPhi_{uv} = \varPhi_{vu}$ bilden,

$$\bar{\mathfrak{n}}_u\,\bar{\mathfrak{a}}_v - \bar{\mathfrak{n}}_v\,\bar{\mathfrak{a}}_u = 0, \tag{7}$$

d. h. die nach § 4 (3) jeder zweiparametrigen Strahlenschar zugeordnete Invariante verschwindet entlang allen Strahlen einer feldartigen Mannigfaltigkeit.

Eine feldartige Mannigfaltigkeit, die einen gewissen Teil des Raumes nur einfach überdeckt, so daß durch jeden Punkt dieses Raumteils *ein und nur ein* Lichtstrahl geht, heißt nach Kneser (*1*) ein *Feld*. Die Felder spielen in der Variationsrechnung eine große Rolle; man könnte hier z. B. zeigen, daß der Lichtstrahl zwischen zwei Punkten eines Feldes, das aus den Strahlen durch den Anfangspunkt besteht, stets der kürzeste Weg ist.

Zu diesem Beweis, den wir hier übergehen, benutzt man häufig ein auch sonst wichtiges, von HILBERT (*1*) aufgestelltes Integral, das vom Integrationswege unabhängig ist und das wir auch hier angeben wollen. Wir greifen eine feste Transversalfläche $\bar{a}(u, v)$ heraus; sei Φ die optische Entfernung eines Punktes unseres Raumteils, von dieser Transversalfläche aus auf dem durch ihn gehenden Lichtstrahl gemessen. Jedem Punkt des Raumteils ist dann eindeutig ein Wert von Φ zugeordnet. Wir verbinden zwei Punkte P_1 und P_2 durch eine beliebige Kurve $\mathfrak{a}'(u)$. Dann ist

$$\int_1^2 \mathfrak{n}' \, d\mathfrak{a}' = \int_1^2 d\Phi = \Phi_2 - \Phi_1 \tag{8}$$

nur von Anfangs- und Endpunkt abhängig, also unabhängig von der Wahl der verbindenden Kurve.

Insbesondere gilt für eine geschlossene Kurve in einem Feld

$$\oint \mathfrak{n} \, d\mathfrak{a} = 0 \, . \tag{9}$$

Es seien hier noch zwei Sätze angefügt, die sich ohne Schwierigkeit ableiten lassen.

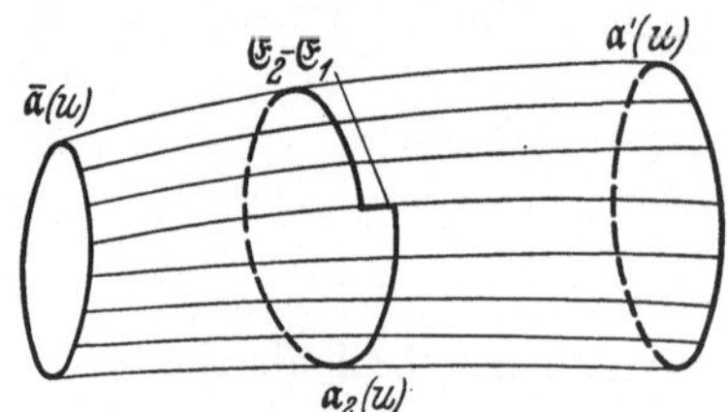

Abb. 5. Zu den Integralinvarianten einer Lichtröhre.

Es sei eine geschlossene Kurve $\bar{a}(u)$ als Anfangskurve gegeben und durch jeden Punkt der Kurve ein Lichtstrahl. Die Lichtstrahlen mögen eine zusammenhängende, aber nicht notwendig feldartige Mannigfaltigkeit bilden. Wir schneiden die so entstehende Lichtröhre durch eine zweite geschlossene Kurve $\mathfrak{a}'(u)$ und integrieren Gleichung § 4 (2) über die geschlossenen Kurven. Wir finden, es ist stets

$$\oint_{\bar{a}} \bar{\mathfrak{n}} \, d\bar{\mathfrak{a}} = \oint_{\mathfrak{a}'} \mathfrak{n}' \, d\mathfrak{a}' \, . \tag{10}$$

Die Größe (10) ist also eine Integralinvariante der Lichtröhre. Diese Invariante wurde zuerst von H. POINCARÉ (*1*) angegeben.

Ihre Größe findet man nach einem von G. PRANGE herrührenden, mir mündlich mitgeteilten Verfahren, indem man als Kurve der Endpunkte eine Kurve $\mathfrak{a}_2(u)$ nimmt, die auf der Röhre transversal zu den Lichtstrahlen verläuft. Diese Kurve schließt sich im allgemeinen nicht. Nehmen wir sie als Kurve der Endpunkte und integrieren, so gibt § 4 (2)

$$\oint_{\bar{a}} \bar{\mathfrak{n}} \, d\bar{\mathfrak{a}} = -\int_{\mathfrak{a}_2} dE = E_1 - E_2, \tag{11}$$

d. h. der Wert des Integrals ist gleich dem Lichtweg, der bei einmaligen transversalen Umwandern der Lichtröhre übrigbleibt (Abb. 5).

Wir betrachten jetzt eine einfach unendliche Mannigfaltigkeit von Strahlen, die eine Enveloppe haben, d. h., alle Strahlen sollen eine feste Kurve, die zugehörige *Kaustik*, berühren, Abb. 6. Wir wählen als Kurve $\mathfrak{a}(u)$ eine beliebige Transversale, als Kurve $\mathfrak{a}'(u)$ die Kaustik. Dann gilt, wegen § 3 (3), da die Kaustik die Lichtstrahlen berührt,

$$\mathfrak{n}'\frac{d\mathfrak{a}'}{du} = n'\frac{ds'}{du}, \tag{12}$$

wo s' das Bogenelement der kaustischen Kurve bedeutet. Obige Tatsache kann man in verschiedener Weise deuten und benützen. Zuerst einmal gilt wegen (8) der Satz von KNESER

$$\int_{\substack{1\\ \text{Kaustik}}}^{2} n'\,ds' = \Phi_2 - \Phi_1 \tag{13}$$

und umgekehrt:

Tragen wir auf allen Lichtstrahlen vom Berührungspunkt mit der Kaustik aus nach rückwärts eine Strecke ab, die, optisch gemessen, gleich der optischen Länge der Kaustik ist, von einem ihrer Punkte P_1 aus gemessen, so bilden die Endpunkte die durch P_1 gehende Transversale. Man kann diesen Tatbestand auch vielleicht so fassen: Die optische Abwicklung der Kaustik gibt die Transversalen. Hierbei ist dann als Linienelement der optischen Maßbestimmung

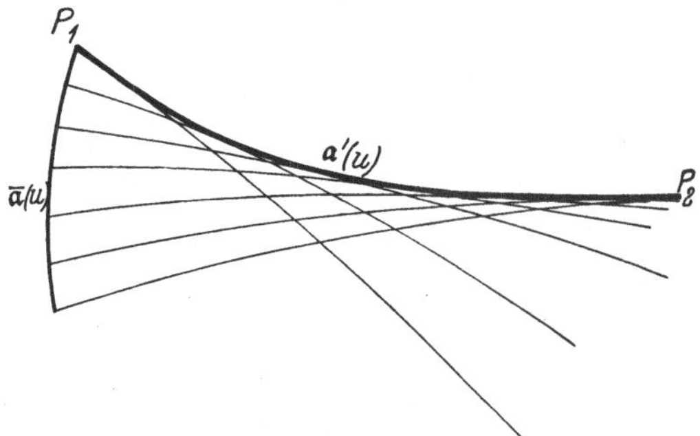

Abb. 6. Die Kaustik $\mathfrak{a}'(u)$ einer Kurvenschar und eine Transversale $\overline{\mathfrak{a}}(u)$.

$$dE = n\,ds \tag{14}$$

anzusehen.

§ 6. Die Gesetze der Abbildung.

In § 5 (3) fanden wir, daß bei der Abbildung eines Punktes durch eine zusammenhängende Strahlenmannigfaltigkeit der Lichtweg auf allen abbildenden Strahlen konstant ist.

Wir nehmen jetzt an, eine *Kurve* $\mathfrak{a}(u)$, Abb. 7, werde Punkt für Punkt durch eine von ein oder zwei weiteren Parametern abhängende Strahlenmannigfaltigkeit abgebildet auf eine Kurve $\mathfrak{a}'(u)$. Dann ist nach dem Satz § 4 (3) auch der Lichtweg E zwischen Anfangs- und Endkurve auf allen abbildenden Strahlen eine Funktion von u allein. Unsere Formel § 4 (2) gibt

$$n'\,\mathfrak{a}'_u - n\,\mathfrak{a}_u = E_u. \qquad (1)$$

Gleichung (1) ist eine Verallgemeinerung des optischen Kosinusgesetzes, das wir noch kennenlernen werden und das in der optischen Literatur von Abbe bis zur Gegenwart eine große Rolle spielt[1].

$\mathfrak{n}, \mathfrak{n}'$ *kann hierin die Normalenvektoren aller durch einen festen Objekt- und Bildpunkt gehenden Strahlen durchlaufen.*

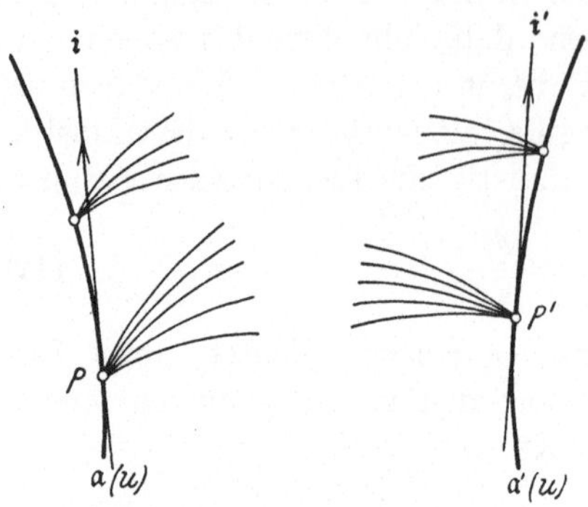

Abb. 7. Abbildung einer Kurve.
(i, i' Einheitsvektoren tangential an die Kurve.)

Gleichung (1) kann man in verschiedener Weise umformen. Wir führen als Parameter in (1) die Bogenlänge s der Objektkurve ein. Se s' die Bogenlänge der Bildkurve, dann kann man

$$\frac{ds'}{ds} = \beta' \qquad (2)$$

als Vergrößerung bezeichnen. Beachtet man noch, daß E_u für alle abbildenden Strahlen durch einen *festen* Objektpunkt konstant ist, und nennt die Einheitsvektoren tangential zu den abgebildeten Linienelementen $\mathfrak{i}, \mathfrak{i}'$, so nimmt (1) die Form an

$$(\mathfrak{n}'\,\mathfrak{i}')\,ds' - (\mathfrak{n}\,\mathfrak{i})\,ds = E_u\,du \qquad (3)$$

oder wegen (2)

$$\beta'\,(\mathfrak{n}'\,\mathfrak{i}') - (\mathfrak{n}\,\mathfrak{i}) = E_u\,\frac{du}{ds} = \text{Const.} \qquad (4)$$

Unter Beachtung von § 4 (2) erkennt man, daß die Gültigkeit von (4) für die Normalenvektoren einer ein- oder zweiparametrigen Strahlenschar, wenn ein Punkt abgebildet wird, auch hinreichend dafür ist, daß ein Linienelement in Richtung des Einheitsvektors $\mathfrak{i}$ mit der Vergrößerung β' abgebildet wird auf ein Linienelement in Richtung $\mathfrak{i}'$.

Die Konstante kann man aus (4) eliminieren, wenn man den Normalenvektor $\mathfrak{n}_1, \mathfrak{n}'_1$ für *einen* abbildenden Strahl kennt. Dann wird (4)

$$\beta'\,(\mathfrak{n}' - \mathfrak{n}'_1)\,\mathfrak{i}' = (\mathfrak{n} - \mathfrak{n}_1)\,\mathfrak{i}. \qquad (5)$$

Zwei Sonderfälle haben ein besonderes Interesse. Existiert ein Strahl, zu dem Objekt- und Bildlinienelement transversal liegen, so wird

$$\mathfrak{n}'_1\,\mathfrak{i}' = \mathfrak{n}_1\,\mathfrak{i} = 0,$$

---

[1] Vgl. M. Herzberger (*4*), geschichtlicher Anhang.

also wird (5)

$$\beta' \mathfrak{n}' i' = \mathfrak{n} i. \tag{6}$$

Existiert ein Strahl, der Objekt- und Bildlinienelement berührt, so wird

$$\hat{s}'_1 = i', \qquad \hat{s}_1 = i, \tag{7}$$

also wegen § 2 (11)

$$\mathfrak{n}'_1 i' = n'_1, \qquad \mathfrak{n}_1 i = n_1.$$

Hierin gibt $n_1 (n'_1)$ den Wert an, den man erhält, wenn man in n die Koordinaten des Anfangspunktes bzw. Endpunktes und die Richtungskosinus des berührenden Strahls einsetzt.

Gleichung (5) läßt sich dann in der Form

$$\beta' \mathfrak{n}' i' - \mathfrak{n} i = \beta' n'_1 - n_1 \tag{8}$$

schreiben.

An allen diesen Gleichungen ist das Charakteristische, daß wir durch Untersuchung der Strahlen, die einen festen Punkt abbilden, einen Aufschluß darüber gewinnen können, ob die *Nachbarpunkte* abgebildet werden.

Wir fragen jetzt nach den Bedingungen dafür, daß eine *Fläche* Punkt für Punkt durch eine zusammenhängende Strahlenmannigfaltigkeit abgebildet wird. Dann gelten zwei Gleichungen der Form (1)

$$\left.\begin{aligned} \mathfrak{n}' \mathfrak{a}'_u - \mathfrak{n} \mathfrak{a}_u = E_u , \\ \mathfrak{n}' \mathfrak{a}'_v - \mathfrak{n} \mathfrak{a}_v = E_v \end{aligned}\right\} \tag{9}$$

für alle abbildenden Strahlen durch einen Punkt oder umgeformt

$$\left.\begin{aligned} \beta', \mathfrak{n}' i', - \mathfrak{n} i, = C,, \\ \beta'',\mathfrak{n}' i'', - \mathfrak{n} i,, = C,, . \end{aligned}\right\} \tag{10}$$

Das Bestehen der Gleichungen (9) und (10) für eine zusammenhängende Strahlenmannigfaltigkeit durch einen Punkt ist notwendig und

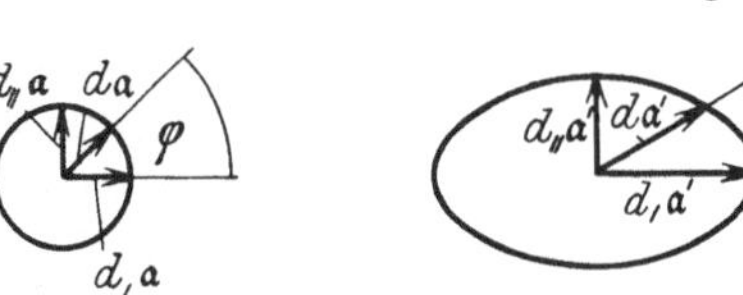

Abb. 8. Zur Abbildung eines Flächenelements. Die Einheitsvektoren längs $d,\mathfrak{a}$, $d_{,,}\mathfrak{a}$, $d\mathfrak{a}$ sind im Text mit $i_{,,}$ $i_{,,,}$ i bezeichnet.

übrigens auch hinreichend dafür, daß ein durch diesen Punkt gehendes *Flächenelement* scharf[1] abgebildet wird. $i_{,,}$ $i'_{,,}$ $i_{,,,}$ $i'_{,,}$ sind dabei zugeordnete Richtungen.

Die Abbildung des Flächenelements ist affin; wir können daher $i_{,,}$ $i_{,,,}$, $i'_{,}$, $i'_{,,}$ so wählen, daß die zugehörigen Richtungen in Objekt- und

---

[1] *Scharf* (zentrisch) nennen wir eine Abbildung, bei der alle Strahlen, die vom Objektpunkt ausgehen und nicht abgeblendet werden, sich im Bildpunkt vereinigen.

Bildraum aufeinander senkrecht stehen. Seien dann i, i' zwei beliebige weitere zugeordnete Richtungen und sei (Abb. 8)

$$\left.\begin{aligned} i &= \cos\varphi\, i_{,} + \sin\varphi\, i_{,,}\,, \\ i' &= \cos\varphi'\, i'_{,} + \sin\varphi'\, i'_{,,}\,, \end{aligned}\right\} \tag{11}$$

so folgt aus

$$\beta' n' i' - n i = C$$

sofort

$$\left.\begin{aligned} C &= C_{,} \cos\varphi + C_{,,} \sin\varphi\,, \\ \beta'^{\,2} &= \beta'^{\,2}_{,} \cos^2\varphi + \beta'^{\,2}_{,,} \sin^2\varphi\,, \\ \operatorname{tg}\varphi' &= \frac{\beta'_{,,}}{\beta'_{,}}\operatorname{tg}\varphi\,. \end{aligned}\right\} \tag{12}$$

Wir haben zwei Fälle zu unterscheiden, je nachdem ob $\beta'_{,} \gtreqless \beta'_{,,}$ ist. In ersterem Fall sagen wir, die Abbildung ist *unverzerrt*; wir finden

$$\left.\begin{aligned} \beta' &= \beta'_{,} = \beta'_{,,}\,, \\ \varphi' &= \varphi\,, \\ C &= C_{,} \cos\varphi + C_{,,} \sin\varphi\,. \end{aligned}\right\} \tag{13}$$

Einem kleinen kreisförmigen Flächenelement entspricht wieder ein Kreis, die Abbildung ist im kleinen ähnlich.

Bei verzerrter Abbildung (Abb. 8) entspricht einem kleinen Kreis eine Ellipse, deren Hauptachsen mit den Koordinaten unserer Wahl übereinstimmen.

Setzen wir

$$\operatorname{tg}\varphi = -\frac{C_{,}}{C_{,,}}\,, \tag{14}$$

so verschwindet C. Wir sehen also [BRUNS (*1*)]: ist C nicht identisch Null, so verschwindet es nur für die durch (14) gegebene Richtung.

Gibt es einen Strahl, der zu Objekt- und Bildflächenelement transversal liegt, so verschwindet $C_{,}$ und $C_{,,}$. Wir haben

$$\left.\begin{aligned} \beta'_{,} n' i'_{,} &= n i_{,}\,, \\ \beta'_{,,} n' i'_{,,} &= n i_{,,}\,. \end{aligned}\right\} \tag{15}$$

Wichtig ist folgender von C. CARATHÉODORY (*2*) untersuchter Sachverhalt. Es mögen alle Strahlen, die das Objektflächenelement berühren, auch das Bildflächenelement berühren. CARATHÉODORY sagt in diesem Fall, das Flächenelement liegt *tangential* im Felde des Instruments.

In diesem Fall müssen die abgebildeten Linienelemente auf zugeordneten Strahlen liegen. (10) ergibt hierfür die Bedingungen

$$\left.\begin{aligned} \beta'_{,} n' i'_{,} - n i_{,} &= \beta'_{,} n'_{,} - n_{,}\,, \\ \beta'_{,,} n' i'_{,,} - n i_{,,} &= \beta'_{,,} n'_{,,} - n_{,,}\,. \end{aligned}\right\} \tag{16}$$

Es gebe nun zwei Strahlen durch Objekt- und Bildpunkt, mit in *beiden* Punkten entgegengesetzten Normalrichtungen; eine Voraussetzung, die wohl meist erfüllt ist. Es ist jedoch dem Verfasser nicht geglückt, den folgenden Beweis ohne ihre Benutzung zu führen[1]. Existiert auch nur ein solcher Lichtstrahl, so können wir in (16) $\mathfrak{n}$ durch $-\mathfrak{n}$, $\mathfrak{n}'$ durch $-\mathfrak{n}'$ ersetzen; da hierbei die rechte Seite ungeändert bleiben muß, muß sie verschwinden; das gibt

$$\left.\begin{array}{l} \beta'_{,}\, \mathfrak{n}'\,\mathfrak{i}'_{,} = \mathfrak{n}\,\mathfrak{i}_{,}\,, \\ \beta''_{,,}\, \mathfrak{n}'\,\mathfrak{i}'_{,,} = \mathfrak{n}\,\mathfrak{i}_{,,}\,, \end{array}\right\} \tag{17}$$

also für zwei beliebige zugeordnete Richtungen

$$\beta'\,\mathfrak{n}'\,\mathfrak{i}' = \mathfrak{n}\,\mathfrak{i}. \tag{18}$$

Wählen wir in (18) für $\mathfrak{n}$, $\mathfrak{n}'$ wieder den berührenden Strahl, so finden wir unter Benutzung von § 3 (3)

$$\beta'\,n' = n. \tag{19}$$

(19) ist der Inhalt des Satzes von CARATHÉODORY:

Wird ein Flächenelement, das tangential im Feld eines optischen Instruments liegt, abgebildet auf ein Flächenelement derselben Art, so sind zugeordnete Linienelemente optisch gemessen gleich groß.

Betrachten wir zum Schluß die Bedingung, daß ein *Raumelement scharf* abgebildet wird. *Alle* Strahlen durch einen Punkt des Raumelements sollen sich bildseitig in einem Punkt vereinigen. Wir erhalten drei Gleichungen der Form (10)

$$\left.\begin{array}{l} \beta'_{,}\, \mathfrak{n}'\,\mathfrak{i}'_{,} - \mathfrak{n}\,\mathfrak{i}_{,} = C_{,}\,, \\ \beta''_{,,}\, \mathfrak{n}'\,\mathfrak{i}'_{,,} - \mathfrak{n}\,\mathfrak{i}_{,,} = C_{,,}\,, \\ \beta'''_{,,,}\, \mathfrak{n}'\,\mathfrak{i}'_{,,,} - \mathfrak{n}\,\mathfrak{i}_{,,,} = C_{,,,}\,, \end{array}\right\} \tag{20}$$

und wir können ohne Beschränkung der Allgemeinheit voraussetzen, daß $\mathfrak{i}_{,}$, $\mathfrak{i}_{,,}$, $\mathfrak{i}_{,,,}$, sowie $\mathfrak{i}'_{,}$, $\mathfrak{i}'_{,,}$, $\mathfrak{i}'_{,,,}$ paarweise aufeinander senkrecht stehen. Ebenso, wie oben, können wir schließen $C_{,} = C_{,,} = C_{,,,} = 0$; es gilt für ein beliebiges Paar zugeordneter Richtungen

$$\beta'\,\mathfrak{n}'\,\mathfrak{i}' = \mathfrak{n}\,\mathfrak{i}; \tag{21}$$

wir erhalten schließlich, da jeder Strahl zugeordnete Richtungen berühren muß,

$$n'\,\beta' = n, \tag{22}$$

d. h. den in dieser Allgemeinheit auch zuerst von C. CARATHÉODORY bewiesenen Satz:

Wird ein Raumelement scharf abgebildet, so sind Objekt- und Bildelement optisch gemessen stets gleich.

In *isotropen* Mitteln gibt (21) und (22)

$$\mathfrak{s}'\,\mathfrak{i}' = \mathfrak{s}\,\mathfrak{i}, \tag{23}$$

---

[1] Herr Prof. CARATHÉODORY übersandte mir inzwischen einen brieflichen Beweis des Satzes, der unter Benutzung des Prinzips der analytischen Fortsetzung obige Voraussetzung entbehrlich macht.

d. h. die Abbildung eines Raumelementes in isotropen Mitteln muß konform sein, F. Klein (*1*).

Aufgabe 1. Es ist zu zeigen, daß das Maxwellsche Fischauge ein inhomogen isotropes Mittel ist, bei dem der ganze Raum scharf abgebildet wird; siehe hierzu auch die Verallgemeinerung des Maxwellschen Fischauges durch W. Lenz (*1*).

Aufgabe 2[1]. Es ist zu untersuchen, ob eine scharfe Abbildung eines Raumelements möglich ist, wenn Anfangs- und Endpunkte in zwei einachsigen Krystallen liegen und beiderseits nur die außerordentlichen Strahlen betrachtet werden. Es ist hierbei zu beachten, daß aus

$$\beta'^2 = \beta_I'^2\,\xi_1^2 + \beta_{II}'^2\,\xi_2^2 + \beta_{III}'^3\,\xi_3^2. \tag{24}$$

und (22) eine starke Einschränkung für die Abhängigkeit der Brechungsindizes mit der Richtung folgt. Bei der Untersuchung muß man selbstverständlich darauf achten, daß die Krystallachsen nicht mit unseren Koordinatenachsen zusammenzufallen brauchen.

§ 7. Die optischen Reziprozitätssätze.

Wir betrachten eine zweiparametrige Schar von Strahlen, die zwei Kurven $\bar{a}(u)$, $a'(v)$ schneiden. Hierbei soll jedem Wertepaar u, v ein und nur ein Strahl entsprechen, d. h. jeder Strahl sei durch seine Schnittpunkte mit den beiden Kurven bestimmt. Dann ist natürlich

$$\bar{a}_v = a'_u = 0. \tag{1}$$

Setzen wir (1) in § 4 (3) ein, so erhalten wir für unsere Strahlen die wichtige Beziehung

$$\mathfrak{n}'_u\, a'_v = -\,\bar{\mathfrak{n}}_v\, \bar{a}_u. \tag{2}$$

Wir betrachten ferner eine zweiparametrige Schar von Strahlen, die zwei Kurven $a(u)$, $a'(u)$ aufeinander *abbilden*, derart, daß alle von einem Punkt der ersten Kurve ausgehenden Strahlen sich in einem Punkt der zweiten Kurve vereinigen. Dann wird

$$a_v = a'_v = 0, \tag{3}$$

und Gleichung § 4 (3) ergibt

$$\mathfrak{n}'_v\, a'_u = \mathfrak{n}_v\, a_u. \tag{4}$$

Wir wollen jetzt die Gleichungen (2) sowie (4) geometrisch zu deuten versuchen.

Wir betrachten drei benachbarte Strahlen. Einen *Anfangsstrahl*, der objektseitig durch den Punkt $\overline{P}$ (Vektor $\bar{a}$), bildseitig durch den Punkt P' (Vektor a') geht. Einen auch von $\overline{P}$ ausgehenden Nachbarstrahl, der bildseitig durch den Punkt $(a' + da')$ geht, sowie zuletzt einen Strahl durch P', der objektseitig von einem Punkt $\bar{a} + \delta\bar{a}$ ausgehe. Wir wollen die Änderung $d\bar{\mathfrak{n}}$ der Normalen der von $\overline{P}$ nach dem

---

[1] Unter einem einachsigen Krystall versteht man einen Krystall, in dem die eine von einem Punkt ausgehende Welle Kugelgestalt hat; zu ihr gehört der ordentliche Strahl; das tritt ein, wenn in § 1 (5) zwei der Hauptbrechungsindices übereinstimmen.

Linienelement $d\alpha'$ hinzielenden Strahlen bezeichnen als *optische schein-*
bare Größe des Linienelements $d\alpha'$ von $\overline{P}$ aus gesehen; analog ist dann
$\delta n'$ die optische scheinbare Größe des Linienelements $\delta\bar{\alpha}$ von P' aus
gesehen.

Gleichung (2), die „HUYGENSsche Gleichung", schreibt sich nun

$$\delta n'\, d\alpha' = -\, d\bar{n}\, \delta\bar{\alpha} \tag{5}$$

oder in Worten:

Erster Reziprozitätssatz.

Das skalare Produkt aus einem Linienelement und der optischen
scheinbaren Größe eines zweiten Linienelements, von einem seiner
Punkte aus gesehen, ist umgekehrt gleich dem skalaren Produkt aus

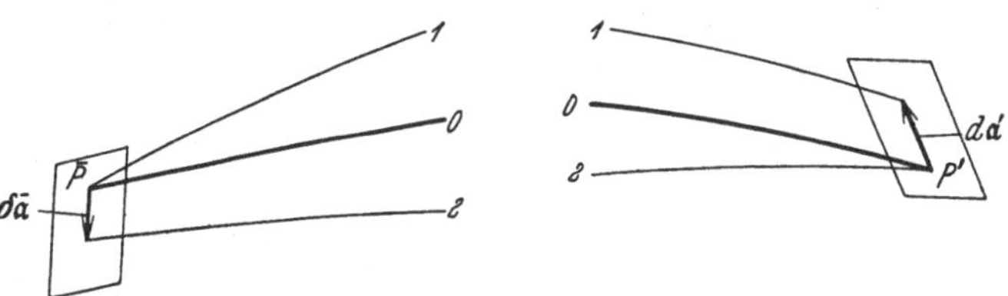

Abb. 9. Zum ersten Reziprozitätssatz.
(Die Zahlen *0*, *1*, *2* sollen zusammengehörige Lichtstrahlen kennzeichnen.)

dem zweiten Linienelement und der scheinbaren optischen Größe des
ersten, gesehen vom Ort des zweiten.

Auch Gleichung (4) kann man für drei benachbarte Strahlen aussprechen.

P und P' Abb. 10 seien zwei *konjugierte* Punkte, d. h., es gebe außer
dem Anfangsstrahl einen benachbarten Strahl, der P und P' verbindet.
Ein zweiter Nachbarstrahl gehe objektseitig durch den Punkt $\alpha + d\alpha$
und bildseitig durch den Punkt $\alpha' + d\alpha'$. Dann gilt die „LAGRANGEsche
Gleichung":

$$\delta n'\, d\alpha' = \delta n\, d\alpha \tag{6}$$

oder in Worten:

Zweiter Reziprozitätssatz.

Werden zwei Linienelemente aufeinander abgebildet, so ist das
skalare Produkt aus Linienelement $d\alpha$ und Änderung δn des Normalenvektors beim Übergang von einem abbildenden Strahl zum benachbarten abbildenden Strahl auf Objekt- und Bildseite gleich.

Gleichung (5) wurde für homogen isotrope Mittel und rotationssymmetrische Systeme zuerst von HUYGENS (*2*) aufgestellt, allerdings
nur für den Sonderfall, daß der Hauptstrahl die Rotationsachse ist,
und die beiden Linienelemente $d\alpha$, $d\alpha'$ auf dem Hauptstrahl senkrecht
stehen. Gleichung (6) wurde für aufeinander abgebildete Linienelemente
senkrecht zur Achse von Rotationssystemen in homogen isotropen
Mitteln zuerst von J. DE LAGRANGE (*1*) abgeleitet. H. v. HELMHOLTZ (*1*)

verallgemeinerte Gleichung (6) auf den Fall der Abbildung beliebig in der Meridianebene von Rotationssystemen gelegener Linienelemente in homogen isotropen Mitteln. R. STRAUBEL (*1*) sprach (5) und (6) in homogen isotropen Mitteln für den Fall aus, daß die vier vorkommenden

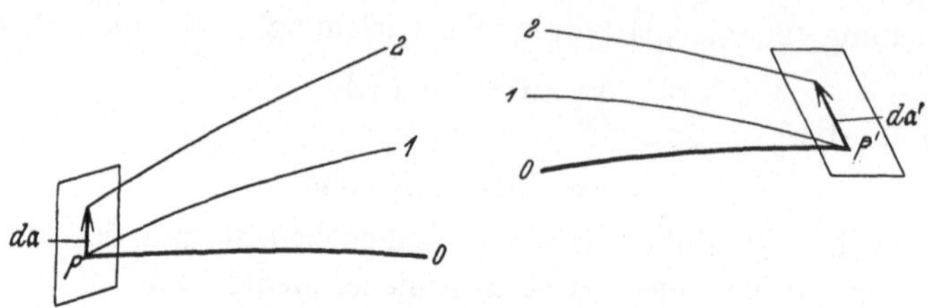

Abb. 10. Zum zweiten Reziprozitätssatz.
(Die Zahlen *0*, *1*, *2* sollen zusammengehörige Lichtstrahlen kennzeichnen.)

Vektoren objekt- und bildseitig in je einer Ebene liegen. A. GLEICHEN (*2*) und T. LEVI-CIVITA (*1*) untersuchten anisotrope homogene Mittel, und Verfasser [M. HERZBERGER (*6*)] gab beide Formeln für homogen isotrope Mittel in der allgemeinsten Form.

Aus Gleichung (6) läßt sich übrigens noch anderes herauslesen. Sie führt im Fall homogen isotroper Mittel auf die Gesetze der GULLSTRAND-schen *Linienabbildung*.

Es sei ein Paar konjugierter Punkte gegeben und zwei sie enthaltende Flächenelemente $d\alpha$, $d\alpha'$ mit beliebiger Neigung gegen die verbindenden Strahlen. Durch

$$\delta\mathfrak{n}\,d\alpha = C \tag{7}$$

wird bei variabelm C auf dem Objektflächenelement eine Schar paralleler Linienelemente gegeben. Greifen wir ein solches Linienelement heraus. Gleichung (6) gilt für einen beliebigen dritten Nachbarstrahl. Wir erkennen also:

Alle Strahlen, die objektseitig das Flächenelement $d\alpha$ in einem durch (7) gegebenen Linienelement durchstoßen, durchstoßen das Flächenelement $d\alpha'$ in dem durch

$$\delta\mathfrak{n}'\,d\alpha' = C \tag{8}$$

gegebenen Linienelement mit demselben C. Die beiden durch (7) und (8) gegebenen Linienelemente nennt A. GULLSTRAND (*1*) *abbildbare Linienelemente*. Die Linienelemente als ganze werden aufeinander abgebildet, ohne daß jedoch die von einem Punkt ausgehenden Strahlen sich wieder in *einem* Punkt zu treffen brauchen; sie werden sich im Gegenteil im allgemeinen Fall über das ganze bildseitige Linienelement verteilen.

Formel (6) läßt sich nun auch, wie folgt, aussprechen:

Auf zwei beliebig gegen den Anfangsstrahl geneigten Flächenelementen durch zwei konjugierte Punkte gibt es stets je eine Schar paralleler abbildbarer Linienelemente.

Nehmen wir an, durch unser Punktepaar P, P' gehen außer dem Anfangsstrahl zwei benachbarte Strahlen derart, daß $d\mathfrak{n}_1$ und $d\mathfrak{n}_2$ und daher auch $d\mathfrak{n}_1'$ und $d\mathfrak{n}_2'$ nicht proportional sind, dann gehen alle von P ausgehenden und zum Anfangsstrahl benachbarten Strahlen bildseitig

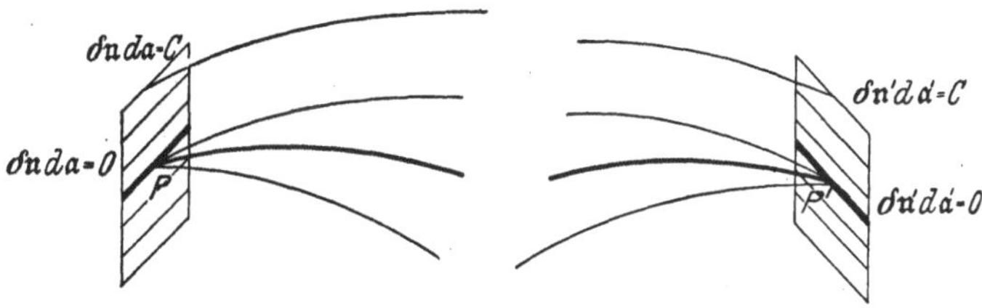

Abb. 11. Zur Gullstrandschen Linienabbildung.

durch P'. Einen solchen Punkt wollen wir als *Stigmatpunkt*, seinen Bildpunkt als *stigmatischen Bildpunkt* bezeichnen. Legen wir durch P und P' zwei beliebig gegen den Anfangsstrahl geneigte Flächenelemente, so genügen die Nachbarstrahlen zwei linear unabhängigen Gleichungen der Form (6)

$$\left.\begin{aligned}
\delta_1 \mathfrak{n}' \, da' &= \delta_1 \mathfrak{n} \, da \,, \\
\delta_2 \mathfrak{n}' \, da' &= \delta_2 \mathfrak{n} \, da \,.
\end{aligned}\right\} \tag{9}$$

Durch die Gleichungen (9) wird jedem Punkt des Objektflächenelements eineindeutig ein Punkt des Bildflächenelements zugeordnet, derart, daß alle von einem Objektpunkt ausgehenden Nachbarstrahlen sich in einem Punkt des Bildflächenelements vereinigen. Das Objektflächenelement wird *stigmatisch* abgebildet.

Zu beachten ist, daß hier Größen höherer als der ersten Ordnung vernachlässigt sind; nur unter dieser Voraussetzung ist die etwas paradoxe Aussage zu verstehen, daß ein beliebiges, durch einen Stigmatpunkt gehendes Flächenelement stigmatisch abgebildet wird auf *jedes* Flächenelement durch den stigmatischen Bildpunkt.

<h2 style="text-align:center">Zweiter Teil.</h2>

Die Strahlenoptik in homogen isotropen Mitteln.

§ 8. Zusammenstellung der Grundgesetze des ersten Teils.

Im weiteren Teil des Buches beschränken wir uns auf die Betrachtung der Lichtstrahlen in homogen isotropen Mitteln. Die Lichtstrahlen verlaufen in jedem solchen Mittel geradlinig, unsere Aufgabe ist es also, die besonderen Geradenabbildungen zu untersuchen, die optisch realisierbar sind. Die Strahlenoptik wird hier zu einem Teilgebiet der Abbildungslehre der Geradensysteme.

In optisch homogen isotropen Mitteln haben die Normalenvektoren $\mathfrak{n}$ die Richtung der geradlinigen Lichtstrahlen (Einheitsvektor $\mathfrak{s}$)

$$\mathfrak{n} = n\mathfrak{s} . \tag{1}$$

Der Brechungsindex ist eine von Lage und Richtung unabhängige Konstante des Mittels.

Wir bezeichnen das erste Mittel als *Objektraum*, das letzte Mittel als *Bildraum*; Größen des Objektraums sollen im folgenden keinen Zeiger erhalten, z. B. n, $\mathfrak{s}$. Größen des Bildraums sollen durch einen Strich bezeichnet werden, z. B. n', $\mathfrak{s}'$ *.

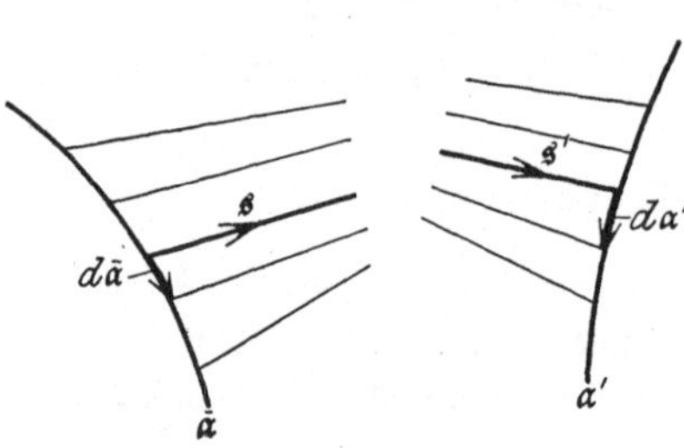

Abb. 12. Zum Differentialgesetz.
($\mathfrak{s}$, $\mathfrak{s}'$ Einheitsvektoren in der Strahlrichtung.)

Sei eine beliebige Strahlenmannigfaltigkeit durch die Einheitsvektoren $\mathfrak{s}$ in der Strahlrichtung und eine zusammenhängende Punktmannigfaltigkeit $\bar{\mathfrak{a}}$ gegeben (die der *Anfangspunkte*), die jedem Strahl eindeutig einen Punkt zuordnet, seien die Bildstrahlen durch die Einheitsvektoren $\mathfrak{s}'$ (in ihrer Richtung) und durch eine den Strahlen eindeutig zugeordnete zusammenhängende Punktmannigfaltigkeit $\mathfrak{a}'$ (die *Endpunkte*) gegeben, dann behauptet das *Differentialgesetz* der Strahlenoptik § 4 (2), daß der Ausdruck

$$n'\mathfrak{s}' d\mathfrak{a}' - n\mathfrak{s} d\bar{\mathfrak{a}} = dE \tag{2}$$

in allen seinen Parametern ein totales Differential ist, und zwar kann der Ausdruck betrachtet werden als das Differential des Lichtweges E zwischen Anfangs- und Endpunkt auf allen Strahlen.

Hieraus ergibt sich für eine beliebige zweiparametrige Schar gemäß § 4 (3), daß

$$n'(\mathfrak{s}'_u \mathfrak{a}'_v - \mathfrak{s}'_v \mathfrak{a}'_u) = n(\mathfrak{s}_u \bar{\mathfrak{a}}_v - \mathfrak{s}_v \bar{\mathfrak{a}}_u) \tag{3}$$

eine Strahlinvariante ist.

Die *Wellenflächenelemente* stehen hier senkrecht zum Strahl. Legen wir durch zwei Punkte $\bar{\mathfrak{a}}$, $\mathfrak{a}'$ eines Strahls zwei Flächenelemente senkrecht zum Strahl, dann ist der Lichtweg zwischen diesen Wellenflächenelementen auf allen Nachbarstrahlen in erster Näherung konstant.

Eine *feld*artige Mannigfaltigkeit besteht aus der Gesamtheit der Normalen einer Fläche, aus einem *Normalensystem*. Der Satz von der Erhaltung des Feldes wird hier auch als *Satz* von MALUS-DUPIN bezeichnet.

---

* Ebenso wie im ersten Teil sollen jedoch Größen des Dingraums mit einem Querstrich versehen werden, wenn sie zu den entsprechenden Größen des Bildraums nicht im Verhältnis Ding-Bild stehen (optisch nicht *konjugiert* sind).

Er lautet: Einem Normalensystem entspricht bei der optischen Abbildung wieder ein Normalensystem. Der Lichtweg zwischen zwei Wellenflächen ist auf allen Strahlen konstant. Für Normalensysteme verschwindet der Ausdruck (3) längs aller Strahlen. Es ist also für sie:

$$n\,(\mathfrak{z}_u\,\bar{\mathfrak{a}}_v - \mathfrak{z}_v\,\bar{\mathfrak{a}}_u) = n'\,(\mathfrak{z}'_u\,\mathfrak{a}'_v - \mathfrak{z}'_v\,\mathfrak{a}'_u) = 0\,. \tag{4}$$

Als Spezialfall erhalten wir den Satz: Vereinigt sich eine zusammenhängende von einem Objektpunkt kommende Strahlenmannigfaltigkeit bildseitig in einem Punkt, so ist der Lichtweg auf allen Strahlen konstant.

Wir kommen jetzt zu den Gesetzen der Abbildung. Wird ein *Linienelement* in Richtung des Einheitsvektors i Punkt für Punkt abgebildet auf ein Linienelement in Richtung des Einheitsvektors i', so muß für die von einem Punkt ausgehenden abbildenden Strahlen die Gleichung

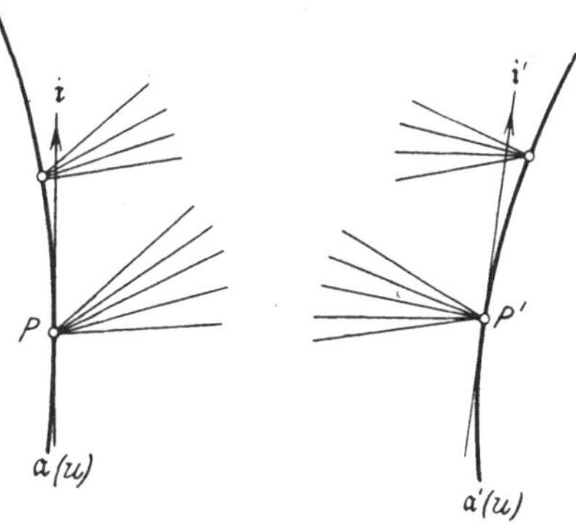

Abb. 13. Zum Kosinussatz.

$$\left.\begin{array}{l} n'\,\beta'\,(\mathfrak{i}'\,\mathfrak{z}') - n\,(\mathfrak{i}\,\mathfrak{z}) = C \\[4pt] \text{oder} \qquad n'\,\beta'\cos\varepsilon' - n\cos\varepsilon = C \end{array}\right\} \tag{5}$$

gelten. Allgemeiner Kosinussatz. Siehe H. BOEGEHOLD (5). Hierin ist β' die Vergrößerung, mit der das Linienelement abgebildet wird, $\varepsilon,\,\varepsilon'$ sind die Winkel zwischen Strahl und Linienelement, C ist für alle abbildenden Strahlen eine Konstante.

Ist ein abbildender Strahl bekannt $(\varepsilon_0,\,\varepsilon'_0)$, so findet man

$$n'\,\beta'\,(\cos\varepsilon' - \cos\varepsilon'_0) = n\,(\cos\varepsilon - \cos\varepsilon_0)\,. \tag{6}$$

Steht insbesondere ein Strahl objekt- und bildseitig auf dem Linienelement senkrecht, so gibt (6)

$$n'\,\beta'\cos\varepsilon' = n\cos\varepsilon\,. \tag{7}$$

Berührt ein Strahl das Linienelement objekt- und bildseitig, so wird

$$\left.\begin{array}{l} n'\,\beta'\cos\varepsilon' - n\cos\varepsilon = n'\,\beta' - n \\[6pt] \text{oder} \qquad n'\,\beta'\sin^2\dfrac{\varepsilon'}{2} = n\sin^2\dfrac{\varepsilon}{2}\,. \end{array}\right\} \tag{8}$$

Für die Abbildung eines *Flächenelements* durch eine Strahlenmannigfaltigkeit ist notwendig und hinreichend, daß zwei Linienelemente abgebildet werden, daß also für die abbildenden Strahlen zwei Gleichungen in Kosinusform gelten

$$\left.\begin{array}{l} n'\,\beta'_{,}\cos\varepsilon'_{,} - n\cos\varepsilon_{,} = C_{,,} \\[4pt] n'\,\beta'_{,,}\cos\varepsilon'_{,,} - n\cos\varepsilon_{,,} = C_{,,}\,. \end{array}\right\} \tag{9}$$

Man kann insbesondere ohne Beschränkung der Allgemeinheit (es handelt sich um eine affine Transformation!) annehmen, man habe zwei Linienelemente gewählt, die objekt- und bildseitig aufeinander senkrecht stehen. Dann ist die Abbildung für ein Linienelement, das mit dem ersten den Winkel φ bzw. φ' bildet, gegeben durch eine Gleichung der Form

$$n'\beta'\cos\varepsilon' - n\cos\varepsilon = C$$

mit

$$\left.\begin{aligned} C &= C, \cos\varphi + C_{,,}\sin\varphi, \\ \beta'^2 &= \beta_{,}'^2\cos^2\varphi + \beta_{,,}'^2\sin^2\varphi, \\ \operatorname{tg}\varphi' &= \frac{\beta_{,}'}{\beta_{,,}'}\operatorname{tg}\varphi. \end{aligned}\right\} \tag{10}$$

Ist $C_{,}^2 + C_{,,}^2 \neq 0$, so verschwindet C nur (Satz von BRUNS) bezogen auf die durch

$$\left.\begin{aligned} \operatorname{tg}\varphi &= -\frac{C_{,}}{C_{,,}}, \\ \operatorname{tg}\varphi' &= -\frac{\beta_{,}'\,C_{,}}{\beta_{,,}'\,C_{,,}} \end{aligned}\right\} \tag{11}$$

gegebenen zugeordneten Linienelemente.

Ist $\beta_{,}' = \beta_{,,}' = \beta'$, so ist die Abbildung unseres Flächenelements *unverzerrt*. Einem kleinen Kreis entspricht ein Kreis. Ist $\beta_{,}' \neq \beta_{,,}'$, so ist die Abbildung verzerrt (einem kleinen Kreis entspricht eine Ellipse).

C. CARATHÉODORY (2) hat die Frage untersucht, wieviel Strahlen Objekt- und Bildflächenelement gleichzeitig berühren können. Wir wählen objekt- und bildseitig ein rechtwinkliges Koordinatensystem x, y, z; x', y', z', dessen z, z'-Achse auf dem Objekt- (Bild-) Flächenelement senkrecht steht, während die x, y, x', y'-Achsen diejenigen zugeordneten Linienelemente berühren, die objekt- und bildseitig aufeinander senkrecht stehen. ξ, η, ζ; ξ', η', ζ' seien die Richtungskosinus des Objektstrahls und seines Bildstrahls; dann gilt für die abbildenden Strahlen

$$\left.\begin{aligned} n'\beta_{,}'\xi' - n\xi &= C_{,,} \\ n'\beta_{,,}'\eta' - n\eta &= C_{,,}. \end{aligned}\right\} \tag{12}$$

Ein Strahl, der objekt- und bildseitig unser Flächenelement berührt, ist durch $\zeta = \zeta' = 0$, also

$$\left.\begin{aligned} \xi^2 + \eta^2 &= 1, \\ \xi'^2 + \eta'^2 &= \left(\frac{C_{,} + n\xi}{n'\beta_{,}'}\right)^2 + \left(\frac{C_{,,} + n\eta}{n'\beta_{,,}'}\right)^2 = 1 \end{aligned}\right\} \tag{13}$$

gegeben.

(13) stellt in den ξ, η einen Kreis und eine Ellipse dar. Diese haben, wenn sie nicht identisch sind, höchstens vier Schnittpunkte. Sind sie

identisch, so gilt

$$\left.\begin{array}{l} C_{,} = C_{,,} = 0, \\[2mm] \beta'_{,} = \beta'_{,,} = \beta' = \pm \dfrac{n}{n'}. \end{array}\right\} \tag{14}$$

Wir erkennen also: Zwei aufeinander abgebildete Flächenelemente können höchstens von vier Strahlen objekt- und bildseitig berührt werden; es sei denn, das Flächenelement werde ähnlich abgebildet mit der Vergrößerung $\dfrac{n}{n'}$. Für die abbildenden Strahlen gilt in diesem Fall (evtl. nach Vertauschung der Richtung der x-Achse)

$$\left.\begin{array}{l} \xi = \xi', \\[2mm] \eta = \eta'. \end{array}\right\} \tag{15}$$

Wie wir sehen, kann man im homogen isotropen Fall den Beweis für den CARATHÉODORYschen Satz ohne die Voraussetzung machen, daß ein Lichtstrahl beiderseitig das System durchstößt; man kann hier aber auch den Satz weitgehend verschärfen.

Bei der Behandlung der Abbildung eines *Raumelements* sind gleichsam alle Strahlen berührende Strahlen. Man erhält drei Gleichungen in Kosinusform für drei Richtungen, die objekt- und bildseitig aufeinander senkrecht stehen.

$$\left.\begin{array}{l} n'\,\beta'_{,}\ \xi'_{,}\ -\, n\,\xi_{,}\ = C_{,,} \\[2mm] n'\,\beta'_{,,}\ \xi'_{,,}\ -\, n\,\xi_{,,}\ = C_{,,,} \\[2mm] n'\,\beta'_{,,,}\ \xi'_{,,,}\ -\, n\,\xi_{,,,} = C_{,,,}. \end{array}\right\} \tag{16}$$

$\xi_{,}, \xi_{,,}, \xi_{,,,}$ müssen daher den beiden Gleichungen

$$\left.\begin{array}{c} \xi^2_{,} + \xi^2_{,,} + \xi^2_{,,,} = 1, \\[3mm] \xi'^2_{,} + \xi'^2_{,,} + \xi'^2_{,,,} = 1 = \left(\dfrac{C_{,} + n\,\xi_{,}}{n'\,\beta'_{,}}\right)^2 + \left(\dfrac{C_{,,} + n\,\xi_{,,}}{n'\,\beta'_{,,}}\right)^2 + \left(\dfrac{C_{,,,} + n\,\xi_{,,,}}{n'\,\beta'_{,,,}}\right)^2 = 1 \end{array}\right\} \tag{17}$$

genügen. Diese beiden Gleichungen müssen für alle abbildenden Strahlen gelten, sie sind aber nur identisch zu erfüllen, wenn

$$\left.\begin{array}{l} C_{,} = C_{,,} = C_{,,,} = 0, \\[2mm] \beta'_{,} = \beta'_{,,} = \beta'_{,,,} = \pm \dfrac{n}{n'} \end{array}\right\} \tag{18}$$

wird.

Dann gibt (16) nach evtl. Vertauschung der Richtung der x_1-Achse

$$\left.\begin{array}{l} \xi'_{,}\ = \xi_{,,} \\[2mm] \xi'_{,,}\ = \xi_{,,,} \\[2mm] \xi'_{,,,} = \xi_{,,,}. \end{array}\right\} \tag{19}$$

Die scharfe Abbildung eines Raumelements ist nur dann möglich, wenn sie ähnlich ist (BRUNS) und wenn das Vergrößerungsverhältnis $\dfrac{n}{n'}$ ist (F. KLEIN), siehe zu diesem Teil die geschichtlichen Anmerkungen in M. HERZBERGER (4).

Die *Reziprozitätsgesetze* nehmen für die Optik homogen isotroper Mittel folgende anschauliche Bedeutung an:

Gleichung (3) werde zunächst angewendet auf ein Strahlenbündel, das aus allen Strahlen besteht, die zwei Kurven $\bar{\mathfrak{a}}\,(u)$ und $\mathfrak{a}'(v)$ verbinden. Wir erhalten

$$n'\,\mathfrak{s}'_u\,\mathfrak{a}'_v + n\,\bar{\mathfrak{s}}_v\,\bar{\mathfrak{a}}_u = 0. \tag{20}$$

Wir wählen als Variable die Bogenlänge $\bar{s}, s'$ der beiden Kurven. Den Winkel $d\bar\varepsilon$, unter dem ein Linienelement der Endkurve von einem Punkt der Anfangskurve aus erscheint, bezeichnet man in der Optik als *scheinbare Größe* dieses Linienelements. Es mag erlaubt sein, in Verallgemeinerung davon den Vektor $n\,d\bar{\mathfrak{s}}$ gemäß S. 23 als *scheinbare optische Größe* des gerichteten Elements $d\mathfrak{a}'$ zu bezeichnen.

Gleichung (20) nimmt die Form

oder

$$\left.\begin{aligned}
n'\,\frac{d\mathfrak{s}'}{d\bar s}\,\frac{d\mathfrak{a}'}{d s'} + n\,\frac{d\bar{\mathfrak{s}}}{d s'}\,\frac{d\bar{\mathfrak{a}}}{d\bar s} &= 0 \\[2mm]
n'\,d\mathfrak{s}'\,d\mathfrak{a}' + n\,d\bar{\mathfrak{s}}\,d\bar{\mathfrak{a}} &= 0
\end{aligned}\right\} \tag{21}$$

an; oder in Worten:

Erster Reziprozitätssatz. Das skalare Produkt aus einem gerichteten Linienelement und der scheinbaren optischen Größe eines zweiten, längs eines Strahls gesehen, ist immer entgegengesetzt gleich dem skalaren Produkt aus dem zweiten Linienelement und der optischen Größe des ersten Linienelements von einem Punkt des zweiten Linienelements aus betrachtet.

Gleichung (21) wurde für zwei Punkte, die auf der Achse eines rotationssymmetrischen optischen Systems liegen, und zwei achsensenkrechte Linienelemente in derselben Meridianebene zuerst von Chr. Huygens (2) abgeleitet.

Straubel (1) verallgemeinerte den Satz auf den Fall, daß alle drei Nachbarstrahlen objekt- und bildseitig in derselben Ebene liegen. Sei

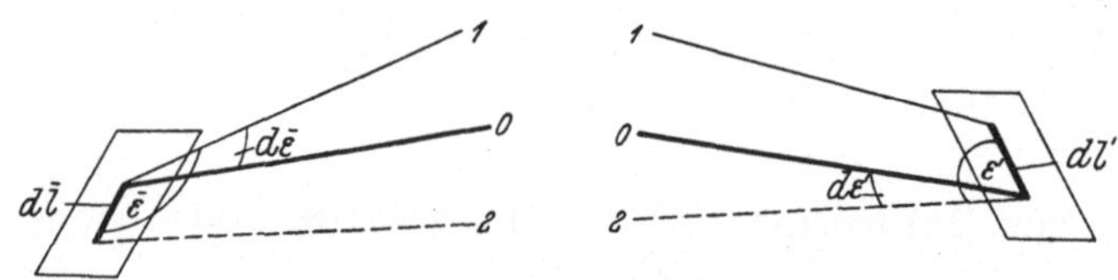

Abb. 14. Zum ersten Straubelschen Satz.

$\bar\varepsilon, \varepsilon'$ der Winkel zwischen Strahl und Linienelement $d\bar l$ (dl'), sei $d\bar\varepsilon$ $(d\varepsilon')$ der Winkel zwischen Strahl und Nachbarstrahl, dann wird in diesem Fall

$$n'\,d\varepsilon'\sin\varepsilon'\,dl' + n\,d\bar\varepsilon\sin\bar\varepsilon\,d\bar l = 0. \tag{22}$$

Um das zweite Reziprozitätsgesetz zu erhalten, betrachten wir zunächst zwei aufeinander abgebildete Kurven. $\mathfrak{a}(u)$, $\mathfrak{a}'(u)$ Formel (2) gibt hier, wenn zu jedem Punktepaar (u) eine einparametrige Strahlenschar (v) gehört,

$$n'\,\mathfrak{s}'_v\,\mathfrak{a}'_u = n\,\mathfrak{s}_v\,\mathfrak{a}_u\,. \tag{23}$$

Greifen wir einen festen Anfangsstrahl heraus, benutzen als Variable das Linienelement der Anfangskurve und den Winkel ε mit dem festen Strahl, dann gibt Gleichung (23), falls wir außer der Vergrößerung $\beta' = \dfrac{d s'}{d s}$ die Winkelvergrößerung

$$\gamma' = \frac{d\varepsilon'}{d\varepsilon} \tag{24}$$

einführen, wenn i und i′ die Einheitsvektoren entlang der abgebildeten Linienelemente sind, j und j′ die Richtung von $\mathfrak{s}_v$, $\mathfrak{s}'_v$ haben:

$$n'\,\beta'\,\gamma'\,(\mathrm{i'\,j'}) = n\,(\mathrm{i\,j}). \tag{25}$$

Liegen i, j, i′, j′ in einer Ebene durch den Anfangsstrahl, so gelangt man zu dem von STRAUBEL (1) behandelten Sonderfall; Gleichung (25) gibt

$$n'\,\beta'\,\gamma'\,\sin\varepsilon' = n\sin\varepsilon\,, \tag{26}$$

wo ε (bzw. ε') den Winkel zwischen Anfangsstrahl und Objekt- (Bild-) Element bedeutet. Für den Fall, daß der Anfangsstrahl Meridianstrahl eines

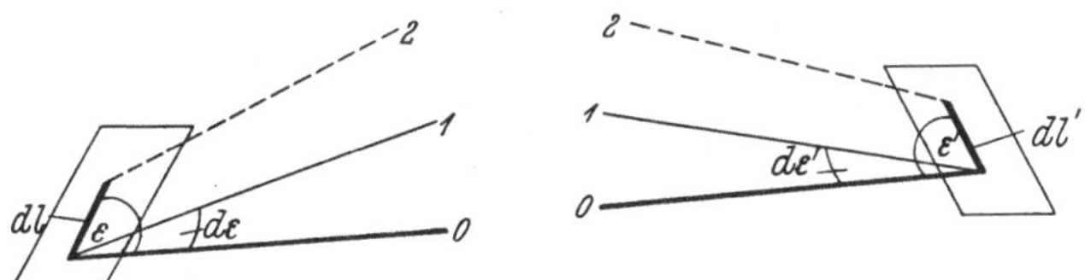

Abb. 15. Zum zweiten Straubelschen Satz.

Rotationssystems ist, wurde Gleichung (26) schon von HELMHOLTZ (1) benutzt. Für den Fall, daß der Hauptstrahl die Achse eines Rotationssystems ist, und die beiden Linienelemente zur Achse senkrecht stehen, $\left(\varepsilon = \varepsilon' = \dfrac{\pi}{2}\right)$, findet sich der Satz bei LAGRANGE (1). Er hat dort die Form

$$n'\,\beta'\,\gamma' = n\,. \tag{27}$$

Wir bezeichnen (27) als LAGRANGEsche Gleichung.

Wir projizieren Objekt- und Bildlinienelement jeweils in die Richtung von $d\mathfrak{s}\,(d\mathfrak{s}')$, also senkrecht zum Anfangsstrahl in die Ebene der abbildenden Strahlen. Das Vergrößerungsverhältnis der Projektionen sei β'_p, dann gilt allgemein

$$n'\,\beta'_p\,\gamma' = n\,. \tag{28}$$

Wir werden jetzt unter anderem zeigen, daß Gleichung (28) auch umkehrbar ist. Sei ein Anfangsstrahl gegeben und ein auf ihm liegendes *konjugiertes* Punktepaar, d. h. durch Anfangs- und Endpunkt gehe außer dem Anfangsstrahl noch ein zweiter benachbarter Strahl. Die Winkelvergrößerung mag γ' sein. Zwei Nachbarpunkte sind dann und nur dann für Strahlen, die in der Nähe des Hauptstrahls liegen, konjugiert, wenn ihre Projektionsvergrößerung der LAGRANGEschen Gleichung (28) genügt.

Aus Gleichung (2) folgt für den Durchstoßungspunkt eines beliebigen Nachbarstrahls durch zwei Flächenelemente $d\mathfrak{a}$ und $d\mathfrak{a}'$, die beliebig, aber endlich geneigt durch die beiden konjugierten Punkte des Anfangsstrahls gelegt werden, die Beziehung

$$n\, d\mathfrak{S}_1\, d\mathfrak{a} = n'\, d\mathfrak{S}'_1\, d\mathfrak{a}' . \tag{29}$$

Aus (29) kann man die gesuchte Aussage herauslesen; man findet aber gemäß A. GULLSTRAND (*1*) noch mehr.

Man betrachte alle Nachbarstrahlen, die das durch

$$n\, d\mathfrak{S}_1\, d\mathfrak{a} = C \tag{30}$$

gegebene Linienelement durchstoßen; es sind dreifach unendlich viele Strahlen. Alle diese Strahlen müssen das Flächenelement $d\mathfrak{a}'$ in dem durch

$$n'\, d\mathfrak{S}'_1\, d\mathfrak{a}' = C$$

gegebenen Linienelement durchstoßen. Hierbei ist im allgemeinen jeder Punkt des ersten Linienelements als zu *jedem* Punkt des zweiten Linienelements konjugiert zu betrachten. Zwei derartige Linienelemente bezeichnet GULLSTRAND (*1*) als *abbildbare Linienelemente*.

Wir sehen: Auf jedem Paar von Flächenelementen durch zwei konjugierte Punkte gibt es eine Schar abbildbarer Linien. Gleichung (29) ordnet jedem abbildbaren Linienelement das Bildelement zu. Es ist wichtig, daß jedes beliebig geneigte Flächenelement gleichberechtigt ist. Wir werden späterhin aus rechentechnischen Gründen meist die Flächenelemente senkrecht zum Hauptstrahl benutzen; im allgemeinen Fall sind diese jedoch in keiner Weise vor beliebigen andern bevorzugt.

Gibt es zwei Nachbarstrahlen durch zwei konjugierte Punkte derart, daß $d\mathfrak{S}_1$ und $d\mathfrak{S}_2$ und daher $d\mathfrak{S}'_1$, $d\mathfrak{S}'_2$ nicht proportional sind, dann vereinigen sich *alle* Nachbarstrahlen, die vom Objektpunkt ausgehen, im Bildpunkt. Einen solchen Punkt bezeichnen wir als *Stigmatpunkt*. Seien $d\mathfrak{a}, d\mathfrak{a}'$ zwei beliebige, den Anfangsstrahl nicht enthaltende Flächenelemente durch den Stigmatpunkt und seinen Bildpunkt. Es gelten zwei Gleichungen in der Art von (29)

$$\left.\begin{aligned}
n\, d\mathfrak{S}_1\, d\mathfrak{a} &= n'\, d\mathfrak{S}'_1\, d\mathfrak{a}', \\
n\, d\mathfrak{S}_2\, d\mathfrak{a} &= n'\, d\mathfrak{S}'_2\, d\mathfrak{a}' .
\end{aligned}\right\} \tag{31}$$

Die beiden Flächenelemente werden durch die Nachbarstrahlen Punkt für Punkt aufeinander abgebildet; wenn $d\mathfrak{a}$ gegeben ist, kann man nämlich $d\mathfrak{a}'$ aus (31) berechnen. Wir können insbesondere $d\mathfrak{S}_1$ und $d\mathfrak{S}_2$

so wählen, daß $d\hat{s}_1 \cdot d\hat{s}_2 = 0$ wird. Dann bestehen zwei LAGRANGEsche Gleichungen

$$n'\,\beta'_{p,}\,\gamma'_{,} = n\,,\left.\right\}$$
$$n'\,\beta'_{p,,}\,\gamma'_{,,} = n\,.\left.\right\} \tag{32}$$

Wir nennen die *Abbildung* des Stigmatpunktes *unverzerrt*, wenn gilt

$$\gamma'_{,} = \gamma'_{,,}\,,\left.\right\}$$
$$\beta'_{p,} = \beta'_{p,,}\,,\left.\right\} \tag{33}$$

im andern Fall heißt die *Abbildung* verzerrt, obwohl es natürlich immer geneigte Flächenelemente gibt, die unverzerrt aufeinander abgebildet werden.

Zum Schluß dieses wiederholenden Abschnittes sei noch kurz das *Brechungsgesetz* und das *Reflexionsgesetz* für homogen isotrope Mittel angeführt.

Im Innern eines homogen isotropen Mittels ändert sich die Strahlrichtung nicht, wohl aber kann dies an der Grenzfläche zweier Mittel

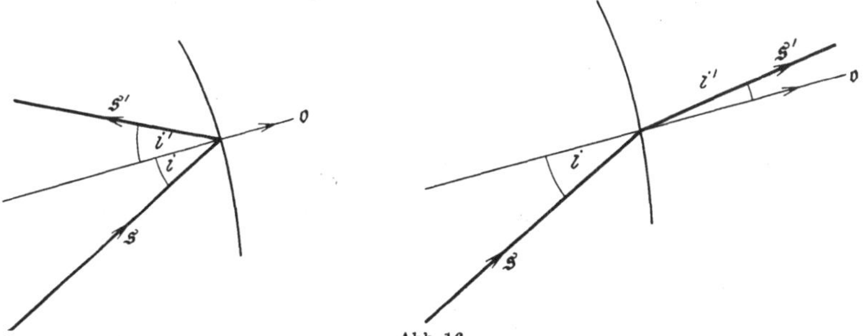

Abb. 16.

Zum Reflexionsgesetz.   Zum Brechungsgesetz.

der Fall sein; ein Teil des Lichts wird hier zurückgeworfen (*reflektiert*), während ein Teil ins zweite Mittel eindringt (*gebrochen* wird). Beide Strahlen erleiden eine Knickung; bei der Reflexion ändert sich der Durchlaufungssinn. Um unser Koordinatensystem beizubehalten, müssen wir dann das Vorzeichen des austretenden Strahls umkehren. Aus § 3 Gleichung (2) erhalten wir nun, wenn wir die brechende Fläche als Fläche der Ausgangs- und Endpunkte wählen, für Reflexion bzw. Brechung

$$\text{\textit{Reflexionsgesetz:}} \qquad n'\,(\hat{s}' + \hat{s})\,d\mathfrak{a} = 0\,,\left.\right\}$$
$$\text{bzw.} \qquad\qquad\qquad\qquad\qquad\qquad\qquad \tag{34}$$
$$\text{\textit{Brechungsgesetz:}} \qquad (n'\,\hat{s}' - n\,\hat{s})\,d\mathfrak{a} = 0\,,\left.\right\}$$

da der Lichtweg $E = 0$ ist. Wir sehen: formal können wir alle die Reflexion betreffenden Gleichungen erhalten, wenn wir in (34_2) $n' = -n$ setzen. Wir werden daher im folgenden, außer in diesem Abschnitt, alle Gesetze nur für die Brechung aussprechen. Die Gesetze für reflektierende

Systeme sind darin enthalten, wenn man nur bedenkt, daß man bei *jeder* Reflexion das Vorzeichen umkehren muß.

Gleichung (34) zeigt, daß der Vektor $n'\mathfrak{s}' - n\mathfrak{s}$ die Richtung der Flächennormalen (Einheitsvektor $\mathfrak{o}$) hat

$$n'\mathfrak{s}' - n\mathfrak{s} = \Gamma\mathfrak{o}\,. \tag{35}$$

Eintretender und austretender Strahl liegen mit der Flächennormalen in einer Ebene, und sie bilden mit ihr Winkel i, i', für die man nach vektorieller Multiplikation mit dem Einheitsvektor $\mathfrak{o}$ die Beziehung

$$\left.\begin{array}{l} n'(\mathfrak{s}' \times \mathfrak{o}) = n(\mathfrak{s} \times \mathfrak{o})\,, \\[4pt] n' \sin i' = n \sin i \end{array}\right\} \tag{36}$$

erhält. Die Konstante Γ ergibt sich aus (35) durch skalare Multiplikation mit $\mathfrak{o}$; unter Benutzung von (36) erhält man

$$\Gamma = n' \cos i' - n \cos i = \frac{n' \sin(i - i')}{\sin i} = \frac{n \sin(i - i')}{\sin i'}\,. \tag{37}$$

Für die Reflexion ergibt sich

$$\left.\begin{array}{l} i' = -i\,, \\[6pt] \mathfrak{s}' + \mathfrak{s} = \dfrac{\Gamma}{n}\mathfrak{o}\,, \\[6pt] \dfrac{\Gamma}{n} = 2 \cos i'\,. \end{array}\right\} \tag{38}$$

Das Reflexionsgesetz war schon EUKLID bekannt. HERO leitete es aus dem Prinzip vom kürzesten Lichtweg ab; SNELL und DESCARTES fanden wohl unabhängig voneinander das Brechungsgesetz. FERMAT leitete es aus dem Gesetz vom kürzesten Lichtweg ab. HAMILTON (*1*) gab zuerst die vektorielle Form (38) für das Reflexionsgesetz.

§ 9. Die cartesischen Flächen.

Das Hauptziel der geometrischen Optik wird und muß es immer sein, ein optisches System anzugeben, durch das eine endliche Fläche *scharf* (*zentrisch*) abgebildet wird.

Es ist nun eine naheliegende Fragestellung, zu untersuchen, was man mit einer einzelnen spiegelnden oder brechenden Fläche erreichen kann.

Kann man nicht wenigstens die Aufgabe, einen *Punkt* scharf abzubilden, analytisch vollständig lösen? Gibt es vielleicht unter den so gefundenen Flächen auch einige, die die schwierigere Aufgabe lösen, eine Fläche abzubilden?

Seit der Zeit von DESCARTES (*1*) und HUYGENS (*2*) über die Brüder BERNOULLI bis zu GERGONNE hat diese Fragestellung das Interesse der Mathematiker auf sich gezogen. Die Eigenschaften der die Aufgabe lösenden Flächen, die man als *cartesische Flächen* bezeichnete, wurden

eingehend untersucht. Doch sind diese Flächen für die praktische Optik
ohne allzu große Bedeutung geblieben, da mit einer einzigen, allerdings
optisch bedeutungsvollen Ausnahme immer nur ein isolierter Punkt
scharf abgebildet wird. Wir wollen hier nur die Gleichung der cartesischen Flächen aufstellen und die Sonderfälle diskutieren, in denen
die cartesischen Flächen in Kugeln entarten.

Wir hatten die scharfe Abbildung eines Punktes bisher wie folgt
definiert. Den Strahlen des Objektraums, die durch einen Punkt P
gehen, sind die Strahlen des Bildraums zugeordnet, die durch einen
Punkt P', den Bildpunkt, gehen. Liegt P im Objektraum, P' im Bildraum, so ist alles in Ordnung. Man spricht aber in der Strahlenoptik
homogen isotroper Mittel auch dann noch von einer Abbildung, wenn
die Strahlen des Objekt- oder Bildraums sich erst dann in einem Punkt
schneiden würden, wenn man sie über ihre Durchstoßpunkte mit der
ersten (letzten) Fläche hinaus verlängert denkt. Man spricht in diesem
Fall von einem *virtuellen* Objekt- (Bild-) Punkt, im Gegensatz zu dem
reellen Objekt- (Bild-) Punkt, der wirklich im ersten oder letzten Mittel
liegt. Bei der Benutzung des Satzes vom konstanten Lichtweg für
den Fall eines virtuellen Objekt- (Bild-) Punktes ist natürlich der Lichtweg vom Objektpunkt bis zur ersten, bzw. von der letzten Fläche bis
zum Bildpunkt negativ zu
rechnen, und zwar so, als ob
er im Objekt- bzw. im Bildraum zurückgelegt wäre.

Sei ein reeller oder vir-
tueller Objektpunkt P und
ein reeller oder virtueller
Bildpunkt P' gegeben, die
nicht zusammenfallen mögen.

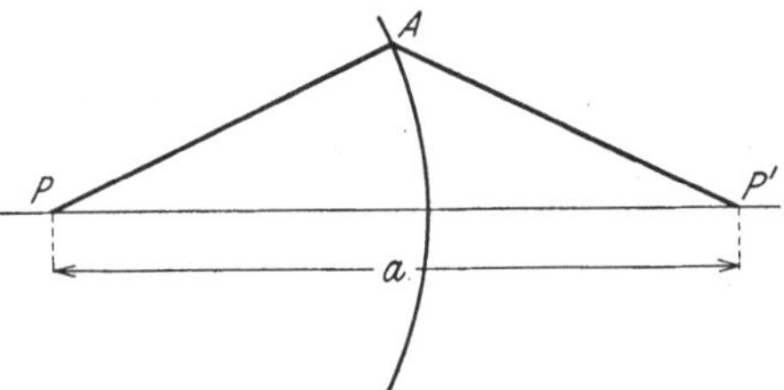

Abb. 17. Zu den cartesischen Flächen.

n, n' seien die Brechungszahlen der beiden Mittel. Wenn es eine Fläche
gibt, die die vom Objektpunkt kommenden Strahlen so bricht, daß
sie durch den Bildpunkt gehen, so muß auf allen Strahlen der Lichtweg
von P nach P' konstant sein. Sei A ein beliebiger Punkt der brechenden
Fläche, so muß gelten

$$\pm n\,P\,A \pm n'\,A\,P' = C,\qquad (1)$$

worin C eine für die Fläche charakteristische Konstante ist. Die Vorzeichen in (1) sind eindeutig bestimmt. Nur wenn der Objekt(Bild-)
Punkt virtuell ist, tritt im ersten (letzten) Glied das Minuszeichen ein.

Gleichung (1) gibt uns eine Schar von Flächen. Wir wollen zuerst
nachweisen, daß die so gebildeten Flächen, wenn immer sie reell sind,
auch wirklich die von P kommenden Strahlen nach P' brechen. Wir
beweisen diese Tatsache für den Fall, daß Objekt- und Bildpunkt
reell sind, und überlassen die leichte Modifikation der Vorzeichen dem

Leser. Wir wenden das Differentialgesetz § 8 (2) zweimal auf die abbildende Strahlenmannigfaltigkeit an. Anfangspunkt sei erst der Objektpunkt, Endpunkte die cartesische Fläche; dann mögen die Anfangspunkte auf der cartesischen Fläche liegen, Endpunkt sei der Bildpunkt. Wir finden aus § 8 (2)

$$\left.\begin{array}{l} dE_1 = \quad n\,\mathfrak{s}\,d\mathfrak{a}\,, \\ dE_2 = -\,n'\,\mathfrak{s}'\,d\mathfrak{a}'\,. \end{array}\right\} \tag{2}$$

Gleichung (1) schreibt sich

$$\left.\begin{array}{l} E_1 + \quad E_2 = C\,, \\ dE_1 + dE_2 = 0\,, \end{array}\right\} \tag{3}$$

also finden wir

$$(n'\,\mathfrak{s}' - n\,\mathfrak{s})\,d\mathfrak{a} = 0\,, \tag{4}$$

d. h. gemäß § 8 (34): Unser Strahlenbündel wird an der cartesischen Fläche nach dem Brechungsgesetz gebrochen.

Wir führen jetzt ein cartesisches Koordinatensystem ein. Anfangspunkt sei der Objektpunkt. Die z-Achse gehe durch den Bildpunkt, der vom Objektpunkt den Abstand a habe. Dann gibt Gleichung (1) für die cartesische Fläche

$$\pm\,n\,\sqrt{x^2 + y^2 + z^2} \pm n'\,\sqrt{x^2 + y^2 + (z-a)^2} = C\,, \tag{5}$$

wo die Vorzeichen der Wurzeln dadurch wohlbestimmt sind, daß Objekt- oder Bildpunkt als reell oder virtuell angenommen werden.

Zu jedem Wert von a und C und jeder Wahl des Wurzelvorzeichens gibt es eine um die Verbindungslinie von Objekt- und Bildpunkt (die Achse) rotationssymmetrische Flächenschale, die unsere Aufgabe erfüllt. Es ist nicht erlaubt, wie es wohl in den meisten Lehrbüchern geschieht, aus Gleichung (5) durch mehrfaches Quadrieren die Wurzeln zu entfernen. Die durch mehrfaches Quadrieren aus (5) entstehenden sogenannten geschlossenen cartesischen Flächen erfüllen nicht mehr die von uns optisch geforderte Aufgabe. Nur die durch (5) dargestellten Teile dieser Flächen leisten das Verlangte, die dadurch begrenzt werden, daß sie nur einen wohlbestimmten Schnittpunkt mit jedem abbildenden Strahl, insbesondere mit der Achse, haben.

Für $C = 0$ artet die cartesische Fläche in einen Teil einer Kugelfläche aus. Man erkennt sofort, daß dann entweder Objekt- oder Bildpunkt virtuell sein müssen. (5) stellt eine Teilschale der durch

$$x^2 + y^2 + \left(z - \frac{n'^2}{n'^2 - n^2}\,a\right)^2 = \left(\frac{n\,n'}{n'^2 - n^2}\,a\right)^2 \tag{6}$$

gegebenen Vollkugel dar. Die durch (6) gegebene Vollkugel enthält den Objektpunkt in seinem Innern. Wir unterscheiden zwei Kugelschalen, je nachdem ob der Kugelmittelpunkt C rechts oder links vom *Scheitel S,* liegt, d. h. rechts oder links vom Schnittpunkt der Kugelschale mit der unsern Objekt- und Bildpunkt enthaltenden Achse. Im ersten Fall wollen wir dem Kugelradius r ein positives, im zweiten Fall ein negatives Vorzeichen geben, also r vom Scheitel zum Mittelpunkt zählen. Sei $c\,(c')$ die Entfernung des Objekt- (Bild-) Punktes vom Mittelpunkt, von diesem aus gemessen, sei s, s' die Entfernung vom Scheitel, von diesem aus gemessen, dann gibt (6) unter Beachtung des Vorzeichens

$$\left.\begin{aligned}
r &= \frac{n\,n'}{n'^2 - n^2}\,a\,,\\[1em]
c &= \frac{n'^2}{n'^2 - n^2}\,a = \frac{n'}{n}\,r\,,\\[1em]
c' &= \frac{n^2}{n'^2 - n^2}\,a = \frac{n}{n'}\,r\,,\\[1em]
s &= \frac{n + n'}{n}\,r \;= \frac{n'}{n' - n}\,a\,,\\[1em]
s' &= \frac{n + n'}{n'}\,r \;= \frac{n}{n' - n}\,a\,.
\end{aligned}\right\} \tag{7}$$

Aus (7) folgt, daß für reellen Objektpunkt r negativ ist.

Wir können aber die obige Betrachtung nun auch umkehren. Es sei ein Stück einer Kugelfläche gegeben, die zwei Mittel vom Brechungsindex n bzw. n' trennt. Wir betrachten eine beliebige, die Kugel schneidende Gerade durch den Mittelpunkt als Achse. Der Kugelradius sei mit seinem Vorzeichen gegeben. Betrachtet man auf der Achse den Punkt, dessen Mittelpunktsentfernung

$$c = \frac{n'}{n}\,r \tag{8}$$

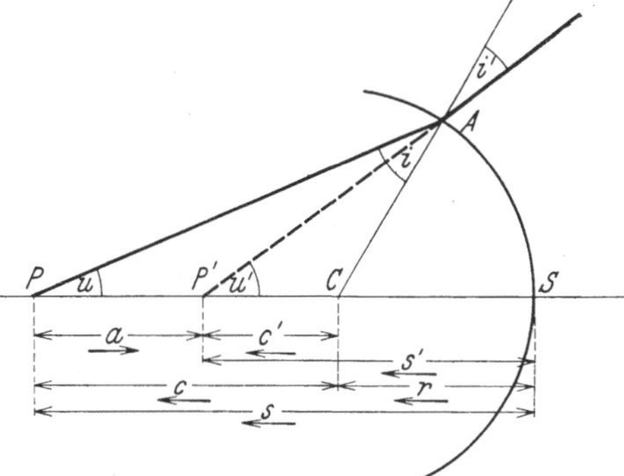

Abb. 18. Die aplanatischen Punkte der Kugel.

ist, so wird er scharf abgebildet auf einen Punkt der Achse von der Mittelpunktsentfernung

$$c' = \frac{n}{n'}\,r\,.$$

Diese beiden Punkte bezeichnet man als die *aplanatischen* Punkte der Kugel. Aus der allseitigen Kugelsymmetrie folgt, daß es auf jeder Geraden durch den Kugelmittelpunkt zwei aplanatische Punkte gibt. Wir haben also zwei zur brechenden Kugelfläche konzentrische Kugelschalen, die durch die brechende Kugelfläche scharf aufeinander abgebildet werden. Wir bezeichnen diese Kugelschalen, deren Krümmung immer das entgegengesetzte Vorzeichen wie die der brechenden Fläche hat, als die *aplanatischen* Kugelflächen. (HUYGHENS (2).)

Wir haben hier das einzige bekannte Beispiel einer scharfen Abbildung eines endlichen Flächenstücks vor uns. Leider ist das bis jetzt das einzige Beispiel, wenn man von der noch zu behandelnden Abbildung des Raumes durch den ebenen Spiegel absieht. Vom optischen Gesichtspunkt besonders bedauerlich ist die Tatsache, daß bei dieser Abbildung stets entweder die Objekt- oder die Bildfläche virtuell ist.

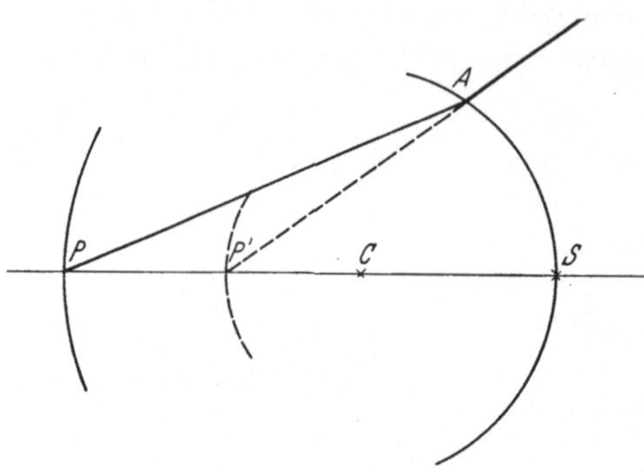

Abb. 19. Die aplanatischen Kugelschalen.

Durch die brechende Kugelfläche werden die Flächenelemente zweier Kugelschalen aufeinander abgebildet. Wir können also erwarten, daß alle Strahlen durch den aplanatischen Punkt dem Kosinussatz genügen. Wegen der Rotationssymmetrie können wir in § 8 (12) $\beta'_, = \beta'_{,,} = \beta'$ annehmen; da die Achse auf Objekt- und Bildflächenelement senkrecht steht, wird $C_, = C_{,,} = 0$; wir erhalten also zwei Gleichungen

$$\left.\begin{array}{l} n'\,\beta'\cos\varepsilon'_, = n\cos\varepsilon_, \,, \\ n'\,\beta'\cos\varepsilon'_{,,} = n\cos\varepsilon_{,,}\,. \end{array}\right\} \tag{9}$$

Führen wir den Winkel u, u' eines Strahls gegen die Achse ein, so ist (9) gleichbedeutend damit, daß Objekt- und Bildstrahl in entsprechenden Ebenen liegen, und daß gilt

$$n'\,\beta'\sin u' = n\sin u. \tag{10}$$

Die erste Forderung ist bei den aplanatischen Punkten der Kugel erfüllt; Objekt- und Bildstrahl liegen ebenso wie Objekt- und Bildlinienelement in derselben Ebene; die zweite Forderung können wir an Hand von Abb. 18 aus dem Brechungsgesetz beweisen. Es ist wegen (8) Dreieck ACP ähnlich Dreieck $P'CA$, weil die Dreiecke in dem Winkel bei C übereinstimmen und

$$\frac{PC}{AC} = \frac{AC}{P'C} = \frac{n}{n'} \tag{11}$$

ist. Wir finden daraus

$$\left.\begin{array}{l} u = i', \\ u' = i\,. \end{array}\right\} \tag{12}$$

Setzen wir (12) in § 8 (36) ein, so finden wir

$$n'\sin u = n\sin u' \tag{13}$$

d. h. alle Strahlen genügen der Bedingung (10) mit

$$\beta' = \frac{n^2}{n'^2}. \tag{14}$$

Diesen Wert der Vergrößerung hätten wir aus (8) natürlich auch direkt ableiten können; es ist die Vergrößerung, mit der die aplanatische Kugel als Ganzes abgebildet wird.

An und für sich wäre es denkbar, daß auch noch eine andere der cartesischen Flächen wenigstens *ein* Flächenelement, das den Objektpunkt enthielte, scharf abbildet. Wir wollen zeigen, daß dies nicht möglich ist.

Eine solche Fläche müßte als cartesische Fläche rotationssymmetrisch sein. Das bedingt, daß, wenn überhaupt ein Flächenelement scharf abgebildet wird, ein achsensenkrechtes Objektelement auf ein achsensenkrechtes Bildflächenelement abgebildet wird. Dann muß für die Winkel u, u' zugehöriger Objekt- und Bildstrahlen mit der Achse wegen (10) gelten

$$\frac{\sin u'}{\sin u} = \frac{n}{n' \beta'} = \varkappa. \tag{15}$$

Zeichnen wir aber von zwei Punkten, die um a voneinander entfernt sind, Strahlen, deren Winkel u, u' Gleichung (15) genügen, so liegt ihr Schnittpunkt auf einer Kugel, deren Gleichung

$$x^2 + y^2 + \left(z - \frac{\varkappa}{\varkappa^2 - 1} a\right)^2 = \left(\frac{\varkappa}{\varkappa^2 - 1} a\right)^2 \tag{16}$$

ist. Ein Vergleich von (16) mit (6) lehrt, daß wir die Kugel vor uns haben, die zwei Mittel vom Brechungsexponent n, n' trennt, und für die der Objektpunkt aplanatischer Punkt ist, und daß die Vergrößerung

$$\left.\begin{array}{c} \beta' = \left(\dfrac{n}{n'}\right)^2, \\[2mm] \varkappa = \dfrac{n'}{n} \end{array}\right\} \tag{17}$$

sein muß. Wir sehen also, die Kugel ist die einzige cartesische Fläche, die die Abbildung eines Flächenelements gewährleistet.

Beschäftigen wir uns nun mit den spiegelnden ·cartesischen Flächen. Ihre Gleichung ist wegen (5)

$$\mp \sqrt{x^2 + y^2 + z^2} \pm \sqrt{x^2 + y^2 + (z - a)^2} = \frac{C}{n}, \tag{18}$$

wobei das obere Vorzeichen bei reellem Objekt- bzw. Bildpunkt gilt. Die cartesischen Flächen sind für $C \neq 0$ Teile von Umdrehungsflächen zweiter Ordnung. Die leichte Diskussion kann dem Leser überlassen bleiben.

Hier soll nur der Fall $C = 0$ noch behandelt werden. In diesem Fall ist wieder entweder Objekt- oder Bildpunkt virtuell. Die cartesische Fläche entartet in die Ebene

$$z = \frac{a}{2}, \tag{19}$$

die die Strecke zwischen Objekt- und Bildpunkt halbiert.

Betrachten wir umgekehrt einen ebenen Spiegel; alle Strahlen, die von einem beliebigen Punkt herkommen, werden so reflektiert, als kämen sie von einem Punkt, dessen Lage dadurch bestimmt ist, daß die Ebene des Spiegels die Verbindungslinie von Objekt- und Bildpunkt halbiert. Das Bild scheint also ebenso weit hinter dem Spiegel zu liegen wie das Objekt vor dem Spiegel. Der ebene Spiegel ist das einzige bekannte Beispiel einer scharfen Abbildung des ganzen Objektraums. Die Vergrößerung ergibt sich zu

$$\beta' = -1 \tag{20}$$

in Übereinstimmung mit § 8 (18). Der ganze Raum wird kongruent, aber spiegelverkehrt abgebildet.

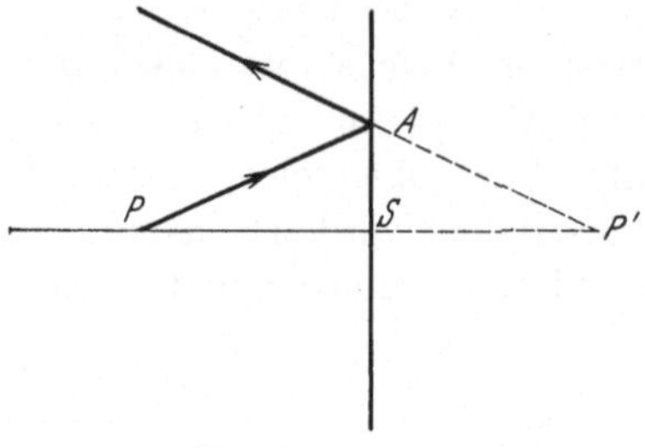

Abb. 20. Der ebene Spiegel.

Wir haben noch zum Schluß den Fall $a = 0$ zu behandeln, also zu fragen, welche Flächen bilden einen Punkt auf sich selbst ab. Ist auch $C = 0$, so haben wir einen singulären Fall. *Jedes* brechende oder spiegelnde Flächenelement, das den Objektpunkt enthält, bildet ihn auf sich selbst ab. Selbstverständlich wird dann auch das ganze Flächenelement auf sich selbst abgebildet; die Erfüllung der hierzu notwendigen Kosinusbedingung gewährleistet das Brechungsgesetz.

Ist $a = 0$, $C \neq 0$, so gibt (6), da bei Brechung entweder Objekt- oder Bildpunkt virtuell sein muß,

$$\sqrt{x^2 + y^2 + z^2} = \pm \frac{C}{n' - n}. \tag{21}$$

Der Objektpunkt ist Mittelpunkt einer Kugelschale, deren Radius

$$r = \frac{C}{n' - n} \tag{22}$$

ist. Eine Kugel bildet also stets ihren Mittelpunkt scharf auf sich selbst ab.

Die cartesische Aufgabe kann man in folgender Weise erweitern.

Sei eine beliebige Fläche gegeben, die in einem Raum vom Brechungsindex n liegt, sowie eine zweite im Raum vom Brechungsindex n'. Gesucht wird eine brechende Fläche, die die Normalen der ersten Fläche so bricht, daß die gebrochenen Strahlen die Normalen der zweiten Fläche bilden.

Die Lösung der Aufgabe ist wieder eindeutig, wenn man den Lichtweg vorgibt, der ja auf allen Strahlen zwischen den beiden Wellenflächen konstant sein muß. Wir konstruieren die vierfach unendliche Schar cartesischer Flächen, die zu jedem Punkt der ersten und jedem Punkt der zweiten Fläche gehören. Die Umhüllende dieser Flächen, die hierdurch in diesem Fall eindeutig bestimmt ist, löst unsere Aufgabe.

Analytisch geht man wie folgt vor. Es seien die Wellenflächen durch ihre Gleichung

$$\left. \begin{array}{l} W_1(x_1,\, y_1,\, z_1) = 0\,, \\ W_2(x_2,\, y_2,\, z_2) = 0 \end{array} \right\} \tag{23}$$

gegeben. X, Y, Z seien die Koordinaten der gesuchten brechenden Fläche.

Aus

$$\left. \begin{array}{l} n\,\sqrt{(X - x_1)^2 + (Y - y_1)^2 + (Z - z_1)^2} \\ \quad + n'\,\sqrt{(X - x_2)^2 + (Y - y_2)^2 + (Z - z_2)^2} = C\,, \\ \qquad W_1(x_1,\, y_1,\, z_1) = 0\,, \\ \qquad W_2(x_2,\, y_2,\, z_2) = 0 \end{array} \right\} \tag{24}$$

eliminiere man zwei der Variabeln, z. B. z_1 und z_2. Man erhält eine Gleichung

$$\varphi(X,\, Y,\, Z,\, x_1,\, y_1,\, x_2,\, y_2) = 0\,. \tag{25}$$

Aus (25) und

$$\frac{\partial \varphi}{\partial x_1} = \frac{\partial \varphi}{\partial y_1} = \frac{\partial \varphi}{\partial x_2} = \frac{\partial \varphi}{\partial y_2} = 0 \tag{26}$$

eliminiere man $x_1,\, y_1,\, x_2,\, y_2$. Die entstehende Gleichung

$$\chi(X,\, Y,\, Z) = 0 \tag{27}$$

gibt die gesuchte brechende Fläche.

Aufgabe. Man bestimme die Flächen, die ein gegebenes Parallelbündel von Strahlen in einem Punkt brechen, indem man als Wellenfläche bildseitig eine beliebige Kugel, objektseitig eine beliebige Ebene annimmt.

Die Durchrechnung von Strahlen durch ein optisches System.

Die einfachste Aufgabe der Strahlenoptik ist die, einen einzelnen Strahl durch ein optisches System zu verfolgen. Wir werden in § 10 allgemeine Formeln für die Durchrechnung durch ein beliebiges System angeben, werden in § 11 und 12 die Durchrechnung durch ein System von Kugelflächen mit gemeinsamer Achse untersuchen (ein solches System heißt ein *zentriertes Linsensystem*) und werden in § 13 die Durchrechnung durch ein System zueinander geneigter Flächen behandeln.

§ 10. Durchrechnung durch ein allgemeines System.

Die hier angewandten Formeln stammen im wesentlichen von M. Lange (*1*).

Das Problem der Durchrechnung eines Strahls gliedert sich in zwei Fragestellungen: Brechung an einer Fläche und Übergang zur nächsten. Die zugehörigen Formeln werden wir als *Brechungs-formeln* bzw. *Übergangsformeln* bezeichnen und gesondert behandeln.

Sei ein Strahl gegeben durch seine Richtung und den Durchstoßungs-punkt mit der brechenden Fläche, so bestimmen die *Brechungsformeln* die Richtung des austretenden Strahls. Dieser ist jetzt gegeben durch den Durchstoßungspunkt mit der brechenden Fläche und seine Rich-tung. Die *Übergangsformeln* geben den Durchstoßungspunkt mit der nächsten Fläche.

Wir bezeichnen die Größen, die sich auf die νte Fläche beziehen, mit dem Index ν ($\mathfrak{b}_\nu$ Durchstoßungspunkt des Strahls mit der νten Fläche, $\mathfrak{o}_\nu$ Flächennormale zur νten Fläche im Punkt B_ν). Wir be-zeichnen Größen, die sich auf den Zwischenraum zwischen der νten und $(\nu + 1)$ten Fläche beziehen, mit zwei Zeigern, jedoch ist auch, wenn z. B. die Beziehung zur νten $(\nu + 1$ten) Fläche betont werden soll, folgende Schreibweise zulässig: $n'_\nu = n_{\nu,\nu+1} = n_{\nu+1}$ Brechungsindex zwischen der νten und $\nu + 1$ten Fläche, $\mathfrak{s}'_\nu = \mathfrak{s}_{\nu,\nu+1} = \mathfrak{s}_{\nu+1}$ Einheits-vektor entlang dem Strahl in der Strahlrichtung. Die Größen im Objekt- und Bildraum werden folgerichtig mit $n = n_{01} = n_1$; $n' = n'_\varkappa = n_{\varkappa,\varkappa+1}$ bezeichnet.

Brechungsformeln. Gegeben sei der Durchstoßungspunkt $\mathfrak{b}_\nu$ des Strahls mit der νten Fläche, und $\mathfrak{s}_\nu$, der Einheitsvektor entlang dem einfallenden Strahl. Gesucht ist $\mathfrak{s}'_\nu$.

Wir finden, mit Benutzung des Brechungsgesetzes, d. h. nach § 8 (35) und (37)

$$\left. \begin{aligned} \mathfrak{s}_\nu \mathfrak{o}_\nu &= \cos i_\nu\,, \\[6pt] \sin i'_\nu &= \frac{n_\nu}{n'_\nu} \sin i_\nu\,, \\[6pt] n'_\nu \mathfrak{s}'_\nu &= \frac{n'_\nu \sin (i'_\nu - i_\nu)}{\sin i_\nu} \mathfrak{o}_\nu + n_\nu \mathfrak{s}_\nu\,. \end{aligned} \right\} \tag{1}$$

Die Übergangsformeln. Gegeben ist $\mathfrak{b}_\nu$ und $\mathfrak{s}'_\nu = \mathfrak{s}_{\nu,\nu+1}$,

Gesucht ist $\mathfrak{b}_{\nu+1}$. Die Strecke zwischen zwei aufeinanderfolgen-den Durchstoßungspunkten sei $e_{\nu,\nu+1}$. Dann muß gelten

$$\mathfrak{b}_\nu + e_{\nu,\nu+1}\,\mathfrak{s}_{\nu,\nu+1} = \mathfrak{b}_{\nu+1}\,, \tag{2}$$

$\mathfrak{b}_{\nu+1}$ ist irgendwie als Funktion zweier Veränderlicher $\varkappa, \lambda$ gegeben. (2) steht für drei Gleichungen. Aus diesen drei Gleichungen kann man im allgemeinen die drei Unbekannten $\varkappa, \lambda, e_{\nu,\nu+1}$ berechnen. Ist diese Berechnung nicht möglich, so läuft unser Strahl an der $\nu + 1$ten Fläche vorbei, ist sie nicht eindeutig, so nimmt man natürlich den kleinsten Wert von $e_{\nu,\nu+1}$, der möglich ist. Daß die Richtung der Flächennormale durch

$$\mathfrak{o} = \frac{\dfrac{\partial \mathfrak{b}}{\partial \varkappa} \times \dfrac{\partial \mathfrak{b}}{\partial \lambda}}{\sqrt{\left(\dfrac{\partial \mathfrak{b}}{\partial \varkappa} \times \dfrac{\partial \mathfrak{b}}{\partial \lambda}\right)^2}} \tag{3}$$

gegeben ist, darf als bekannt vorausgesetzt werden.

Das zentrierte Linsensystem.

Gegeben sei ein zentriertes Linsensystem, eine Anzahl von Kugelflächen mit gemeinsamer Achse, auf der alle Kugelmittelpunkte liegen.

Die Achse ist die gemeinsame Normale aller Flächen. Ein Lichtstrahl, der in Richtung der Achse einfällt, bleibt immer in Richtung der Achse.

Wir haben zwei Fälle zu unterscheiden. Erstens: Der Strahl, den wir durchrechnen, schneidet die Achse. Dann liegt er in einer Symmetrieebene des rotationssymmetrischen Linsensystems, die er nicht verlassen kann. Einen solchen Strahl bezeichnet man in der Optik als *Meridianstrahl*, die Ebene durch Strahl und Systemachse als *Meridianebene*. Zweitens: Der Strahl verläuft in allen Mitteln windschief zur Achse.

Wir behandeln zunächst den ersten Fall.

§ 11. Durchrechnung eines Meridianstrahls.

Bei der Durchrechnung eines Meridianstrahls durch ein optisches System ist es vorteilhaft, den Strahl nicht vom Durchstoßungspunkt mit der νten Fläche bis zum Durchstoßungspunkt mit der $\nu + 1$ten Fläche durchzurechnen, sondern vom Durchstoßungspunkt mit der Achse vor der νten Fläche bis zum Durchstoßungspunkt mit der Achse nach der νten Fläche. Sei die Entfernung des Durchstoßungspunktes vor der νten Fläche vom Flächenscheitel aus gezählt s_ν, nach der νten Fläche s'_ν, vom Mittelpunkt der νten Fläche aus gerechnet c_ν bzw. c'_ν, sei r_ν der Radius der νten Fläche, sei der Winkel mit der Achse $u_{\nu-1,\nu} = u_\nu$ vor der νten Fläche, $u'_\nu = u_{\nu,\nu+1}$ nach der νten Fläche,

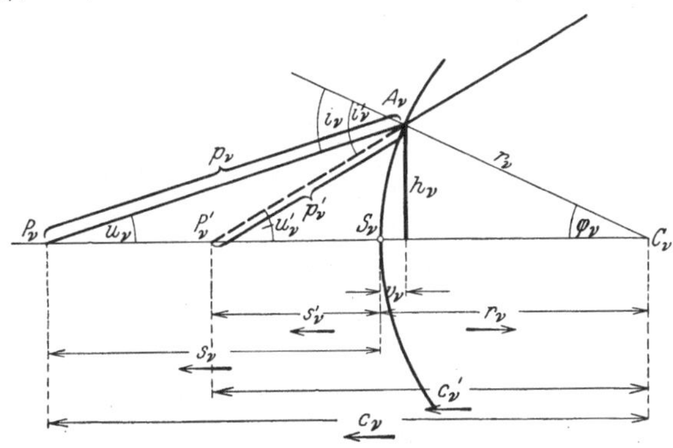

Abb. 21. Brechung an einer Fläche.
Statt A_ν im Text B_ν.

und zwar entgegen dem bisherigen Brauch in der rechnenden Optik im mathematisch üblichen Sinne gezählt, dann zeigt uns Abb. 21, daß die Beziehungen bestehen [s. G. S. KLÜGEL (*1*)]:

$$\left.\begin{aligned}
\frac{c_\nu}{r_\nu} &= \frac{s_\nu - r_\nu}{r_\nu} = \frac{\sin i_\nu}{\sin u_\nu}, \\[4pt]
n_\nu \sin i_\nu &= n'_\nu \sin i'_\nu, \\[4pt]
u_\nu + i_\nu &= u'_\nu + i'_\nu = \varphi_\nu, \\[4pt]
\frac{c'_\nu}{r_\nu} &= \frac{s'_\nu - r_\nu}{r_\nu} = \frac{\sin i'_\nu}{\sin u'_\nu}.
\end{aligned}\right\} \tag{1}$$

Ist c_ν bzw. s_ν und u_ν gegeben, so kann man aus (1) nacheinander i_ν, i'_ν, u'_ν, c'_ν bzw. s'_ν berechnen. φ_ν ist in (1) der Winkel der Flächennormale mit der Achse. Neben diesen Größen werden später manchmal die folgenden gebraucht: Die *Einfallshöhe* h_ν, der *schiefe Abstand* p_ν bzw. p'_ν, die *Pfeilhöhe* v_ν. Es gilt

$$\left.\begin{aligned}
h_\nu &= -r_\nu \sin \varphi_\nu, \\[4pt]
p_\nu &= -\frac{h_\nu}{\sin u_\nu}, \qquad p'_\nu = -\frac{h_\nu}{\sin u'_\nu}, \\[4pt]
v_\nu &= r_\nu (1 - \cos \varphi_\nu) = 2 r_\nu \sin^2 \frac{\varphi_\nu}{2}.
\end{aligned}\right\} \tag{2}$$

Die Formeln für den Übergang zur nächsten Fläche ergeben sich, wenn der Abstand zweier aufeinander folgender Scheitel, die *Dicke* mit $d_{\nu,\nu+1}$, der Abstand zweier aufeinanderfolgender Mittelpunkte mit $m_{\nu,\nu+1}$ bezeichnet wird, zu

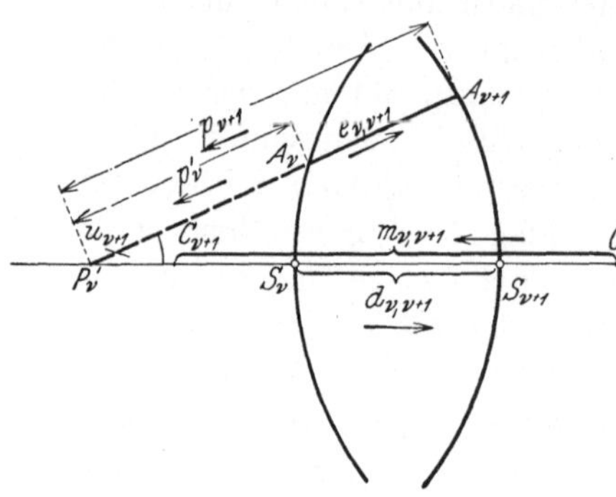

Abb. 22. Übergang zur nächsten Fläche.

$$\left.\begin{aligned}
u_{\nu+1} &= u'_\nu = u_{\nu,\nu+1}, \\[4pt]
s_{\nu+1} &= s'_\nu - d_{\nu,\nu+1}, \\[4pt]
c_{\nu+1} &= c'_\nu - m_{\nu,\nu+1}.
\end{aligned}\right\} \tag{3}$$

Die *schiefe Dicke*, $e_{\nu,\nu+1}$, der Abstand zweier aufeinanderfolgender Durchstoßpunkte, ergibt sich zu

$$e_{\nu,\nu+1} = p'_\nu - p_{\nu+1} = \frac{h_{\nu+1} - h_\nu}{\sin u_{\nu,\nu+1}} = \frac{r_\nu \sin \varphi_\nu - r_{\nu+1} \sin \varphi_{\nu+1}}{\sin u_{\nu,\nu+1}}. \tag{4}$$

Ist die brechende Fläche eben, so treten an Stelle von (1) wegen

$$\left.\begin{aligned}
u_\nu &= -i_\nu, \\
u'_\nu &= -i'_\nu
\end{aligned}\right\} \tag{5}$$

die Formeln

$$\left.\begin{aligned}
n'_\nu \sin u'_\nu &= n_\nu \sin u_\nu, \\[4pt]
s'_\nu &= s_\nu \frac{\operatorname{tg} u_\nu}{\operatorname{tg} u'_\nu}, \\[4pt]
h_\nu &= -s_\nu \operatorname{tg} u_\nu, \\[4pt]
p_\nu &= \frac{s_\nu}{\cos u_\nu}, \qquad p'_\nu = \frac{s'_\nu}{\cos u'_\nu}, \\[4pt]
v_\nu &= 0.
\end{aligned}\right\} \tag{6}$$

§ 12. Durchrechnung eines windschiefen Strahls.

Die Durchrechnung eines *windschiefen* Strahls, d. h. eines Strahls, der nicht in der Meridianebene liegt, durch ein System zentrierter Kugelflächen bietet der Anschauung und der praktischen Rechnung mancherlei Schwierigkeiten. Es sind in der Literatur [s. z. B. S. Czapski (S. 79)] eine große Anzahl von Durchrechnungsformeln angegeben, viele darunter sehr umständlich, die meisten kranken daran, daß nicht genügend auf die Bestimmung der Vorzeichen der Winkel geachtet wird.

Der Verfasser hat sich in mehreren Arbeiten (*1*) und (*2*) bemüht, die Durchrechnungsformeln möglichst denen für Meridianstrahlen anzupassen. Der Grundgedanke, der ihn dabei leitete, war der folgende: Man betrachte eine beliebige feste Meridianebene. Der zu verfolgende Strahl möge sie in den Punkten P_{01}, P_{12}, ..., $P_{\nu,\nu+1}$ treffen. Die Gerade $\overline{P_{\nu-1,\nu}, P_{\nu,\nu+1}}$ bezeichnen wir als die zur νten Brechung gehörige *Nebenachse*. Sie ist der Schnitt der Einfallsebene mit der gewählten Meridianebene und enthält auch den Mittelpunkt der νten Fläche. Wir legen zunächst in den νten Kugelmittelpunkt C_ν ein rechtshändiges Koordinatensystem, dessen z-Achse die Richtung der Systemachse habe, während die y-Achse in die Meridianebene falle. $P_{\nu-1,\nu}$ sei durch seine Ko-

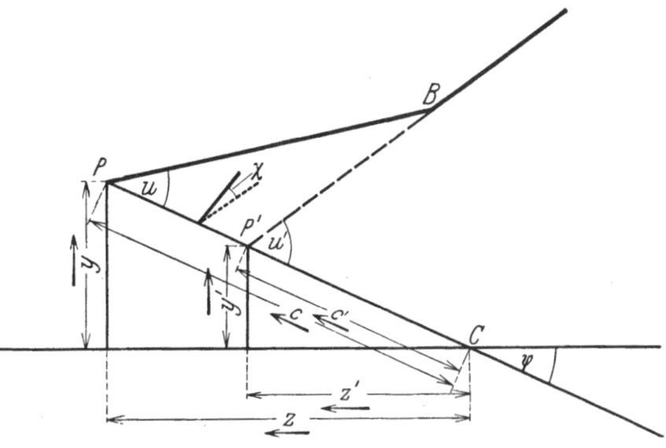

Abb. 23. Zu den Brechungsformeln für die Durchrechnung der windschiefen Strahlen. (Im Text haben alle Größen den Index ν.)

ordinaten y_ν, z_ν gegeben, der einfallende Strahl durch seine Richtungskosinus ξ_ν, η_ν, ζ_ν *. Die *Brechungsformeln* sollen uns y'_ν, z'_ν, die Koordinaten von $P_{\nu,\nu+1}$, und ξ'_ν, η'_ν, ζ'_ν, die Richtungskosinus des austretenden Strahls geben. Wir verschieben dann den Koordinatenanfangspunkt in den $\nu+1$ten Mittelpunkt $C_{\nu+1}$, der vom νten, C_ν, die Entfernung $m_{\nu,\nu+1}$ habe. Die *Übergangsformeln* geben dann die Koordinaten von $P_{\nu,\nu+1}$ im neuen Koordinatensystem, hierbei bleiben die Richtungskosinus des Strahls ungeändert.

Um die Brechungsformeln möglichst den früheren Formeln anzupassen, machen wir folgende Überlegung. Drehen wir unser in C_ν angebrachtes Koordinatensystem zuerst um den Winkel ψ_ν um die x_ν-Achse, bis die $\tilde{z}_\nu$-Achse die Richtung der Nebenachse hat, sodann um den Winkel χ_ν um die $\tilde{z}_\nu$-Achse, bis die $(\tilde{z}_\nu, \bar{y}_\nu)$-Ebene mit der Einfallsebene

---

* Hierin sei ζ_ν stets $\geqq 0$ angenommen.

zusammenfällt. In der $(\bar{z}_\nu, \bar{y}_\nu)$-Ebene können wir die Formeln für die Durchrechnung eines Meridianstrahls [§ 11 (1)] anwenden. Kennen wir die Lage des austretenden Strahls im überstrichenen Koordinatensystem, so müssen wir nun wieder die umgekehrte Transformation ausführen, um zum ursprünglichen Koordinatensystem zurückzugelangen.

Wir wollen jetzt den soeben skizzierten Gedankengang im einzelnen analytisch durchführen. Der ersten Drehung entsprechen die Gleichungen

$$\left.\begin{aligned}\tilde{x}_\nu &= x_\nu,\\ \tilde{y}_\nu &= y_\nu \cos\psi_\nu + z_\nu \sin\psi_\nu,\\ \tilde{z}_\nu &= -y_\nu \sin\psi_\nu + z_\nu \cos\psi_\nu,\end{aligned}\right\} \tag{1}$$

der zweiten Drehung

$$\left.\begin{aligned}\bar{x}_\nu &= \tilde{x}_\nu \cos\chi_\nu + \tilde{y}_\nu \sin\chi_\nu,\\ \bar{y}_\nu &= -\tilde{x}_\nu \sin\chi_\nu + \tilde{y}_\nu \cos\chi_\nu,\\ \bar{z}_\nu &= \tilde{z}_\nu.\end{aligned}\right\} \tag{2}$$

Beide zusammen ergeben

$$\left.\begin{aligned}\bar{x}_\nu &= x_\nu \cos\chi_\nu + y_\nu \sin\chi_\nu \cos\psi_\nu + z_\nu \sin\chi_\nu \sin\psi_\nu,\\ \bar{y} &= -x_\nu \sin\chi_\nu + y_\nu \cos\chi_\nu \cos\psi_\nu + z_\nu \cos\chi_\nu \sin\psi_\nu,\\ \bar{z} &= -y_\nu \sin\psi_\nu + z_\nu \cos\psi_\nu.\end{aligned}\right\} \tag{3}$$

Bildet der einfallende Strahl mit der Nebenachse den Winkel u, so lassen sich seine neuen Koordinaten schreiben

$$\left.\begin{aligned}\bar{\xi}_\nu &= 0 = \cos\chi_\nu\, \xi_\nu - \sin\chi_\nu\, \eta_\nu,\\ \bar{\eta}_\nu &= \sin u_\nu = \sin\chi_\nu \cos\psi_\nu\, \xi_\nu + \cos\chi_\nu \cos\psi_\nu\, \eta_\nu - \sin\psi_\nu\, \zeta_\nu,\\ \bar{\zeta}_\nu &= \cos u_\nu = \sin\chi_\nu \sin\psi_\nu\, \xi_\nu + \cos\chi_\nu \sin\psi_\nu\, \eta_\nu + \cos\psi_\nu\, \zeta_\nu.\end{aligned}\right\} \tag{4}$$

Aus (4) kann man ableiten

$$\left.\begin{aligned}\operatorname{tg}\chi_\nu &= \frac{\xi_\nu}{\eta_\nu},\\ \cos(u_\nu + \psi_\nu) &= \zeta_\nu,\\ \sin(u_\nu + \psi_\nu) &= \frac{1}{\cos\chi_\nu}\eta_\nu.\end{aligned}\right\} \tag{5}$$

Der Winkel ψ_ν zwischen Haupt- und Nebenachse ist uns gegeben durch

$$\operatorname{tg}\psi_\nu = -\frac{y_\nu}{z_\nu}. \tag{6}$$

Aus (5_1) erhalten wir χ_ν, den Winkel zwischen Meridianebene und Einfallebene, aus (5_2) u_ν, den Winkel zwischen Strahl und Nebenachse. (5_3) dient dazu, das Vorzeichen von u_ν zu bestimmen, das durch den Kosinus allein nicht bestimmt wird, auch wenn wir, wie es hier geschehen soll, alle Winkel $-\frac{\pi}{2} < \text{Winkel} \leqq +\frac{\pi}{2}$ annehmen. Der

Abstand c_ν des Durchstoßpunktes vom Mittelpunkt ergibt sich zu

$$c_\nu = -\frac{y_\nu}{\sin \psi_\nu}.\qquad(7)$$

Wir erhalten dann gemäß § 11 (1) nacheinander c'_ν und u'_ν, und aus (5)

$$\left.\begin{aligned}
\xi'_\nu &= \sin \chi_\nu \sin (u'_\nu + \psi_\nu),\\
\eta'_\nu &= \cos \chi_\nu \sin (u'_\nu + \psi_\nu),\\
\zeta'_\nu &= \cos (u'_\nu + \psi_\nu).
\end{aligned}\right\}\quad(8)$$

Die *Übergangsformeln* sind sehr einfach; sei $m_{\nu,\nu+1}$ die Strecke zwischen dem νten und $(\nu+1)$ten Mittelpunkt, dann wird

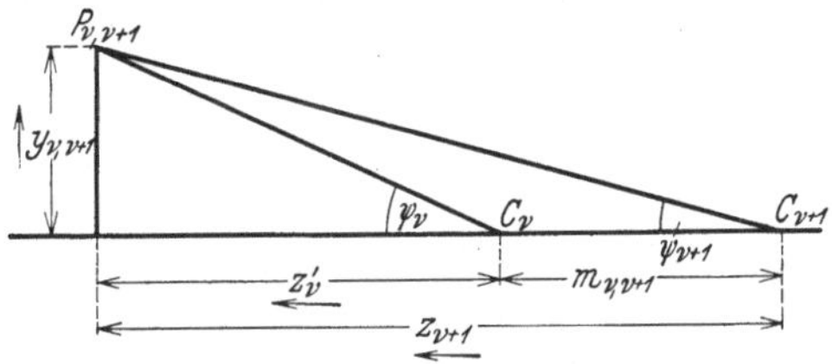

Abb. 24. Zu den Übergangsformeln für die Durchrechnung der windschiefen Strahlen.

$$\left.\begin{aligned}
\xi_{\nu+1} &= \xi'_\nu, & x_{\nu+1} &= x'_\nu,\\
\eta_{\nu+1} &= \eta'_\nu, & y_{\nu+1} &= y'_\nu,\\
\zeta_{\nu+1} &= \zeta'_\nu, & z_{\nu+1} &= z'_\nu - m_{\nu,\nu+1}.
\end{aligned}\right\}\quad(9)$$

Wir wollen zum Schluß die Brechungsformeln nochmals zusammenstellen.

Gegeben $z_\nu, y_\nu; \xi_\nu, \eta_\nu, \zeta_\nu$.   Gesucht $z'_\nu, y'_\nu, \xi'_\nu, \eta'_\nu, \zeta'_\nu$.

Wir finden nacheinander

$$\left.\begin{aligned}
\operatorname{tg} \psi_\nu &= -\frac{y_\nu}{z_\nu}, & c_\nu &= -\frac{y_\nu}{\sin \psi_\nu},\\
\operatorname{tg} \chi_\nu &= \frac{\xi_\nu}{\eta_\nu}, & \cos (u_\nu + \psi_\nu) &= \zeta_\nu, & \sin (u_\nu + \psi_\nu) &= \frac{1}{\cos \chi_\nu}\eta_\nu.
\end{aligned}\right.$$

(Die letzte Formel zur Kontrolle, und zur Vorzeichenbestimmung.)

$$\sin i_\nu = \frac{c_\nu}{r_\nu}\sin u_\nu, \qquad \sin i'_\nu = \frac{n}{n'}\sin i_\nu,$$

$$u'_\nu = u_\nu + i_\nu - i'_\nu,$$

$$\left.\begin{aligned}\right\}\quad(10)$$

$$c'_\nu = \frac{r_\nu \sin i'_\nu}{\sin u'_\nu}, \qquad z'_\nu = c'_\nu \cos \psi_\nu, \qquad y'_\nu = -c'_\nu \sin \psi'_\nu,$$

$$\xi'_\nu = \sin \chi_\nu \sin (u'_\nu + \psi_\nu), \quad \eta'_\nu = \cos \chi_\nu \sin (u'_\nu + \psi_\nu), \quad \zeta'_\nu = \cos (u'_\nu + \psi_\nu).$$

Man überzeugt sich sofort, daß obige Formeln für $\chi = \psi = 0$ in die Formeln § 11 (1) für Meridianstrahlen übergehen.

Außer den in der Durchrechnung vorkommenden Größen wird noch gebraucht: Die *schiefe Dicke* $e_{\nu,\nu+1}$, d. h. der Abstand zweier aufeinanderfolgender Durchstoßungspunkte $\overrightarrow{B_\nu, B_{\nu+1}}$ und der Winkel $\vartheta_{\nu,\nu+1}$ eines Strahls gegen seine Projektion in die Meridianebene. Wir finden

$$\left.\begin{aligned}
\sin \vartheta_{\nu,\nu+1} &= \xi_{\nu,\nu+1},\\
e_{\nu,\nu+1} &= \frac{r_\nu \sin (u'_\nu + i'_\nu)}{\sin u'_\nu} - \frac{r_{\nu+1}\sin (u_{\nu+1} + i_{\nu+1})}{\sin u_{\nu+1}}.
\end{aligned}\right\}\quad(11)$$

§ 13. Durchrechnung eines Strahls durch ein Prismensystem.

Unter einem *Prisma* versteht man ein von zwei gegeneinander geneigten ebenen Flächen begrenztes Mittel. Die Schnittlinie der beiden Ebenen bezeichnet man als *Prismenkante*, den Winkel α, den sie miteinander bilden, als *Prismenwinkel*, jede Ebene senkrecht zur Prismenkante als *Hauptschnitt*. Unter einem *Prismensystem* wollen wir eine Anzahl von Prismen mit gemeinsamem Hauptschnitt verstehen, deren Prismenkanten also alle parallel sind.

Wir verfolgen zuerst einen Strahl, der im Hauptschnitt eines Prismas liegt. Die von uns hier angegebene Methode der Durchrechnung ist ein wenig umständlicher als üblich, sie paßt sich aber den Durchrechnungsformeln § 11 (6) für die Ebene besser an, und läßt sich auch leicht für windschiefe Strahlen verallgemeinern.

Zeichenebene sei der Hauptschnitt, in dem unser Strahl liegt, dann sind die Spuren der Prismenebenen gerade Linien, die sich in den Punkten $A_{12}, A_{23}, \ldots, A_{\nu,\nu+1}$, den Spuren der Prismenkanten schneiden. Die Seitenlängen der Prismen, die Strecken $A_{\nu-1,\nu} A_{\nu,\nu+1}$ bezeichnen wir mit a_ν. Wir zeichnen auf dem Ausgangsstrahl einen Punkt P_{01} aus. Das Lot $P_0 B_1$ auf die erste Prismenfläche bezeichnen wir als *Nebenachse*. Der Strahl schneide nach der Brechung die Nebenachse im Punkt P_{12}.

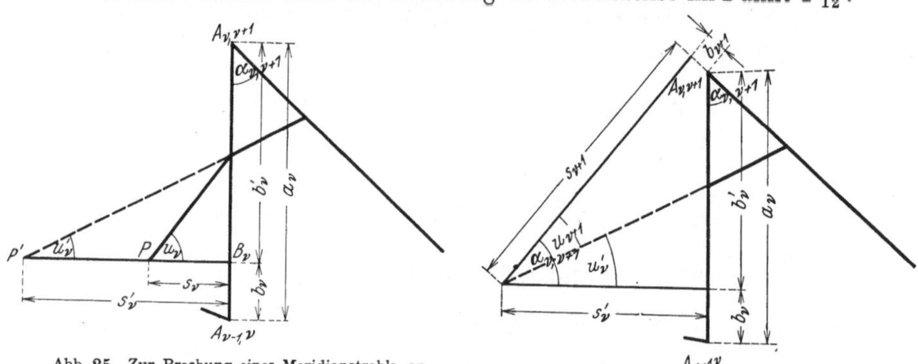

Abb. 25. Zur Brechung eines Meridianstrahls an einer Prismenfläche. Im Text statt P: $P_{\nu-1,\nu}$, statt P': $P_{\nu,\nu+1}$.

Abb. 26. Zu den Übergangsformeln beim Prisma.

Von P_{12} werde ein Lot $P_{12} B_2$ auf die zweite Fläche gefällt, das ist die zweite Nebenachse, und so fort. Die Nebenachsen schließen miteinander Winkel $\alpha_{\nu,\nu+1}$ ein, die gleich den Prismenwinkeln sind.

Der Punkt $P_{\nu-1,\nu}$ sei gegeben durch seine Entfernung s_ν von der νten Prismenfläche auf dem Flächenlot und die Entfernung b_ν seiner Projektion B_ν auf die Prismenfläche von $A_{\nu-1,\nu}$.

Der Strahl durch $P_{\nu,\nu-1}$ ist außerdem durch den Winkel u_ν mit dem Flächenlot gegeben. Wir finden als Brechungsformeln gemäß § 11 (6)

$$\left.\begin{array}{l} n'_\nu \sin u'_\nu = n_\nu \sin u_\nu, \\ s'_\nu \operatorname{tg} u'_\nu = s_\nu \operatorname{tg} u_\nu, \\ b'_\nu = a_\nu - b_\nu. \end{array}\right\} \tag{1}$$

Bei den Übergangsformeln ist zu bedenken, daß wir, um von einem Flächenlot zum andern zu gelangen, einfach eine Drehung des Koordinatensystems um den Winkel $-\alpha_{\nu,\,\nu+1}$ vornehmen. Wir erhalten

$$\left.\begin{aligned}
u_{\nu+1} &= u'_\nu - \alpha_{\nu,\,\nu+1}\,,\\
b_{\nu+1} &= b'_\nu \cos \alpha_{\nu,\,\nu+1} + s'_\nu \sin \alpha_{\nu,\,\nu+1}\,,\\
s_{\nu+1} &= -b'_\nu \sin \alpha_{\nu,\,\nu+1} + s'_\nu \cos \alpha_{\nu,\,\nu+1}\,.
\end{aligned}\right\} \tag{2}$$

Wollen wir einen Strahl durchrechnen, der nicht im Hauptschnitt liegt, so verfahren wir folgendermaßen. Wir schneiden den Strahl durch einen beliebigen Hauptschnitt. $P_{\nu-1,\,\nu}$, $P_{\nu,\,\nu+1}$ seien die aufeinanderfolgenden Durchstoßpunkte des Strahls mit unserem Hauptschnitt, dann steht $P_{\nu-1,\,\nu}\,P_{\nu,\,\nu+1}$ auf der νten Fläche im Punkt B_ν senkrecht.

$P_{\nu-1,\,\nu}$ ist gegeben durch seine Entfernung s_ν von der νten Fläche und durch $b_\nu = B_\nu A_{\nu-1,\,\nu}$. Unser Strahl ist durch seine Richtungskosinus ξ_ν, η_ν, ζ_ν in einem rechtwinkligen Koordinatensystem gegeben, dessen z-Achse in der Richtung des Flächenlotes verläuft, während die y-Achse in unserm Hauptschnitt liege.

Sei der Winkel der Einfallsebene gegen unsern Hauptschnitt χ_ν, dann erhält man als *Brechungsformeln* analog zu § 12 (10)

$$\left.\begin{aligned}
&\qquad\qquad \operatorname{tg} \chi_\nu = \frac{\xi_\nu}{\eta_\nu}\,,\\
&\sin u_\nu = \frac{\eta_\nu}{\cos \chi_\nu}\,, \qquad \cos u_\nu = \zeta_\nu\,,\\
&\sin u'_\nu = \frac{n_\nu \sin u_\nu}{n'_\nu}\,, \qquad s'_\nu = s_\nu \frac{\operatorname{tg} u_\nu}{\operatorname{tg} u'_\nu}\,,\\
&\xi'_\nu = \sin \chi_\nu \sin u'_\nu\,, \quad \eta'_\nu = \cos \chi_\nu \sin u'_\nu\,, \quad \zeta'_\nu = \cos u'_\nu\,,\\
&b'_\nu = a_\nu - b_\nu\,.
\end{aligned}\right\} \tag{3}$$

Die Übergangsformeln ergeben sich zu

$$\left.\begin{aligned}
\xi_{\nu+1} &= \xi'_\nu\,,\\
\eta_{\nu+1} &= \eta'_\nu \cos \alpha_{\nu,\,\nu+1} - \zeta'_\nu \sin \alpha_{\nu,\,\nu+1}\,,\\
\zeta_{\nu+1} &= \eta'_\nu \sin \alpha_{\nu,\,\nu+1} + \zeta'_\nu \cos \alpha_{\nu,\,\nu+1}\,,\\
b_{\nu+1} &= b'_\nu \cos \alpha_{\nu,\,\nu+1} + s'_\nu \sin \alpha_{\nu,\,\nu+1}\,,\\
s_{\nu+1} &= -b'_\nu \sin \alpha_{\nu,\,\nu+1} + s'_\nu \cos \alpha_{\nu,\,\nu+1}\,.
\end{aligned}\right\} \tag{4}$$

Es ist zu beachten, daß in den Durchrechnungsformeln für die Winkel nur die Winkel selbst und keine Lagegrößen auftreten. Wir sehen also schon hier, daß bei einem Prismensystem parallelen Strahlen im Objektraum immer parallele Bildstrahlen entsprechen.

§ 14. Die Umgebung eines Strahls in einem Normalenbündel und ihre Abbildung durch ein optisches System.

Gegeben sei ein Anfangsstrahl durch seinen Anfangspunkt $\mathfrak{a}$ und den Einheitsvektor $\mathfrak{s}$ in seiner Richtung. Es seien zwei Nachbarstrahlen gegeben durch Anfangspunkt $\mathfrak{a} + d_1\mathfrak{a}$, $\mathfrak{a} + d_2\mathfrak{a}$ und Richtung $\mathfrak{s} + d_1\mathfrak{s}$, $\mathfrak{s} + d_2\mathfrak{s}$. Wir wollen voraussetzen, die Strahlen seien nicht linear abhängig, d. h. es sei nicht gleichzeitig[1]

$$\left. \begin{array}{l} \alpha\, d_1\mathfrak{a} = \beta\, d_2\mathfrak{a}\,, \\ \alpha\, d_1\mathfrak{s} = \beta\, d_2\mathfrak{s}\,. \end{array} \right\} \tag{1}$$

Dann bestimmen die Strahlen mit den Koordinaten $\mathfrak{a} + d\mathfrak{a}$, $\mathfrak{s} + d\mathfrak{s}$ mit

$$\left. \begin{array}{l} d\mathfrak{a} = \lambda\, d_1\mathfrak{a} + \mu\, d_2\mathfrak{a}\,, \\ d\mathfrak{s} = \lambda\, d_1\mathfrak{s} + \mu\, d_2\mathfrak{s} \end{array} \right\} \tag{2}$$

mit beliebigen λ, μ die zu unserm Anfangsstrahl benachbarten Strahlen eines allgemeinen Strahlenbüschels, einer Kongruenz. Die Kongruenz kann wegen § 8 (4) nur dann eine Normalenkongruenz sein, wenn gilt:

$$d_1\mathfrak{s} \cdot d_2\mathfrak{a} = d_2\mathfrak{s}\, d_1\mathfrak{a}\,. \tag{3}$$

Sei jetzt $d\mathfrak{a} = \lambda d_1\mathfrak{a} + \mu d_2\mathfrak{a}$ ein Wellenflächenelement, also

$$\mathfrak{s}\, d_1\mathfrak{a} = \mathfrak{s}\, d_2\mathfrak{a} = \mathfrak{s}\, d\mathfrak{a} = 0\,. \tag{4}$$

Ohne Beschränkung der Allgemeinheit können wir die beiden Nachbarstrahlen von vornherein so auswählen, daß gleichzeitig gilt:

$$\left. \begin{array}{l} \sigma_1 d_1\mathfrak{a} = \tau_1 d_1\mathfrak{s}\,, \\ \sigma_2 d_2\mathfrak{a} = \tau_2 d_2\mathfrak{s}\,. \end{array} \right\} \tag{5}$$

Aus (3) folgt, daß in Normalensystemen entweder

$$\sigma_1 : \tau_1 = \sigma_2 : \tau_2 \tag{6}$$

oder

$$d_1\mathfrak{s} \cdot d_2\mathfrak{s} = d_1\mathfrak{a} \cdot d_2\mathfrak{a} = 0 \tag{7}$$

gilt. Wir behandeln zunächst den ersten Fall.

a) Das stigmatische Bündel. Wir können hier schreiben

$$\left. \begin{array}{l} \sigma\, d_1\mathfrak{a} = \tau\, d_1\mathfrak{s}\,, \\ \sigma\, d_2\mathfrak{a} = \tau\, d_2\mathfrak{s}\,, \end{array} \right\} \text{ also } \quad \sigma\, d\mathfrak{a} = \tau\, d\mathfrak{s}\,. \tag{8}$$

Sei zunächst σ und $\tau \neq 0$, so kann man für (8) auch schreiben:

$$\left. \begin{array}{l} d\mathfrak{a} = -\, r\, d\mathfrak{s}\,, \\ d\mathfrak{s} = -\, \varrho\, d\mathfrak{a}\,, \end{array} \right\} \text{ mit } \quad r \cdot \varrho = 1\,. \tag{9}$$

Wir sehen, alle Strahlen gehen durch einen festen Punkt des Hauptstrahls, der in der Entfernung r von dem durch $\mathfrak{a}$ und $\mathfrak{a} + d\mathfrak{a}$ gegebenen Wellenflächenelement liegt. Man sagt in diesem Fall in der Flächentheorie, die Wellenfläche hat für den Durchstoßpunkt des Anfangsstrahls einen *Nabelpunkt*. Ein solches Bündel wollen wir *stigmatisch* ($\sigma\tau\acute{\iota}\gamma\mu\alpha$ Punkt) nennen. Die Größe ϱ bezeichnet man als die *Krümmung* der Wellenfläche im Ausgangspunkt.

---

[1] Wir wählen die homogene Schreibweise, um $\alpha = 0$ und $\beta = 0$ mit behandeln zu können.

Ist in Gleichung (8) $\tau = 0$, so verschwindet in (9_1) r, während (9_2) sinnlos wird. In diesem Fall war der Ausgangspunkt $\mathfrak{a}$ der Vereinigungspunkt aller Kongruenzstrahlen.

Ist in Gleichung (8) $\sigma = 0$, so wird Gleichung (9_1) sinnlos, während in (9_2) ϱ verschwindet. Wir haben

$$d_1 \mathfrak{s} = d_2 \mathfrak{s} = d \mathfrak{s} = 0 , \tag{10}$$

d. h. alle Nachbarstrahlen sind parallel. Ein solches Bündel bezeichnet man in der Optik als *zylindrisch*.

b) Das astigmatische (halbstigmatische) Bündel. Es sei (7) erfüllt. Wir haben nach (5) für $\sigma, \tau \neq 0$

$$\left. \begin{aligned} d_1 \mathfrak{a} &= - r_1 d_1 \mathfrak{s} , & d_1 \mathfrak{s} &= - \varrho_1 d_1 \mathfrak{a} , \\ d_2 \mathfrak{a} &= - r_2 d_2 \mathfrak{s} , & d_2 \mathfrak{s} &= - \varrho_2 d_2 \mathfrak{a} , \\ d_1 \mathfrak{a}\, d_2 \mathfrak{a} &= d_1 \mathfrak{s}\, d_2 \mathfrak{s} = 0 , & & \\ r_1 \varrho_1 &= r_2 \varrho_2 = 1 . & & \end{aligned} \right\} \tag{11}$$

Wir sehen, durch die Punkte der Entfernung r_1 bzw. r_2 von der Wellenfläche gehen Strahlen unseres Bündels, und zwar liegen diese Strahlen wegen (7) in zwei zueinander senkrechten Ebenen durch den Anfangsstrahl. Man bezeichnet die Ebenen durch den Hauptstrahl als

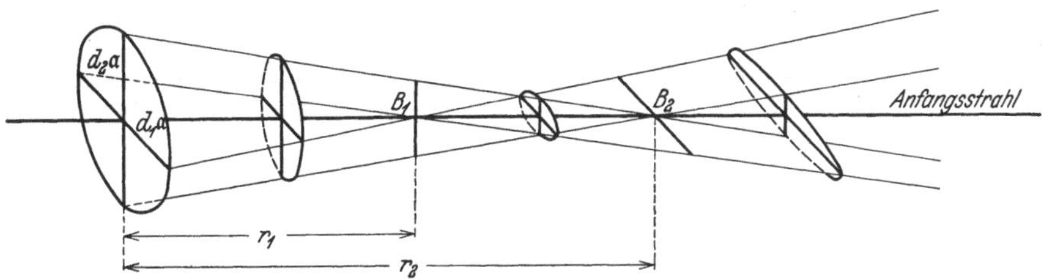

Abb. 27. Gestalt eines dünnen halbstigmatischen Strahlenbündels und Schnitte mit einer Anzahl Ebenen senkrecht zum Anfangsstrahl.

Schnitte; die Schnitte, die durch $d_1 \mathfrak{a}$ und $d_2 \mathfrak{a}$ gehen, in denen also die Strahlen liegen, die den Anfangsstrahl schneiden, bezeichnet man als *Hauptschnitte*. Wir wollen den Hauptschnitt, in dem $d_1 \mathfrak{a}$ liegt, als ersten Hauptschnitt bezeichnen. ϱ_1 und ϱ_2 nennt man die *Hauptkrümmungen* der Wellenfläche im Ausgangspunkt. Ein dünnes Normalenbündel, das nicht stigmatisch ist, bezeichnet man als *astigmatisch* (besser vielleicht *halbstigmatisch*), die Punkte der Entfernung r_1 bzw. r_2 als die *halbstigmatischen Vereinigungspunkte*. Man erkennt aus (11) sofort, daß bei $r_1 \neq r_2$ nur die in den Hauptschnitten gelegenen Strahlen den Anfangsstrahl schneiden, alle übrigen verlaufen also zum Anfangsstrahl windschief.

Verschwindet ϱ_1, so rückt ein halbstigmatischer Vereinigungspunkt ins Unendliche; wir finden $d_1 \mathfrak{s} = 0$, d. h. die Nachbarstrahlen im ersten Hauptschnitt laufen zum Anfangsstrahl parallel; ein solches Bündel bezeichnen wir als *halbzylindrisch*; analog für $\varrho_2 = 0$.

Verschwindet r_1, so geht unser Wellenflächenelement durch einen halbstigmatischen Vereinigungspunkt. Gleichung (11) gibt $d_1\mathfrak{a} = 0$, d. h. alle Nachbarstrahlen schneiden unsere Fläche in einem Linienelement $d_2\mathfrak{a}$, das im zweiten Hauptschnitt liegt; analog für $r_2 = 0$.

Man überlegt sich ebenso leicht, daß auch ein beliebiges Flächenelement durch den ersten Vereinigungspunkt von allen Kongruenzstrahlen in einem Linienelement durchstoßen wird, das im zweiten Hauptschnitt liegt. Wir haben dasselbe Paradoxon wie S. 25 bei der Abbildung der Linienelemente; wichtig ist, daß die zum Anfangsstrahl senkrechten Linienelemente in keiner Weise ausgezeichnet sind (siehe hierzu Ch. Sturm (*3, 4*), Matthiessen (*1* bis *3*), A. Gullstrand (z. B. *1*).

Auch im Fall eines stigmatischen Bündels können wir ein Koordinatensystem finden, das (7) genügt, wir brauchen nur $d_1\mathfrak{a}$ und $d_2\mathfrak{a}$ be-

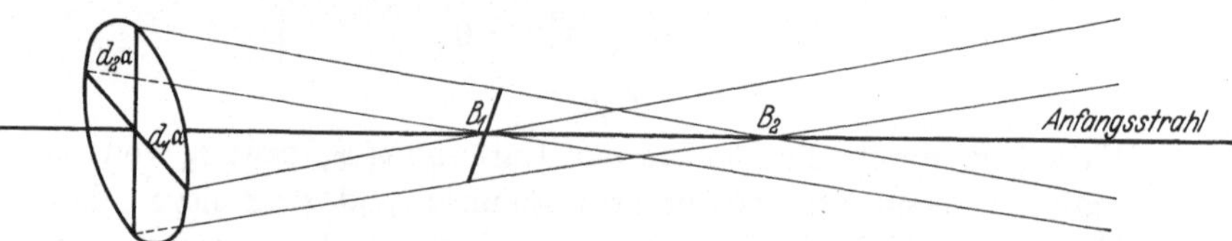

Abb. 28. Schnitt eines dünnen halbstigmatischen Strahlenbündels mit einer Ebene durch den ersten Vereinigungspunkt, die nicht auf dem Anfangsstrahl senkrecht steht.

liebig aufeinander senkrecht zu wählen. Aus dem Gesagten gewinnen wir eine *Normaldarstellung* der Nachbarstrahlen einer Normalenkongruenz.

Seien für eine Normalenkongruenz ϱ_1 und ϱ_2 die Hauptkrümmungen, so kann man setzen:

$$\left.\begin{aligned} d\mathfrak{a} &= \lambda d_1\mathfrak{a} + \mu d_2\mathfrak{a}, \\ d\mathfrak{z} &= -\lambda\varrho_1 d_1\mathfrak{a} - \mu\varrho_2 d_2\mathfrak{a}, \end{aligned}\right\} \tag{12}$$

mit

$$d_1\mathfrak{a} \cdot d_2\mathfrak{a} = 0,$$

bzw.

$$\begin{aligned} d\mathfrak{a} &= -\lambda r_1 d_1\mathfrak{z} - \mu r_2 d_2\mathfrak{z}, \\ d\mathfrak{z} &= \lambda d_1\mathfrak{z} + \mu d_2\mathfrak{z} \end{aligned} \tag{13}$$

mit

$$d_1\mathfrak{z} \cdot d_2\mathfrak{z} = 0.$$

Wir betrachten jetzt die Abbildung eines dünnen Normalenbündels durch ein optisches System.

Betrachten wir zunächst die Strahlen, die von einem festen Punkt herkommen, die also objektseitig ein stigmatisches Bündel bilden. Die zugehörigen Bildstrahlen bilden nach dem Malusschen Satz ein Normalenbündel. Wir wollen einen Nachbarstrahl, der objekt- und bildseitig den Anfangsstrahl schneidet, als *Stigmatstrahl* bezeichnen.

Die vom Objektpunkt ausgehenden Nachbarstrahlen bilden entweder bildseitig ein stigmatisches Bündel, dann sind alle Nachbarstrahlen Stigmatstrahlen; einen solchen Punkt wollen wir als *Stigmat-punkt* bezeichnen; oder sie bilden ein astigmatisches (halbstigmatisches) Bündel. In letzterem Fall gibt es zwei linear unabhängige Stigmatstrahlen, die den Anfangsstrahl in den beiden *halbstigmatischen Bildpunkten* (oder *Halbstigmen*) treffen.

Die Ebenen, in denen die Stigmatstrahlen bildseitig liegen, stehen, als Hauptschnitte des Normalenbündels, aufeinander senkrecht. Die Schnitte, in denen sie objektseitig liegen, tun das im allgemeinen nicht. Hat der Ausgangspunkt doch diese Eigenschaft, so bezeichnet GULL-STRAND (5) ihn als *Orthogonalpunkt*.

Unter den Nachbarstrahlen, die einen Stigmatpunkt abbilden, gibt es immer zwei, die im Objekt- und Bildraum in aufeinander senkrechten Schnitten liegen. Ein Stigmatpunkt ist also immer ein Orthogonal-punkt.

Einem *beliebigen* Normalenbündel entspricht bildseitig wieder ein Normalenbündel. Bei der Abbildung braucht es im *allgemeinen* keine Stigmatstrahlen zu geben; gibt es Stigmatstrahlen, so wollen wir das Normalenbündel als *Stigmatnormalenbündel* bezeichnen.

Ein solches Stigmatnormalenbündel ist z. B. ein objektseitig zy-lindrisches Bündel. Die halbstigmatischen Bildpunkte bezeichnet man als die halbstigmatischen *Brennpunkte*; fallen die Brennpunkte zu-sammen, so spricht man von einem stigmatischen *Brennpunkt* oder kurz Brennpunkt. Man drückt obige Tatsache auch so aus: Die halbstigma-tischen Brennpunkte sind konjugiert zu dem *unendlich fernen Punkt*. Entspricht einem zylindrischen Bündel bildseitig ein halbzylindrisches Bündel, so sagt man, die Umgebung des Anfangsstrahls wird *halb-brennpunktlos* abgebildet, entspricht ihm ein zylindrisches Bündel, so wird die Umgebung des Anfangsstrahls *brennpunktlos* abgebildet.

Aus § 8 (29) bis (33) können wir folgende Tatsachen herauslesen: Jedes Flächenelement durch einen Stigmatpunkt wird Punkt für Punkt stigmatisch abgebildet auf ein beliebiges Flächenelement durch den Bildpunkt.

Legen wir durch einen beliebigen Punkt und jeden seiner halb-stigmatischen Bildpunkte je ein Flächenelement, so gibt es auf dem Flächenelement durch den Objektpunkt zwei Scharen von abbildbaren Linienelementen, nämlich eine zu jedem halbstigmatischen Bildpunkt.

Auf dem Flächenelement durch einen der halbstigmatischen Bild-punkte liegt immer eine Schar paralleler Bildlinien. Bezeichnen wir die Ebenen durch den Anfangsstrahl und den Stigmatstrahl als *Stigmat-schnitt*, das darauf senkrechte Ebenenpaar als *Gullstrandschnitt*, dann sind die abbildbaren Linien stets parallel zum *Gullstrandschnitt*.

Die abbildbaren Linien eines Ausgangsflächenelements stehen dann und nur dann aufeinander senkrecht, wenn der Ausgangspunkt ein Orthogonalpunkt ist.

Sei die Abbildung eines beliebigen nicht zylindrischen Normalensystems gegeben. Wir legen das Koordinatensystem objekt- und bildseitig so, daß es in die Hauptschnitte fällt. Wir setzen

$$d\mathfrak{z} = \xi\,\mathfrak{i} + \eta\,\mathfrak{j}\,, \qquad d\mathfrak{z}' = \xi'\,\mathfrak{i}' + \eta'\,\mathfrak{j}'\,, \atop d\bar{\mathfrak{a}} = \bar{x}\,\mathfrak{i} + \bar{y}\,\mathfrak{j}\,, \qquad d\mathfrak{a}' = x'\,\mathfrak{i}' + y'\,\mathfrak{j}'\,. \right\} \tag{14}$$

Für die Strahlen der Normalenkongruenz, denen wir hier den Zeiger 0 geben wollen, um sie von beliebigen Nachbarstrahlen zu unterscheiden, ergibt sich aus (13):

$$d\mathfrak{z}_0 = \xi_0\,\mathfrak{i} + \eta_0\,\mathfrak{j}\,, \qquad d\mathfrak{z}_0' = \xi_0'\,\mathfrak{i}' + \eta_0'\,\mathfrak{j}'\,, \atop d\bar{\mathfrak{a}}_0 = -\,r_1\xi_0\,\mathfrak{i} - r_2\eta_0\,\mathfrak{j}\,, \qquad d\mathfrak{a}' = -\,r_1'\xi_0'\,\mathfrak{i}' - r_2'\eta_0'\,\mathfrak{j}'\,. \right\} \tag{15}$$

Setzen wir diese Beziehung in § 8 (3) ein, so finden wir:

$$n'(x' + r_1'\xi')\xi_0' + n'(y' + r_2'\eta')\eta_0' = n(\bar{x} + r_1\xi)\xi_0 + n(\bar{y} + r_2\eta)\eta_0 \atop \text{oder} \atop n'(x_1'\xi_0' + y_2'\eta_0') = n(x_1\xi_0 + y_2\eta_0)\,. \right\} \tag{16}$$

Ein beliebiger Strahl möge die Ebene senkrecht zum Anfangsstrahl durch den ersten Vereinigungspunkt objektseitig im Punkt mit den Koordinaten $x_1,\,y_1$, die Ebene durch den zweiten Vereinigungspunkt im Punkt mit den Koordinaten $x_2,\,y_2$ schneiden, analog bildseitig; stets gilt dann Gleichung (16). Diese steht für zwei Gleichungen, da ξ_0, η_0 bzw. ξ_0', η_0' unabhängig voneinander die Koordinaten aller Kongruenzstrahlen durchlaufen. Gleichung (16) ist der Ausgangspunkt für die Untersuchungen von A. GULLSTRAND gewesen. A. GULLSTRAND (5) hat Formel (16) als Fundamentalgleichung der geometrischen Optik bezeichnet.

§ 15. Das BRUNSsche Eikonal; die Abbildungsgrößen und Abbildungsfehler.

Wir denken uns objekt- und bildseitig zunächst ein beliebiges Koordinatensystem. Ein Objektstrahl ist nun gegeben durch die Koordinaten $\bar{x},\,\bar{y}$ seines Durchstoßungspunktes mit der Ebene $\bar{z} = 0$ und seine Richtungskosinus $\xi,\,\eta,\,\zeta = \sqrt{1 - (\xi^2 + \eta^2)}$, analog ein Bildstrahl durch $x',\,y'$ und $\xi',\,\eta'$.

Die Mannigfaltigkeit aller Strahlen ist vierfach unendlich; wir können also in beliebiger Weise vier Größen herausgreifen und als Koordinaten wählen. Wir müssen nur darauf achten, daß diese Koordinaten den Strahlen eineindeutig zugeordnet sind. Es ist ohne weiteres erlaubt, $x,\,y,\,\xi,\,\eta$ als Koordinaten zu wählen; da der Objektstrahl den Bildstrahl eindeutig bestimmen soll, ist diese Wahl der Koordinaten immer zulässig. Aber unser grundlegendes Gesetz gibt uns bei dieser Wahl der Koordinaten keinerlei Beziehungen zwischen Objekt- und Bildraum.

Nun hat zuerst HAMILTON (3) Koordinaten gewählt, die zur Hälfte dem Objektraum und zur Hälfte dem Bildraum angehören. BRUNS beschränkte die Anzahl auf 4 Parameter. Dabei sind noch folgende 16 Kombinationen möglich (H. BRUNS):

$$\left.\begin{array}{llll}
\overline{x},\ \overline{y},\ x',\ y'; & \overline{x},\ n\eta,\ x',\ y'; & n\xi,\ \overline{y},\ x',\ y'; & n\xi,\ n\eta,\ x',\ y'. \\
\overline{x},\ \overline{y},\ x',\ n'\eta'; & \overline{x},\ n\eta,\ x',\ n'\eta'; & n\xi,\ \overline{y},\ x',\ n'\eta'; & n\xi,\ n\eta,\ x',\ n'\eta'. \\
\overline{x},\ \overline{y},\ n'\xi',\ y'; & \overline{x},\ n\eta,\ n'\xi',\ y'; & n\xi,\ \overline{y},\ n'\xi',\ y'; & n\xi,\ n\eta,\ n'\xi',\ y'. \\
\overline{x},\ \overline{y},\ n'\xi',\ n'\eta'; & \overline{x},\ n\eta,\ n'\xi',\ n'\eta'; & n\xi,\ \overline{y},\ n'\xi',\ n'\eta', & n\xi,\ n\eta,\ n'\xi',\ n'\eta'.
\end{array}\right\} \quad (1)$$

Von diesen Koordinaten werden praktisch in der Optik im allgemeinen nur die drei fett gedruckten Werte gebraucht. Sind die Koordinaten $\overline{x}, \overline{y}, x', y'$, so spricht man von *Punktkoordinaten*, sind es $n\xi, n\eta, n'\xi', n'\eta'$ von *Winkelkoordinaten*, bei $\overline{x}, \overline{y}, n'\xi', n'\eta'$ von *gemischten Koordinaten*.

Punktkoordinaten sind verboten, wenn durch einen Punkt der Ebene $z = 0$ und der Ebene $z' = 0$ mehrere Strahlen gehen.

Winkelkoordinaten sind verboten, wenn parallele Strahlen parallel austreten.

Gemischte Koordinaten sind verboten, wenn durch einen Punkt der Ebene $z = 0$ mehrere bildseitig parallele Strahlen gehen.

Sind Punktkoordinaten erlaubt, so kann man in § 8 (2) die Ebene $\overline{z} = 0$ als Fläche der Anfangspunkte $\overline{a}$, die Ebene $z' = 0$ als Fläche der Endpunkte a' wählen. Wir setzen den Lichtweg für diese spezielle Koordinatenwahl S und finden aus § 8 (2) die BRUNSschen Gleichungen

$$\left.\begin{array}{ll}
n\xi = -\dfrac{\partial S}{\partial \overline{x}}, & n'\xi' = \dfrac{\partial S}{\partial x'}, \\[2mm]
n\eta = -\dfrac{\partial S}{\partial \overline{y}}, & n'\eta' = \dfrac{\partial S}{\partial y'}.
\end{array}\right\} \quad (2)$$

Sind Winkelkoordinaten erlaubt, so erhält man aus § 8 (2) eine Funktion der Richtungskosinus, indem man (LEGENDRE Transformation!)

$$W = S + n(\mathfrak{a}\mathfrak{s}) - n'(\mathfrak{a}'\mathfrak{s}') \quad (3)$$

setzt. Dann wird

$$dW = n\,\mathfrak{a}\,d\mathfrak{s} - n'\mathfrak{a}'\,d\mathfrak{s}'$$

und

$$\left.\begin{array}{ll}
x = \dfrac{\partial W}{\partial (n\xi)}, & x' = -\dfrac{\partial W}{\partial (n'\xi')}, \\[2mm]
y = \dfrac{\partial W}{\partial (n\eta)}, & y' = -\dfrac{\partial W}{\partial (n'\eta')}.
\end{array}\right\} \quad (4)$$

Die geometrische Bedeutung von W erhellt aus (3). Man fälle von den Koordinatenanfangspunkten Lote auf Objekt- und Bildstrahl. W ist der Lichtweg zwischen den Fußpunkten dieser Lote.

Sind gemischte Koordinaten erlaubt, so setzen wir

$$V = S - n'\mathfrak{a}'\mathfrak{s}'. \quad (5)$$

Dann wird

$$dV = -n'\mathfrak{a}'\,d\mathfrak{s}' - n\,\mathfrak{s}\,d\mathfrak{a} \quad (6)$$

und

$$n\xi = -\frac{\partial V}{\partial x}, \qquad x' = -\frac{\partial V}{\partial (n'\xi')}, \\[2mm] n\eta = -\frac{\partial V}{\partial y}, \qquad y' = -\frac{\partial V}{\partial (n'\eta')}. \tag{7}$$

V ist der Lichtweg zwischen der Ebene $\bar{z} = 0$ und dem Fußpunkt des vom bildseitigen Koordinatenanfangspunkt auf den Bildstrahl gefällten Lotes.

Wir wollen nach Bruns S als *Punkteikonal*[1], W als *Winkeleikonal*, V als *gemischtes Eikonal* bezeichnen. Man erkennt, daß man jeder der 16 in (1) gekennzeichneten Koordinatenkombinationen, wenn sie erlaubt sind, eine Lichtwegfunktion so zuordnen kann, daß die restlichen Koordinaten sich aus der Lichtwegfunktion durch einfache Differentiation ergeben.

Im allgemeinen wird es äußerst schwierig sein, zu untersuchen, wann eine solche Koordinatenwahl für alle Strahlen erlaubt ist. Man beschränkt sich daher meist auf die Untersuchung der Strahlen, die in der größeren oder geringeren Nachbarschaft eines festen Strahls, des Anfangsstrahls verlaufen.

Unser Koordinatensystem sei objekt- (bild-) seitig so gewählt, daß die $z, (z')$-Achse in Richtung unseres Anfangsstrahls verlaufe. Ist dann eine Wahl der Koordinaten erlaubt für Nullsetzen der Koordinaten, so ist sie auch für kleine Werte erlaubt. Man kann das Eikonal in eine Reihe entwickeln, und erhält nacheinander die Abbildungsgesetze der verschiedenen Ordnungen.

Für die Abbildung der Umgebung eines Anfangsstrahls sind *Punktkoordinaten* immer dann erlaubt, wenn objekt- und bildseitiger Koordinatenanfangspunkt nicht konjugiert sind, *gemischte Koordinaten* dagegen, wenn der objektseitige Koordinatenanfangspunkt nicht ein halbstigmatischer oder stigmatischer Brennpunkt ist. *Winkelkoordinaten* sind immer erlaubt, wenn nicht die Abbildung der Umgebung des Hauptstrahls halbbrennpunktlos oder gar brennpunktlos ist.

Man überzeugt sich leicht, daß bei jeder möglichen Wahl der Koordinatenanfangspunkte, wenn man die Koordinatensysteme *geeignet um die $\bar{z}(z')$-Achsen dreht*, für jede Zeile und Spalte von (1) mindestens eine Variablenkombination möglich ist (Bruns).

Man wird aber, da die Wahl des Koordinatenanfangspunktes in den meisten Untersuchungen freisteht, wohl in der Praxis mit den oben behandelten drei Eikonalen auskommen.

Entwickeln wir die Eikonale nach den zugehörigen Variablen, so verschwinden bei geeigneter Wahl der Variablen in (2), (4) bzw. (7) die linearen Glieder. Da die jetzt zu skizzierenden Eigenschaften allen

---

[1] Eikon = Bild, Eikonal = Abbildungsfunktion.

Eikonalen gemeinsam sind, wollen wir die Variablen mit u_1, u_2, u_3, u_4, das Eikonal mit E bezeichnen und entwickeln.

$$E = E_0 + (a_{11}\, u_1^2 + 2\, a_{12}\, u_1\, u_2 + \cdots + a_{44}\, u_4^2) \\ + (b_{111}\, u_1^3 + 3\, b_{112}\, u_1^2\, u_2 + \cdots + b_{444}\, u_4^3) + \cdots \Bigg\} \quad (8)$$

wobei die Werte der Koeffizienten selbstverständlich von dem benutzten Eikonal abhängen.

Die Brunsschen Abbildungsgleichungen selbst enthalten die in (8) vorkommenden Koeffizienten, jedoch treten diese dort in einem Glied auf, dessen Grad in den u_i um eins niedriger ist. Da die Abbildungsgleichungen für die Optik wichtiger sind, als die Eikonalentwicklung, nennt man die Parameter, die in (8) als Koeffizienten der Glieder $(n + 1)$ter Ordnung auftreten, die *Abbildungsgrößen* $n$ter *Ordnung* für das durch die Umgebung unseres Anfangsstrahls dargestellte System.

Die Anzahl der Abbildungsgrößen $n$ter Ordnung ergibt sich zu

$$\frac{(n+4)(n+3)(n+2)}{1 \cdot 2 \cdot 3} \quad \text{für} \quad n = 1, 2, 3, \ldots \quad (9)$$

Es gibt also in einem allgemeinen optischen System für die Umgebung eines Anfangsstrahls 10 Abbildungsgrößen erster Ordnung, 20 Abbildungsgrößen zweiter, 35 dritter Ordnung.

Die Zahl der unabhängigen Abbildungsgrößen verringert sich natürlich wesentlich, wenn die Umgebung der Abbildung unseres Anfangsstrahls gewisse Symmetrieeigenschaften aufweist.

Wir nehmen zunächst einmal an, das optische System besitze *eine* durch den Anfangsstrahl gehende *Symmetrieebene*[1]. Wir wählen nun unser Koordinatensystem so, daß die x- und x'-Achse parallel sind und auf der Symmetrieebene senkrecht stehen. Dann muß E eine gerade Funktion in u_1 und u_3 sein. Man findet für die Anzahl der Abbildungsgrößen

$$\frac{(n+3)(n^2 + 6\,n + 11)}{12} \quad \text{für} \quad n = 1, 3, 5, \ldots$$

$$\frac{(n+3)(n^2 + 6\,n + 8)}{12} \quad \text{für} \quad n = 2, 4, 6, \ldots . \quad (10)$$

Insbesondere gilt für $n = 1$

$$a_{12} = a_{14} = a_{23} = a_{34} = 0 . \quad (11)$$

Es gibt also dann nur 6 Abbildungsgrößen erster Ordnung, 10 Abbildungsgrößen zweiter, 19 Abbildungsgrößen dritter Ordnung usw.

Hat das System *zwei* durch den Anfangsstrahl gehende Symmetrieebenen, so ist das System entweder rotationssymmetrisch, oder es hat zwei aufeinander senkrechte Symmetrieebenen. Wir behandeln zunächst

---

[1] Zur Ableitung der Gesetzmäßigkeiten ist nur erforderlich, daß ein Ebenenpaar existiert, derart, daß Strahlen, die zu der objektseitigen Meridianebene symmetrisch liegen, auch zur bildseitigen Meridianebene symmetrisch liegen.

den letzteren Fall, das *zweifach symmetrische System*. Hier muß E auch in u_1, u_3 und u_2, u_4 eine gerade Funktion sein; das bedingt, daß alle Abbildungsgrößen gerader Ordnung verschwinden, während die Anzahl der Abbildungsgrößen ungerader Ordnung sich nicht reduziert. Wir finden also: In einem *zweifach symmetrischen* System ist die Anzahl der Abbildungsgrößen $n$ter Ordnung

$$\left. \begin{array}{ll} \dfrac{(n + 3)(n^2 + 6\,n + 11)}{12} & \text{für} \quad n = 1, 3, 5, \ldots \\[2mm] 0 & \text{für} \quad n = 2, 4, 6, \ldots \end{array} \right\} \quad (12)$$

Ist das System *rotationssymmetrisch*[1], so läßt sich E, wie schon HAMILTON (*5*) erkannte, stets als Funktion der drei Größen

$$\left. \begin{array}{l} a = u_1^2 + u_2^2, \\[1mm] b = 2\,(u_1\,u_3 + u_2\,u_4), \\[1mm] c = u_3^2 + u_4^2 \end{array} \right\} \quad (13)$$

darstellen. Wir können also schreiben

$$\left. \begin{array}{l} E = E_0 + (A_1\,a + A_2\,b + A_3\,c) \\[1mm] \qquad + (C_{11}\,a^2 + 2\,C_{12}\,a\,b + C_{22}\,b^2 + \cdots + C_{33}\,c^2) + \cdots \end{array} \right\} \quad (14)$$

Wir erhalten aus (14) für die Anzahl der Abbildungsgrößen $n$ter Ordnung in *rotationssymmetrischen* Systemen

$$\left. \begin{array}{ll} \dfrac{(n + 5)(n + 3)}{8} & \text{für} \quad n = 1, 3, 5, \ldots \\[2mm] 0 & \text{für} \quad n = 2, 4, 6, \ldots \end{array} \right\} \quad (15)$$

Es gibt also 3 Abbildungsgrößen erster, 6 dritter, 10 fünfter Ordnung in rotationssymmetrischen Systemen.

T. SMITH (*1*) hat noch eine weitere Einteilung der Abbildungsgrößen für *Rotationssysteme* vorgenommen, die nach Ansicht des Verfassers für eine Weiterentwicklung der Strahlenoptik sehr wertvoll werden kann.

Betrachten wir die Nachbarstrahlen, die den Anfangsstrahl schneiden. Was immer wir für Eikonalkoordinaten benutzen, stets sind diese Strahlen, die *Meridian*strahlen, gegeben durch

$$u_1 : u_2 = u_3 : u_4$$

oder

$$b^2 - 4\,a\,c = 0. \qquad (16)$$

SMITH ordnet nun E in bestimmter Weise unter Hervorhebung der Potenzen von $b^2 - 4\,ac$. Die Abbildungsgrößen $n$ter Ordnung, die in dem konstanten Glied dieser Entwicklung vorkommen, rechnet er zur nullten *Gruppe*, die Größen, die in dem Koeffizienten von $(b^2 - 4\,ac)^\varkappa$ vorkommen, rechnet er zur $\varkappa$ten Gruppe. Wir sehen, für die Untersuchung der Meridianstrahlen kommen nur die Größen der

---

[1] Zur Ableitung der Gesetze wird nur gefordert, daß jede Ebene durch den Anfangsstrahl in dem übertragenen Sinn der vorigen Anmerkung Symmetrieebene ist.

nullten Gruppe in Betracht. Die Wichtigkeit dieser Gruppeneinteilung erhellt aus folgender, vorläufig nur angedeuteten Überlegung. Es wird später von Wert sein, zu untersuchen, wie die Abbildungsgrößen sich ändern, wenn man den Koordinatenanfangspunkt objekt- und bildseitig längs des Hauptstrahles verschiebt. Von dieser Koordinatentransformation wird die Eigenschaft eines Strahls, Meridianstrahl zu sein, in keiner Weise berührt, $b^2 - 4\,ac$ wird daher proportional $b_1^2 - 4\,a_1 c_1$ sein. Daraus ergibt sich, daß die Abbildungsgrößen der $n$ten Ordnung und der $\varkappa$ten Gruppe sich nur untereinander transformieren. Smith hat in der oben zitierten Arbeit die entsprechenden Transformationsformeln angegeben. Die Abbildungsgrößen erster Ordnung gehören sämtlich der nullten Gruppe an, von den 6 Abbildungsgrößen dritter Ordnung gehört nur eine der ersten Gruppe an, von den 10 Abbildungsgrößen fünfter Ordnung gehören drei der ersten Gruppe an, allgemein findet man für die Abbildungsgrößen $n$ter Ordnung und $\varkappa$ter Gruppe die Anzahl

$$
\left.
\begin{aligned}
&\frac{(n + 5 - 4\varkappa)(n + 3 - 4\varkappa)}{8} \quad \text{für} \quad \varkappa \neq 0, \quad n = 1, 3, \ 5, \ldots \\[2mm]
&\frac{n + 3}{96}\,(64 + \ 9\,n - n^2) \\[1mm]
&\hspace{3.5cm} \text{für} \quad \varkappa = 0 \quad
\begin{cases} n = 1, 5, \ 9, \ldots \\ n = 3, 7, 11, \ldots \end{cases} \\[1mm]
&\frac{n + 5}{96}\,(36 + 11\,n - n^2)
\end{aligned}
\right\} \quad (17)
$$

Für rotationssymmetrische Systeme können wir den Abbildungsgleichungen je nach Wahl der Variablen folgende Form geben: Es ist für *Punktkoordinaten*

$$
\left.
\begin{aligned}
a &= \bar{x}^2 + \bar{y}^2, \\
b &= 2\,(\bar{x}\,x' + \bar{y}\,y'), \\
c &= x'^2 + y'^2, \\
n\,\xi &= -\,2\,S_a\,\bar{x} - 2\,S_b\,x', \qquad n\,\eta = -\,2\,S_a\,\bar{y} - 2\,S_b\,y', \\
n'\,\xi' &= 2\,S_b\,\bar{x} + 2\,S_c\,x', \qquad n'\,\eta' = 2\,S_b\,\bar{y} + 2\,S_c\,y',
\end{aligned}
\right\} \quad (18)
$$

für *Winkelkoordinaten*

$$
\left.
\begin{aligned}
a &= (n\,\xi)^2 + (n\,\eta)^2, \\
b &= 2\,[(n\,\xi)\,(n'\,\xi') + (n\,\eta)\,(n'\,\eta')], \\
c &= (n'\,\xi')^2 + (n'\,\eta')^2, \\
\bar{x} &= 2\,W_a\,n\,\xi + 2\,W_b\,n'\,\xi', \qquad \bar{y} = 2\,W_a\,n\,\eta + 2\,W_b\,n'\,\eta', \\
x' &= -\,2\,W_b\,n\,\xi - 2\,W_c\,n'\,\xi', \qquad y' = -\,2\,W_b\,n\,\eta - 2\,W_c\,n'\,\eta',
\end{aligned}
\right\} \quad (19)
$$

für *gemischte Koordinaten*

$$
\left.
\begin{aligned}
a &= \bar{x}^2 + \bar{y}^2, \\
b &= 2\,(n'\,\xi'\,\bar{x} + n'\,\eta'\,\bar{y}), \\
c &= (n'\,\xi')^2 + (n'\,\eta')^2, \\
n\,\xi &= -\,2\,V_a\,\bar{x} - 2\,V_b\,n'\,\xi', \qquad n\,\eta = -\,2\,V_a\,\bar{y} - 2\,V_b\,n'\,\eta', \\
x' &= -\,2\,V_b\,\bar{x} - 2\,V_c\,n'\,\xi', \qquad y' = -\,2\,V_b\,\bar{y} - 2\,V_c\,n'\,\eta'.
\end{aligned}
\right\} \quad (20)
$$

Es ist dabei zu beachten, daß a, b, c in allen drei Fällen eine verschiedene Bedeutung haben, und erst durch den Buchstaben des Eikonals definiert werden.

Betrachten wir die Gleichungen in der zweiten Reihe von (20). Denken wir uns, in der Ebene $\bar{z} = 0$ liege ein abzubildendes Objekt. Wählen wir den bildseitigen Koordinatenanfangspunkt dort, wo wir das Bild auffangen wollen (den geeigneten Ort werden wir später kennenlernen). Es wird sich im nächsten Teil ergeben, daß eine scharfe und ähnliche Abbildung des Objekts dann und nur dann zustande kommt, wenn nur die Abbildungsgrößen erster Ordnung von Null verschieden sind. Die in

$$x' = -2\,V_b\,x - 2\,V_c\,n'\,\xi',$$
$$y' = -2\,V_b\,y - 2\,V_c\,n'\,\eta' \qquad\qquad (21)$$

vorkommenden Koeffizienten $n$ter Ordnung und $\varkappa$ter Gruppe bezeichnet man in der Optik als *Bildfehler* $n$ter Ordnung und $\varkappa$ter Gruppe. Entwickeln wir V, so kommen in (21) alle Abbildungsgrößen vor, mit Ausnahme derjenigen, die in (14) mit einer reinen Potenz von a multipliziert sind.

Es gibt also für $n > 3$ und $\varkappa \neq 0$ ebensoviel Bildfehler wie Abbildungsgrößen; für $n > 3$ und $\varkappa = 0$ ist die Zahl der Bildfehler um Eins kleiner als die Zahl der Abbildungsgrößen. Es gibt also für die $n$te Ordnung und $\varkappa$te Gruppe

$$\frac{(n+5-4\varkappa)(n+3-4\varkappa)}{8} \qquad \text{für} \quad \varkappa \neq 0\,, \quad n = 3, 5, \ldots \quad (22)$$

$$\left.\begin{aligned}\frac{96 + 91\,n + 6\,n^2 - n^3}{96}\\[2mm]\frac{84 + 91\,n + 6\,n^2 - n^3}{96}\end{aligned}\right\} \qquad \text{für} \quad \varkappa = 0\,, \quad \begin{cases} n = 5, 9, 13 \\ n = 3, 7, 11 \end{cases}$$

Abbildungsfehler. Insgesamt gibt es

$$\frac{(n+1)(n+7)}{8} \qquad\qquad n = 3, 5, 7 \qquad (23)$$

Abbildungsfehler $n$ter Ordnung; also 5 Abbildungsfehler dritter Ordnung, 9 Abbildungsfehler fünfter Ordnung usw.

Mit den in diesem Abschnitt gewonnenen Mitteln kann ein systematischer Aufbau der Strahlenoptik beginnen.

Es soll in diesem Buch nur ein Teil der hier vorliegenden Aufgaben behandelt werden, und zwar werden wir nur im dritten Teil, bei der Untersuchung der Abbildungsgrößen erster Ordnung keinerlei Symmetrieeigenschaften voraussetzen. Der fünfte Teil behandelt die Gesetze dritter Ordnung in rotationssymmetrischen Systemen, der Schluß behandelt vor allem die Abbildung durch weit geöffnete Bündel.

Brechen wir die BRUNSschen Gleichungen nach den Gliedern erster Ordnung ab, so erhalten wir, bei Benutzung des Punkt-Eikonals aus (2) und (8)

$$\begin{aligned}
n\,\xi &= -\,a_{11}\,\bar{x} - a_{12}\,\bar{y} - a_{13}\,x' - a_{14}\,y'\,,\\
n\,\eta &= -\,a_{12}\,\bar{x} - a_{22}\,\bar{y} - a_{23}\,x' - a_{24}\,y'\,,\\
n'\,\xi' &= \,a_{13}\,\bar{x} + a_{23}\,\bar{y} + a_{33}\,x' + a_{34}\,y'\,,\\
n'\,\eta' &= \,a_{14}\,\bar{x} + a_{24}\,\bar{y} + a_{34}\,x' + a_{44}\,y'\,.
\end{aligned} \tag{24}$$

Besteht eine Symmetrieebene, so haben wir, wegen (11)

$$\begin{aligned}
n\,\xi &= -\,a_{11}\,\bar{x} - a_{13}\,x'\\
n\,\eta &= - a_{22}\,\bar{y} - a_{24}\,y'\\
n'\,\xi' &= \,a_{13}\,\bar{x} + a_{33}\,x'\\
n'\,\eta' &= a_{24}\,\bar{y} + a_{44}\,y'\,.
\end{aligned} \tag{25}$$

Eine Abbildung, bei der die Beziehung zwischen den Nachbarstrahlen unseres Anfangsstrahls auf die Form (25) gebracht werden können, soll *orthogonal* heißen.

Ist das System rotationssymmetrisch, so werden die Gleichungen erster Ordnung wegen (17) und (18)

$$\begin{aligned}
n\,\xi &= -A_{11}\,x - A_{13}\,x'\,,\\
n\,\eta &= -A_{11}\,y - A_{13}\,y'\,,\\
n'\,\xi' &= A_{13}\,x + A_{33}\,x'\,,\\
n'\,\eta' &= A_{13}\,y + A_{33}\,y'\,.
\end{aligned} \tag{26}$$

Ein optisches System, dessen Brunssche Gleichungen, bis zur ersten Ordnung entwickelt, sich auf die Form (26) bringen lassen, bezeichnen wir als Gaussisches System, da C. F. Gauss (*1*) zuerst die wichtigsten hier geltenden Gesetze in voller Allgemeinheit angab.

Wir wollen im dritten Teil zuerst die Gaussischen Systeme behandeln, dann die *orthogonalen* Systeme, und erst zum Schluß auf die allgemeinen Systeme zu sprechen kommen.

Dritter Teil.

Die Gesetze erster Ordnung für die Umgebung eines beliebigen Systemstrahls.

Die Gaussische Optik.

§ 16. Die allgemeinen Gesetze.

Gegeben sei ein Anfangsstrahl in Objekt- und Bildraum. Der Koordinatenanfangspunkt sei objekt- und bildseitig beliebig, aber fest gewählt, doch so, daß kein Nachbarstrahl durch den objektseitigen Koordinatenanfangspunkt im bildseitigen Koordinatenanfangspunkt mündet. Dann können wir das Punkt-Eikonal S benützen. Wir setzen jetzt voraus, die Abbildung sei eine *Gaußische*, dann können wir die Koordinatenachsen objekt- und bildseitig so wählen, daß die Koordinaten der Nachbarstrahlen durch die Gleichungen

$$n\,\xi = -A_1\,\bar{x} - A_2\,x', \qquad n\,\eta = -A_1\,\bar{y} - A_2\,y', \\ n'\,\xi' = A_2\,\bar{x} + A_3\,x', \qquad n'\,\eta' = A_2\,\bar{y} + A_3\,y' \tag{1}$$

einander zugeordnet werden.

Diese Gleichungen gelten, wie alle Gleichungen dieses Teils, das soll hier nochmals betont werden, nur für Strahlen, die dem Anfangsstrahl so nahe benachbart sind, daß man bei vorgeschriebener Genauigkeit das Eikonal nach den quadratischen Gliedern abbrechen darf. Man könnte in jedem speziellen Fall den Fehler, den man macht, mit Hilfe des Mittelwertsatzes abschätzen.

In den beiden linken Gleichungen kommen nur $\bar{x}, x', \xi, \xi'$, in den beiden rechten $\bar{y}, y', \eta, \eta'$ vor. Daraus folgt:

Projizieren wir ein Paar zugeordneter Strahlen auf die Koordinatenebenen, so sind die Projektionen zugeordnete Strahlen (LIPPICH).

Strahlen, die in der Ebene durch den Anfangsstrahl

$$x : y = \xi : \eta = \alpha \tag{2a}$$

verlaufen, verlaufen bildseitig in der Ebene

$$x' : y' = \xi' : \eta' = \alpha. \tag{2b}$$

Zwei durch (2) bestimmte Meridianebenen wollen wir als *konjugierte* Ebenen bezeichnen.

Der LIPPICHsche Satz läßt sich nun wie folgt verallgemeinern:

Projizieren wir einen Strahl auf eine beliebige Meridianebene, wie sie durch (2a) gegeben wird, so ist die Projektion zugeordnet der Projektion des Bildstrahls auf die durch (2b) gekennzeichnete Ebene.

Jeder Strahl, der den Anfangsstrahl objektseitig schneidet, liegt bildseitig in der konjugierten Ebene, schneidet den Anfangsstrahl also auch bildseitig; das bedeutet, daß jeder Punkt des Anfangsstrahls ein *Stigmatpunkt* ist.

Die Koeffizienten in (1) sind an sich beliebig wählbar; nur muß selbstverständlich jedem Objektstrahl ein und nur ein Bildstrahl entsprechen. Das bedingt

$$A_2 \neq 0. \tag{3}$$

Ist (3) erfüllt, so kann man (1) nach $x', n'\xi'$ auflösen und erhält

$$x' = \varkappa\,\bar{x} + \lambda\,n\,\xi, \qquad y' = \varkappa\,\bar{y} + \lambda\,n\,\eta, \\ n'\,\xi' = \mu\,\bar{x} + \nu\,n\,\xi, \qquad n'\,\eta' = \mu\,\bar{y} + \nu\,n\,\eta \tag{4}$$

mit

$$\varkappa = -\frac{A_1}{A_2}, \quad \lambda = -\frac{1}{A_2}, \quad \mu = \frac{A_2^2 - A_1 A_3}{A_2}, \quad \nu = -\frac{A_3}{A_2}. \tag{5}$$

Man erkennt daraus, daß zwischen $\varkappa, \lambda, \mu, \nu$ die Beziehung

$$\varkappa\,\nu - \lambda\,\mu = 1 \tag{6}$$

besteht.

Wir wollen die Gleichungen (4) mit der Nebenbedingung (6) als die SCHLEIERMACHERschen Gleichungen bezeichnen. Sie sind bequemer zu handhaben als die gleichwertigen Gleichungen (1). Insbesondere sind die Transformationsgleichungen, die hier bei einer Änderung des objekt- und bildseitigen Koordinatensystems entstehen, sehr einfach.

Verschieben wir den objekt- (bild-) seitigen Koordinatenanfangspunkt um $\bar z$ bzw. z', so erhalten wir an Stelle von (4) Gleichungen der Form

$$\left.\begin{aligned} \tilde x' &= \tilde \varkappa\, \tilde x + \tilde \lambda\, n\, \xi\,, \\ n'\, \xi' &= \tilde \mu\, \tilde x + \tilde \nu\, n\, \xi \end{aligned}\right\} \tag{7}$$

analog für $\tilde y$ und η mit

$$\begin{pmatrix} \tilde \varkappa & \tilde \lambda \\ \tilde \mu & \tilde \nu \end{pmatrix} = \begin{pmatrix} 1, & -\dfrac{z'}{n'} \\ 0, & 1 \end{pmatrix} \begin{pmatrix} \varkappa & \lambda \\ \mu & \nu \end{pmatrix} \begin{pmatrix} 1, & \dfrac{\bar z}{n} \\ 0, & 1 \end{pmatrix} \tag{8a}$$

oder ausgeführt

$$\left.\begin{aligned} \tilde \varkappa &= \varkappa - \mu\,\frac{z'}{n'}\,, \\ \tilde \lambda &= \lambda - \nu\,\frac{z'}{n'} + \varkappa\,\frac{\bar z}{n} - \mu\,\frac{\bar z}{n}\,\frac{z'}{n'}\,, \\ \tilde \mu &= \mu\,, \\ \tilde \nu &= \nu + \mu\,\frac{\bar z}{n}\,. \end{aligned}\right\} \tag{8b}$$

Aus den Gleichungen (8b) können wir entnehmen, daß die SCHLEIERMACHERschen Gleichungen für jede Wahl der Koordinatenanfangspunkte ausreichend sind, auch wenn $\tilde \lambda = 0$ wird, d. h. objekt- und bildseitiger Koordinatenanfangspunkt konjugiert sind. Ist $\tilde \lambda \neq 0$, so kann man vermittels der Beziehungen

$$\tilde A_1 = \frac{\tilde \varkappa}{\tilde \lambda}\,, \quad \tilde A_2 = -\frac{1}{\tilde \lambda}\,, \quad \tilde A_3 = \frac{\tilde \nu}{\tilde \lambda} \tag{9}$$

zu den BRUNSschen Punktkoordinaten zurückkehren.

Aus (8) folgt, daß diejenigen Punkte des Anfangsstrahls konjugiert sind, für die gilt

$$\frac{z'}{n'} = \frac{\lambda + \varkappa\,\dfrac{\bar z}{n}}{\nu + \mu\,\dfrac{\bar z}{n}}\,. \tag{10}$$

Die Abbildungsgleichungen werden in diesem Fall

$$\left.\begin{aligned} \tilde x' &= \tilde \varkappa\, x\,, & \tilde y' &= \tilde \varkappa\, \tilde y\,, \\ n'\, \xi' &= \tilde \mu\, x + \frac{1}{\tilde \varkappa}\, n\, \xi\,, & n'\, \eta' &= \tilde \mu\, \tilde y + \frac{1}{\tilde \varkappa}\, n\, \eta\,. \end{aligned}\right\} \tag{11}$$

Daraus folgt, daß zwei zum Anfangsstrahl senkrechte Flächenelemente durch zwei beliebige konjugierte Punkte *stigmatisch* und *un-*

verzerrt aufeinander abgebildet werden. Die Vergrößerung β' der Abbildung und die Winkelvergrößerung γ' der Stigmatstrahlen ergibt sich aus (11) zu

$$\beta' = \tilde{\varkappa} \quad = \varkappa - \mu \frac{z'}{n'} \quad = \frac{1}{v + \mu \dfrac{\bar{z}}{n}},$$

$$\gamma' = \frac{n}{n'\tilde{\varkappa}} = \frac{n}{n'\left(\varkappa - \mu \dfrac{z'}{n'}\right)} = \frac{n}{n'}\left(v + \mu \frac{\bar{z}}{n}\right). \tag{12}$$

Wir sehen aufs neue den zweiten Reziprozitätssatz, die LAGRANGEsche Gleichung (S. 31) bestätigt. Es ist

$$n'\,\beta'\,\gamma' = n. \tag{13}$$

Gleichung (8b) zeigt, daß in einem optischen System die Größe μ eine von der Lage der Koordinatenanfangspunkte unabhängige Systemkonstante ist. Man nennt diese Größe nach HERSCHEL (*1*) die *Brechkraft* des Systems und bezeichnet sie mit φ. Man teilt die GAUSSischen Systeme in zwei Klassen ein, je nachdem $\varphi = 0$ oder $\varphi \neq 0$ ist.

Sei zunächst $\varphi = 0$, dann lauten die SCHLEIERMACHERschen Gleichungen wegen $\mu = 0$ und (6)

$$x' = \varkappa\bar{x} + \lambda\,n\,\xi, \qquad y' = \varkappa\bar{y} + \lambda\,n\,\eta,$$

$$n'\,\xi' = \quad \frac{1}{\varkappa}\,n\,\xi, \qquad n'\,\eta' = \quad \frac{1}{\varkappa}\,n\,\eta. \tag{14}$$

In einem solchen System treten Strahlen, die parallel zum Anfangsstrahl eintreten ($\xi = \eta = 0$), parallel zum Endstrahl aus ($\xi' = \eta' = 0$). Wir bezeichneten ein solches System als *brennpunktlos* (s. S. 53).

Es sind diejenigen Punkte des Ausgangsstrahls einander zugeordnet, die durch die Beziehung

$$\frac{z'}{n'} = \varkappa\,\lambda - \varkappa^2\,\frac{\bar{z}}{n} \tag{15}$$

verbunden sind [s. MÖBIUS (*3*)].

Vergrößerung β' und Winkelvergrößerung γ'·sind in *brennpunktlosen* GAUSSischen Systemen vom Objektpunkt unabhängig

$$\beta' = \varkappa \quad = B_0',$$

$$\gamma' = \frac{n}{n'\varkappa} = \Gamma_0'. \tag{15a}$$

In den BRUNSschen Koordinaten sind die *brennpunktlosen* Systeme durch

$$A_1 A_3 - A_2^2 = 0 \tag{16}$$

gegeben. An Stelle von Gleichung (15) tritt hier

$$\frac{z'}{n'} = \frac{A_1}{A_2^2} - \frac{A_1^2}{A_2^2}\frac{\bar{z}}{n} = \frac{1}{A_3} - \frac{A_1}{A_3}\frac{\bar{z}}{n},$$

$$\beta' = - \frac{A_1}{A_2} = - \frac{A_2}{A_3} = B_0',$$

$$\gamma' = - \frac{n\,A_2}{n'\,A_1} = - \frac{n\,A_3}{n'\,A_2} = \Gamma_0'. \tag{17}$$

Γ'_0 wird in der Literatur auch als *Fernrohrvergrößerung* bezeichnet. Fernrohre (Teleskope) sind eine besondere Klasse optischer Systeme, die in der Nähe der Achse brennpunktlos sind; ein brennpunktloses Gaussisches System wird daher in der Literatur auch oft als *teleskopisches* System bezeichnet.

Wir betrachten jetzt die nicht brennpunktlosen Gaussischen Systeme. Aus Gleichung (8 b) geht hervor, daß man durch einfache Verschiebung des objekt- und bildseitigen Koordinatenanfangspunktes erreichen kann, daß $\tilde{\varkappa}$ und $\tilde{\nu}$ verschwinden.

Diese durch

$$\left.\begin{aligned} \frac{\bar{z}}{n} &= -\frac{\nu}{\mu} = \frac{A_3}{A_2^2 - A_1 A_3}, \\ \frac{z'}{n'} &= \frac{\varkappa}{\mu} = -\frac{A_1}{A_2^2 - A_1 A_3} \end{aligned}\right\} \tag{18}$$

gegebenen Punkte bezeichnet man als den objekt- und bildseitigen *Brennpunkt* $\bar{F}, F'$ unseres Systems.

Neben der Brechkraft $\varphi = \mu$ hat man in der Optik die damit verbundenen *Brennweiten* $\bar{f}, f'$ durch die Gleichungen

$$\bar{f} = -\frac{n}{\varphi}, \qquad f' = \frac{n'}{\varphi} \tag{19}$$

eingeführt. Mit ihrer Hilfe nehmen die Gleichungen (7), wenn wir die Koordinatenanfangspunkte in die Brennpunkte legen, die Form an

$$\left.\begin{aligned} x'_F &= -\frac{1}{\varphi} n\xi, & y'_F &= -\frac{1}{\varphi} n\eta, \\ n'\xi' &= \varphi \bar{x}_F, & n'\eta' &= \varphi \bar{y}_F. \end{aligned}\right\} \tag{20}$$

Wir finden, siehe Gleichungen (10), (12):

$$\left.\begin{aligned} \bar{z}_F z'_F &= \bar{f} f', \\ \beta' &= -\frac{\bar{f}}{\bar{z}_F} = -\frac{z'_F}{f'}, \\ \gamma' &= \frac{\bar{z}_F}{f'} = \frac{\bar{f}}{z'_F}. \end{aligned}\right\} \tag{21}$$

Gleichung (20) und (21) lehren uns:
Der objekt- (bild-) seitige *Brennpunkt* ist der Vereinigungspunkt bild- (objekt-) seitig zum Anfangsstrahl paralleler Strahlen.

Objektseitig (bildseitig) parallele Strahlen vereinigen sich in einem Punkt der Ebene $z'_F = 0$ ($\bar{z}_F = 0$), der bild- (objekt-) seitigen *Brennebene*.

Vergrößerung β' und Winkelvergrößerung γ' können jeden Wert ein- und nur einmal annehmen, hängen aber immer durch die Lagrangesche Gleichung (13) zusammen.

Die Punkte, zu denen die Vergrößerung „1" gehört, bezeichnet man als *Hauptpunkte H, H'*. Ihre Entfernung vom Brennpunkt ist gegeben durch

$$\left.\begin{aligned}
\bar{z}_F(H) &= -\bar{f}', \\
z'_F(H') &= -f'.
\end{aligned}\right\} \tag{22}$$

Legen wir die Koordinatenanfangspunkte in die Hauptpunkte, die zueinander konjugiert sind, so können wir die BRUNSschen Gleichungen in Punktkoordinaten nicht mehr benützen, wohl aber gelten die SCHLEIER-MACHERschen Gleichungen und Formeln (10), (12). Das gibt

$$\left.\begin{aligned}
x'_H &= x_H, & y'_H &= y_H, \\
n'\xi' &= \varphi x_H + n\xi, & n'\eta' &= \varphi y_H + n\eta.
\end{aligned}\right\} \tag{23}$$

$$\frac{n'}{z'_H} - \frac{n}{z_H} = \varphi,$$

$$\beta' = \frac{n z'_H}{n' z_H}, \qquad \gamma' = \frac{z_H}{z'_H}.$$

Die Punkte, in denen die Winkelvergrößerung $\gamma' = 1$ ist, bezeichnet man als *Knotenpunkte* K, K'. Ihre Brennpunkt- (Hauptpunkts-) Entfernung ergibt sich zu

$$\left.\begin{aligned}
\bar{z}_F(K) &= f', & z_H(K) &= f' + \bar{f} = \frac{n' - n}{\varphi}, \\
z_{F'}(K') &= \bar{f}, & z_H(K') &= f' + \bar{f} = \frac{n' - n}{\varphi}.
\end{aligned}\right\} \tag{24}$$

Legen wir die Koordinatenanfangspunkte in die Knotenpunkte, so finden wir

$$\left.\begin{aligned}
x'_\varkappa &= \frac{n}{n'} x_\varkappa, & y'_\varkappa &= \frac{n}{n'} y_\varkappa, \\
n'\xi' &= \varphi x_\varkappa + \frac{n'}{n} n\xi, & n'\eta' &= \varphi y_\varkappa + \frac{n'}{n} n\eta,
\end{aligned}\right\} \tag{25}$$

$$\left.\begin{aligned}
\frac{n}{z'_\varkappa} - \frac{n'}{z_\varkappa} &= \varphi, \\
\beta' = \frac{z'_\varkappa}{z_\varkappa}, \qquad \gamma' &= \frac{n}{n'} \frac{z_\varkappa}{z'_\varkappa},
\end{aligned}\right\} \tag{25a}$$

$\beta' = -1$ $(\gamma' = -1)$ bestimmen die sogenannten *negativen* Haupt- (Knoten-) Punkte.

Zum Schluß sei noch darauf verwiesen, daß die Koeffizienten A_1 bis A_3 bzw. $\varkappa, \lambda, \mu, \nu$ sich nicht ändern, wenn man das Koordinatensystem objekt- und bildseitig gleichsinnig um denselben Winkel um die z-Achse dreht. Das System besitzt also wenigstens in erster Ordnung Rotationssymmetrie. Allerdings muß man beachten, daß $\bar{z}$-Achse und z'-Achse nicht zusammenfallen brauchen. Wir werden für die letztere Tatsache ein Beispiel angeben.

Weiterhin ist zu beachten, daß die Flächenelemente senkrecht zum Anfangsstrahl nach den GULLSTRANDschen Abbildungssätzen nicht vor beliebig geneigten Flächenelementen durch konjugierte Punkte ausgezeichnet sind, solange man nur die Gesetze erster Ordnung kennt.

In rotationssymmetrischen Systemen gelten die hier abgeleiteten Gesetze, da die Größen zweiter Ordnung verschwinden, bis zur dritten Ordnung ausschließlich; hier sind natürlich auch die achsensenkrechten Flächenelemente ausgezeichnet.

§ 17. Die Farbenfehler im GAUSSischen Gebiet.

Wir haben bis jetzt nur Strahlen einer Farbe betrachtet. Nehmen wir an, das erste und letzte Mittel sei Luft, *also $n = n'$ sei für alle Farben gleich* 1, so wird im allgemeinen einem Strahl des Objektraumes für *jede* Wellenlänge ein Strahl des Bildraums entsprechen. Sei die Abbildung der Umgebung eines Strahls für alle Farben *Gaußisch*, dann sind die $\varkappa$, λ, μ, ν in den SCHLEIERMACHERschen Gleichungen Funktionen der Wellenlänge.

Greifen wir zwei Wellenlängen heraus. Die zugehörigen Abbildungsgleichungen mögen durch

$$\left.\begin{aligned} x' &= \breve{\varkappa}\bar x + \breve{\lambda}\xi, & x' &= \breve{\breve{\varkappa}}\bar x + \breve{\breve{\lambda}}\xi, \\ \xi' &= \breve{\mu}\bar x + \breve{\nu}\xi, & \xi' &= \breve{\breve{\mu}}\bar x + \breve{\breve{\nu}}\xi \end{aligned}\right\} \tag{1}$$

gegeben sein. Ist

$$\breve{\varkappa} = \breve{\breve{\varkappa}}, \qquad \breve{\lambda} = \breve{\breve{\lambda}}, \qquad \breve{\mu} = \breve{\breve{\mu}}, \qquad \breve{\nu} = \breve{\breve{\nu}}, \tag{2}$$

so entspricht jedem Strahl des Objektraums in beiden Farben ein und derselbe Bildstrahl. Ein solches System nennt man für die beiden herausgegriffenen Farben *stabil achromatisch*. In (2) sind wegen

$$\breve{\varkappa}\breve{\nu} - \breve{\lambda}\breve{\mu} = \breve{\breve{\varkappa}}\breve{\breve{\nu}} - \breve{\breve{\lambda}}\breve{\breve{\mu}} = 1 \tag{3}$$

nur drei zu erfüllende Bedingungen enthalten. Sei (2) nicht erfüllt. Wir betrachten die Strahlen, die vom Punkt der Entfernung z herkommen. Der Bildpunkt ist für die zweite Farbe im allgemeinen verschieden von dem für die erste Farbe. Wir wollen die Differenz zweier gleichwertiger Größen für verschiedene Farben durch das Zeichen ∇ (sprich Nabla)[1] andeuten. Die *Farbenlängsabweichuug* $\nabla z'$ ergibt sich dann aus § 16 (10) zu

$$\nabla z' = \breve{\breve{z}}' - \breve{z}' = \frac{\breve{\breve{\lambda}} + \breve{\breve{\varkappa}}\bar z}{\breve{\breve{\nu}} + \breve{\breve{\mu}}\bar z} - \frac{\breve{\lambda} + \breve{\varkappa}\bar z}{\breve{\nu} + \breve{\mu}\bar z}. \tag{4}$$

Aus (4) geht hervor, daß die Farbenlängsabweichung, wenn nicht (2) erfüllt ist, nur für zwei nicht notwendig reelle Werte von $\bar z$ verschwindet. Diese ergeben sich aus der Gleichung

$$\left(\breve{\varkappa}\breve{\breve{\mu}} - \breve{\breve{\varkappa}}\breve{\mu}\right)\bar z^2 + \left(\breve{\varkappa}\breve{\breve{\nu}} - \breve{\nu}\breve{\breve{\varkappa}} + \breve{\lambda}\breve{\breve{\mu}} - \breve{\mu}\breve{\breve{\lambda}}\right)\bar z + \left(\breve{\breve{\lambda}}\breve{\nu} - \breve{\nu}\breve{\breve{\lambda}}\right) = 0. \tag{5}$$

Ist die Farbenlängsabweichung für einen Punkt behoben, so brauchen die von beiden Farben im Bildpunkt erzeugten Bilder eines Gegen-

---

[1] Das sonst zur Bezeichnung von Differenzen übliche Zeichen Δ ist bereits anderweitig vergeben. Siehe S. 119.

standes nicht gleichgroß zu sein. $V\beta'$ bildet den zweiten Farbenfehler. Er ist wegen § 16 (12) allgemein, auch wenn die Farbenlängsabweichung nicht behoben ist, gegeben durch

$$V\beta' = \overset{\smile\smile}{\beta}{}' - \breve{\beta}' = \frac{1}{\overset{\smile\smile}{v} + \overset{\smile\smile}{\mu}\,\bar{z}} - \frac{1}{\breve{v} + \breve{\mu}\,\bar{z}}\,. \tag{6}$$

Er verschwindet nur für den durch

$$\bar{z} = -\frac{\overset{\smile\smile}{v} - \breve{v}}{\overset{\smile\smile}{\mu} - \breve{\mu}} \tag{7}$$

gegebenen Punkt.

Für einen Punkt des Anfangsstrahls können beide Bildfehler dann und nur dann behoben werden, wenn zwischen den Koeffizienten von (1) die Beziehung gilt:

$$\left(\breve{\varkappa}\,\overset{\smile\smile}{\mu} - \overset{\smile\smile}{\varkappa}\,\breve{\mu}\right)\left(\breve{v} - \overset{\smile\smile}{v}\right)^2 - \left(\breve{\varkappa}\,\overset{\smile\smile}{v} - \overset{\smile\smile}{\varkappa}\,\breve{v} + \breve{\lambda}\,\overset{\smile\smile}{\mu} - \overset{\smile\smile}{\lambda}\,\breve{\mu}\right)\left(\breve{v} - \overset{\smile\smile}{v}\right)\left(\breve{\mu} - \overset{\smile\smile}{\mu}\right)$$
$$+ \left(\breve{\lambda}\,\overset{\smile\smile}{v} - \overset{\smile\smile}{\lambda}\,\breve{v}\right)\left(\breve{\mu} - \overset{\smile\smile}{\mu}\right)^2 = 0\,. \tag{8}$$

Gilt Gleichung (8), so gibt es nur ein Flächenelement, dessen z-Koordinate durch (7) gegeben wird, das frei von allen Farbenfehlern abgebildet wird; es sei denn, daß (3) erfüllt, also das System *stabil achromatisch* ist. Ein solches System heißt *achromatisch* für den durch (7) gegebenen Objektpunkt.

Sei ein für einen Objektpunkt achromatisches System gegeben. Dann wird im allgemeinen für eine beliebige dritte Farbe die Längsabweichung nicht verschwinden. Die Größe der Längsabweichung für eine dritte Farbe bezeichnet A. König (2) mit $W(z')$ und nennt $W(z')$ das *sekundäre Spektrum*.

Zum Schluß sei noch bemerkt, daß die Wahl der Farben, für die man ein optisches System achromatisieren will, von dem Zweck abhängt, für den das System gebraucht wird. Bei einem System, bei dem man subjektiv beobachten will, wird man gut tun, C und F zusammenzulegen, während man in photographischen Systemen meist Strahlen der D und G' entsprechenden Wellenlängen zusammenzubringen sucht.

Die Bedeutung von $V\beta'$ für den Fall, daß die Längsabweichung nicht behoben ist, wird S. 107 untersucht werden.

Die Realisierung der Gaussischen Abbildung.

§ 18. Die Zusammensetzung Gaussischer Systeme.

Ein Gaussisches System sei durch seine Abbildungsgleichungen[1]

$$\left.\begin{aligned} x_1' &= \varkappa_1 \bar{x}_1 + \lambda_1 n_1 \xi_1, \\ n_1' \xi_1' &= \mu_1 \bar{x}_1 + v_1 n_1 \xi_1 \end{aligned}\right\} \tag{1}$$

---

[1] Wir schreiben von jetzt an immer nur die Gleichungen für $\ddot{x}$ und ξ hin.

gegeben. $\overline{P}_1$ sei der objektseitige, P_1' der bildseitige Koordinatenanfangspunkt. Die Umgebung des bildseitigen Anfangsstrahls werde durch ein
zweites Gaussisches System mit den Abbildungsgleichungen

$$x_2' = \varkappa_2 \overline{x}_2 + \lambda_2 n_2 \xi_2 , \left.\right\}$$
$$n_2' \xi_2' = \mu_2 \overline{x}_2 + \nu_2 n_2 \xi_2 \left.\right\} \tag{2}$$

abgebildet. Fallen die bildseitigen Koordinatenebenen der ersten Abbildung nicht mit den objektseitigen der zweiten überein, so drehen
wir die Koordinatenebenen der zweiten Abbildungen objekt- und bildseitig, bis diese Übereinstimmung erzielt ist. Die neuen Abbildungsgleichungen stimmen in den Koeffizienten mit (2) überein; wir können
also von vornherein voraussetzen, daß die $\overline{x}_2$- und x_1'-, $\overline{y}_2$- und y_1'-Achsen
parallel sind.

Koordinatenanfangspunkt für die zweite Abbildung sei objekt-
seitig $\overline{P}_2$, bildseitig P_2'. Die Strecke $P_1'\overline{P}_2$ habe die Länge b_{12}.
Bei unserer Bezeichnungsweise ist

$$n_1' = n_2 = n_{12} , \left.\right\}$$
$$\xi_1' = \xi_2 = \xi_{12} . \left.\right\} \tag{3}$$

Dann bestehen die Beziehungen

$$\overline{x}_2 = x_1' - \frac{b_{12}}{n_{12}} n_1' \xi_1' , \left.\right\}$$
$$n_2 \xi_2 = \qquad\quad n_1' \xi_1' . \left.\right\} \tag{4}$$

Setzen wir $\begin{pmatrix}\varkappa_1\,\lambda_1\\\mu_1\,\nu_1\end{pmatrix} = \Phi_1$, $\begin{pmatrix}\varkappa_2\,\lambda_2\\\mu_2\,\nu_2\end{pmatrix} = \Phi_2$, $\begin{pmatrix}1 & -\dfrac{b_{12}}{n_{12}}\\ 0 & 1\end{pmatrix} = \varDelta_{12}$, so lauten

die Gleichungen (1), (2) und (4) in der Matrizensprache wie folgt:

$$\begin{pmatrix}x_1'\\n_1'\zeta_1'\end{pmatrix} = \Phi_1 \begin{pmatrix}\overline{x}_1\\n_1\zeta_1\end{pmatrix}, \quad \begin{pmatrix}x_2'\\n_2'\zeta_2'\end{pmatrix} = \Phi_2 \begin{pmatrix}\overline{x}_2\\n_2\zeta_2\end{pmatrix}, \quad \begin{pmatrix}\overline{x}_2\\n_2\zeta_2\end{pmatrix} = \varDelta_{12} \begin{pmatrix}x_1'\\n_1'\zeta_1'\end{pmatrix} . \tag{5}$$

Wir nennen Φ die *Brechungsmatrix*, $\varDelta_{12} = \varDelta_{21}$ die *Übergangsmatrix*.
Dann wird

$$\begin{pmatrix}x_2'\\n_2'\xi_2'\end{pmatrix} = \Phi_2 \varDelta_{21} \Phi_1 \begin{pmatrix}\overline{x}_1\\n_1\xi_1\end{pmatrix} . \tag{6}$$

Für die Zusammensetzung endlich vieler Systeme erhält man analog

$$\begin{pmatrix}x'\\n'\xi'\end{pmatrix} = \Phi_\varkappa \varDelta_{\varkappa,\,\varkappa-1} \Phi_{\varkappa-1} \cdots \varDelta_{21} \Phi_1 \begin{pmatrix}\overline{x}\\n\xi\end{pmatrix} . \tag{7}$$

Folgende besondere *Brechungs-* und *Übergangsmatrizen* spielen in der GAUSSischen Optik eine Rolle:

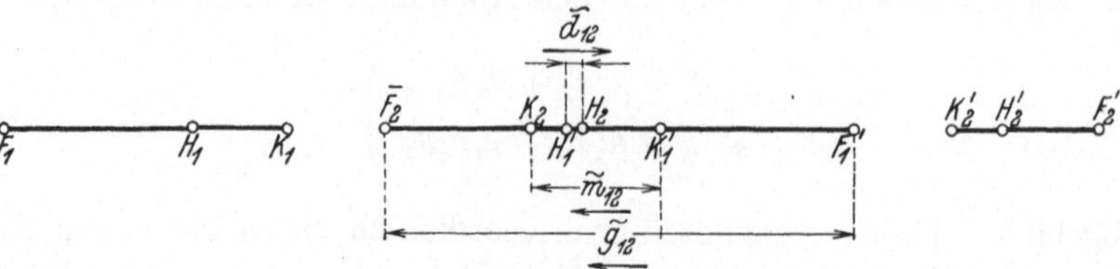

Abb. 29. Zusammensetzung GAUSSischer Systeme. (H = Hauptpunkt, F = Brennpunkt, K = Knotenpunkt.)

Die Brennpunktsdurchrechnung.

Koordinatenanfangspunkte seien die *Brennpunkte* $\overline{F}_\nu, F'_\nu$. Die Strecke $F'_\nu \, \overline{F}_{\nu+1}$ werde mit $\tilde{g}_{\nu,\nu+1}$ bezeichnet. Wir finden

$$\Phi_\nu = \begin{pmatrix} 0 & -\dfrac{1}{\varphi_\nu} \\ \varphi_\nu & 0 \end{pmatrix}, \qquad \Delta_{\nu,\nu+1} = \begin{pmatrix} 1 & -\dfrac{\tilde{g}_{\nu,\nu+1}}{n_{\nu,\nu+1}} \\ 0 & 1 \end{pmatrix}. \tag{8}$$

Die Rechnung wird unbrauchbar, wenn eins der Systeme brennpunktlos ist.

Die Hauptpunktsdurchrechnung.

Koordinatenanfangspunkte seien die Hauptpunkte H, H'. Die Strecke $H'_\nu \, H_{\nu+1}$ werde mit $\tilde{d}_{\nu,\nu+1}$ bezeichnet. Wir finden

$$\Phi_\nu = \begin{pmatrix} 1 & 0 \\ \varphi_\nu & 1 \end{pmatrix}, \qquad \Delta_{\nu,\nu+1} = \begin{pmatrix} 1 & -\dfrac{\tilde{d}_{\nu,\nu+1}}{n_{\nu,\nu+1}} \\ 0 & 1 \end{pmatrix}. \tag{9}$$

Die Knotenpunktsdurchrechnung.

Koordinatenanfangspunkte sind die Knotenpunkte K_ν, K'_ν. Die Strecke $K'_\nu \, K_{\nu+1}$ werde mit $\tilde{m}_{\nu,\nu+1}$ bezeichnet. Wir finden

$$\Phi_\nu = \begin{pmatrix} \dfrac{n_\nu}{n'_\nu} & 0 \\ \varphi_\nu & \dfrac{n'_\nu}{n_\nu} \end{pmatrix}, \qquad \Delta_{\nu,\nu+1} = \begin{pmatrix} 1 & -\dfrac{\tilde{m}_{\nu,\nu+1}}{n_{\nu,\nu+1}} \\ 0 & 1 \end{pmatrix}. \tag{10}$$

Die Durchrechnung mittels einer Schar konjugierter Punkte.

Durch das νte System werde der Punkt P_ν nach P'_ν abgebildet mit der Vergrößerung $\beta'_{\nu,\nu-1}$. P'_ν falle mit $P_{\nu+1}$ zusammen. Wir finden

$$\Phi_\nu = \begin{pmatrix} \beta'_{\nu,\nu-1} & 0 \\ \varphi_\nu & \beta_{\nu-1,\nu} \end{pmatrix}, \qquad \Delta_{\nu,\nu+1} = \begin{pmatrix} 1 & 0 \\ 0 & 1 \end{pmatrix}. \tag{11}$$

Aus (8) bis (11) erhält man für die Brennweite eines aus zwei Teilen bestehenden Systems

$$\left. \begin{aligned} \varphi &= -\tilde{g}_{12}\,\varphi_1\varphi_2 \,, \\ \varphi &= \quad \varphi_1 + \varphi_2 - \frac{\tilde{d}_{12}}{n_{12}}\,\varphi_1\varphi_2 \,, \\ n_{12}\,\varphi &= \quad n'\,\varphi_1 + n\,\varphi_2 - \tilde{m}_{12}\,\varphi_1\varphi_2 \,, \\ \varphi &= \quad (\varphi_1 + \beta'_{20}\varphi_2)\,\beta'_{21} \,. \end{aligned} \right\} \tag{12}$$

§ 19. Die Durchrechnung der Umgebung der Achse durch ein rotationssymmetrisches System.

Wir betrachten eine rotationssymmetrische brechende Fläche und die Umgebung ihrer Achse. Die zugehörige Abbildung ist, wie wir am Schluß des zweiten Teiles sahen, *Gaußisch*. Wir wollen die zugehörigen SCHLEIERMACHERschen Formeln untersuchen.

Ein Flächenelement senkrecht zur Achse im *Scheitel S* der Rotationsfläche (ihrem Schnittpunkt mit der Achse) wird auf sich selbst Punkt für Punkt ($\beta' = 1$) abgebildet. Der Scheitel ist also objekt- wie bildseitig Hauptpunkt.

Strahlen durch den Krümmungsmittelpunkt C des Flächenelements haben die Richtung der

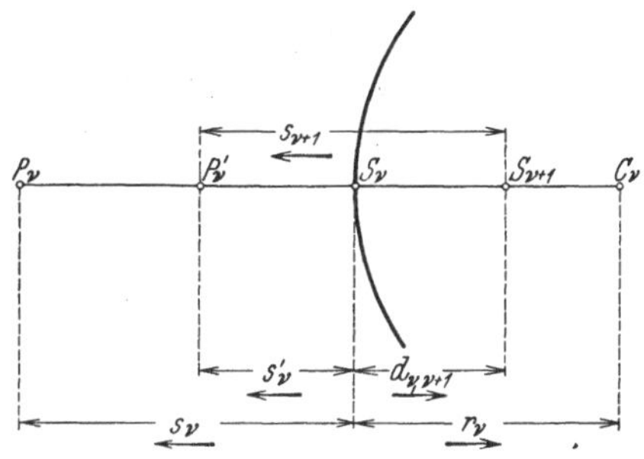

Abb. 30. Zu den Brechungs- und Übergangsformeln für eine Fläche im GAUSSischen Gebiet.

Flächennormalen, gehen also ungebrochen durch die Fläche ($\gamma' = 1$). C ist objekt- wie bildseitig Knotenpunkt. Sei der Halbmesser $SC = r$, so folgt aus § 16 (23)

$$r = \frac{n' - n}{\varphi}, \qquad \left.\begin{array}{l} \\ \\ \end{array}\right\}$$
$$\varphi = \frac{n' - n}{r}, \qquad \bar{f} = -\frac{n\,r}{n' - n}, \qquad f' = \frac{n'\,r}{n' - n}. \tag{1}$$

Für die Hauptpunktsdurchrechnung (Koordinatenanfangspunkt beidseitig im Flächenscheitel S) wird

$$\Phi = \begin{pmatrix} 1 & 0 \\ \dfrac{n' - n}{r} & 1 \end{pmatrix}. \tag{2}$$

Für die Knotenpunktsdurchrechnung (Koordinatenanfangspunkte beidseitig im Krümmungsmittelpunkt C) wird

$$\Phi = \begin{pmatrix} \dfrac{n}{n'} & 0 \\ \dfrac{n' - n}{r} & \dfrac{n'}{n} \end{pmatrix}. \tag{3}$$

Für die Brennpunktsdurchrechnung (Koordinatenanfangspunkte in den Brennpunkten $\bar{F}, F'$) wird

$$\Phi = \begin{pmatrix} 0 & -\dfrac{r}{n' - n} \\ \dfrac{n' - n}{r} & 0 \end{pmatrix}. \tag{4}$$

Sei s, s' die Entfernung eines Objekt- (Bild-) Punktes vom Flächenscheitel, c, c' vom Mittelpunkt, $\bar{z}_F, z'_F$ vom Brennpunkt, so ergibt sich

$$
\begin{aligned}
\frac{n'}{s'} - \frac{n}{s} &= \frac{n'-n}{r}, & \beta' &= \frac{n\,s'}{n'\,s}, & \gamma' &= \frac{s}{s'}, \\[2mm]
\frac{n}{c'} - \frac{n'}{c} &= \frac{n'-n}{r}, & \beta' &= \frac{c'}{c}, & \gamma' &= \frac{n\,c}{n'\,c'}, \\[2mm]
\bar{z}_F\, z'_F &= -\frac{n\,n'\,r^2}{(n'-n)^2}, & \beta' &= -\frac{\bar{f}}{\bar{z}}, & \gamma' &= \frac{\bar{z}}{f'} = \frac{\bar{f}}{z'}.
\end{aligned}
\qquad (5)
$$

Sei ein System von rotationssymmetrischen Flächen mit gemeinsamer Achse gegeben, sei $d_{\nu,\nu+1}$ der Abstand zweier Flächenscheitel, $c_{\nu,\nu+1}$ der Abstand zweier aufeinanderfolgender Mittelpunkte, $g_{\nu,\nu+1}$ der Abstand $F'_\nu\,\bar{F}_{\nu+1}$, so gilt

$$
\left.
\begin{aligned}
s_{\nu+1} &= s'_\nu - d_{\nu,\,\nu+1}, \\
c_{\nu+1} &= c'_\nu - m_{\nu,\,\nu+1}, \\
\bar{z}_{\nu+1} &= z'_\nu - g_{\nu,\,\nu+1}.
\end{aligned}
\right\}
\qquad (6)
$$

(6) sind die zu (5) gehörenden Übergangsformeln. Es bestehen die Beziehungen

$$
\left.
\begin{aligned}
m_{\nu,\,\nu+1} &= d_{\nu,\,\nu+1} + r_{\nu+1} - r_\nu, \\
g_{\nu,\,\nu+1} &= d_{\nu,\,\nu+1} + \bar{f}_{\nu+1} - f'_\nu.
\end{aligned}
\right\}
\qquad (7)
$$

Aus (5) folgt noch für Vergrößerung und Winkelvergrößerung durch mehrfache Anwendung

$$
\left.
\begin{aligned}
\beta' &= \frac{n}{n'}\,\frac{s'_1\,s'_2\cdots s'_\varkappa}{s_1\,s_2\cdots s_\varkappa} = \frac{c'_1\,c'_2\cdots c'_\varkappa}{c_1\,c_2\cdots c_\varkappa} = (-1)^\varkappa\,\frac{\bar{f}_1\,\bar{f}_2\cdots\bar{f}_\varkappa}{\bar{z}_1\,\bar{z}_2\cdots\bar{z}_\varkappa} = (-1)^\varkappa\,\frac{z'_1\,z'_2\cdots z'_\varkappa}{f'_1\,f'_2\cdots f'_\varkappa}. \\[2mm]
\gamma' &= \frac{s_1\,s_2\cdots s_\varkappa}{s'_1\,s'_2\cdots s'_\varkappa} = \frac{n}{n'}\,\frac{c_1\,c_2\cdots c_\varkappa}{c'_1\,c'_2\cdots c'_\varkappa} = \frac{\bar{z}_1\,\bar{z}_2\cdots\bar{z}_\varkappa}{f'_1\,f'_2\cdots f'_\varkappa} = \frac{\bar{f}_1\,\bar{f}_2\cdots\bar{f}_\varkappa}{z'_1\,z'_2\cdots z'_\varkappa}.
\end{aligned}
\right\}
\qquad (8)
$$

An Stelle der Durchrechnungsformeln (5), (6) wird es im allgemeinen bequem sein, gleich die Matrizenformeln § 18 (8) bis (11) zur Durchrechnung zu benutzen; mit ihrer Hilfe hat man sofort die Durchrechnung aller Punkte des Hauptstrahls. Besonders einfach werden diese Durchrechnungsformeln in folgenden Sonderfällen.

Das dünne Linsensystem.

Alle Dicken $d_{\nu,\nu+1}$ seien gleich Null. Dann fallen die Linsenscheitel zusammen[1]. Man kann alle Übergangsmatrizen bei der Hauptpunktsdurchrechnung fortlassen, kann die Brechungsmatrizen ausmultiplizieren und bekommt, wenn man den Koordinatenanfangspunkt objekt- wie bildseitig in den Scheitel legt,

$$
\left.
\begin{aligned}
x' &= x, \\
n'\,\xi' &= \sum_{1}^{\varkappa}\frac{n'_\nu - n_\nu}{r_\nu}\,x + n\,\xi.
\end{aligned}
\right\}
\qquad (9)
$$

---

[1] Ein derartiges System, das man als dünnes Linsensystem bezeichnet, kann man natürlich praktisch nicht herstellen. Doch können die entsprechenden einfachen Formeln sehr gut zu Näherungsrechnungen für nicht allzu dicke Linsen benutzt werden.

An Stelle von (5) und (6) finden wir

$$\frac{n'}{s'} - \frac{n}{s} = \sum \frac{n'_\nu - n_\nu}{r_\nu}, \qquad \beta' = \frac{n\,s'}{n'\,s}, \qquad \gamma' = \frac{s}{s'}. \tag{10}$$

Betrachten wir insbesondere eine dünne Linse vom Brechungsexponenten n, die beiderseitig an Luft grenzt, und bezeichnen die zugehörige Brechkraft mit φ_{12}, so wird

$$\varphi_{12} = (n - 1)\left(\frac{1}{r_1} - \frac{1}{r_2}\right). \tag{11}$$

Ein dünnes Linsensystem, das beiderseitig an Luft grenzt, können wir uns aus solchen dünnen Linsen zusammengesetzt denken. Dann wird

$$\varphi = \sum_1^{\varkappa-1} \varphi_{\nu,\,\nu+1}. \tag{12}$$

Das konzentrische Linsensystem.

Alle Flächen mögen denselben Mittelpunkt haben. Dann benutzen wir die Knotenpunktsdurchrechnung. Es ist für alle Flächen $m_{\nu,\,\nu+1} = 0$. Der Koordinatenanfangspunkt liege objekt- wie bildseitig im gemeinsamen Mittelpunkt; wir finden aus (5)

$$\left.\begin{aligned}
x' &= \frac{n}{n'}\,x, \\[2mm]
n'\,\xi' &= n\,n' \sum_1^{\varkappa} \frac{n'_\nu - n_\nu}{n_\nu\,n'_\nu\,r_\nu}\,x + \frac{n'}{n}\,n\,\xi, \\[2mm]
\frac{1}{n'\,c'} - \frac{1}{n\,c} &= \sum \frac{n'_\nu - n_\nu}{n_\nu\,n'_\nu\,r_\nu}.
\end{aligned}\right\} \tag{13}$$

Die dicke Linse.

Für eine dicke Linse, die beiderseits an Luft grenzt, erhalten wir bei der Hauptpunktsdurchrechnung

$$\left.\begin{aligned}
x' &= \left(1 - \frac{n-1}{n\,r_1}\,d\right)x - \frac{d}{n}\,\xi, \\[2mm]
\xi' &= (n-1)\left[\frac{1}{r_1} - \frac{1}{r_2} + \frac{n-1}{n\,r_1\,r_2}\,d\right]x + \left(1 + \frac{n-1}{n\,r_2}\,d\right)\xi,
\end{aligned}\right\} \tag{14}$$

also

$$\left.\begin{aligned}
\frac{1}{s'} &= \frac{(n-1)\left[\dfrac{1}{r_1} - \dfrac{1}{r_2} + \dfrac{n-1}{n\,r_1\,r_2}\,d\right] + \left(1 + \dfrac{n-1}{n\,r_2}\,d\right)\dfrac{1}{s}}{\left(1 - \dfrac{n-1}{n\,r_1}\,d\right) - \dfrac{d}{n}\dfrac{1}{s}}, \\[5mm]
\beta' &= \frac{\dfrac{1}{s}}{-(n-1)\left[\dfrac{1}{r_1} - \dfrac{1}{r_2} + \dfrac{n-1}{n\,r_1\,r_2}\,d\right] + \dfrac{1}{s}\left(1 + \dfrac{n-1}{n\,r_2}\,d\right)}, \\[5mm]
\varphi &= (n-1)\left[\frac{1}{r_1} - \frac{1}{r_2} + \frac{(n-1)\,d}{n\,r_1\,r_2}\right].
\end{aligned}\right\} \tag{15}$$

Für eine ebene Fläche sind die Flächennormalen parallel zum Anfangsstrahl; die ebene Einzelfläche liefert ein brennpunktloses System mit der Vergrößerung $\beta' = 1$. Man kann die allgemeine Hauptpunktsdurchrechnung benützen, wenn man für die ebene Fläche in den betreffenden Formeln $\dfrac{1}{r}$ durch Null ersetzt.

§ 20. Die Farbenfehler in rotationssymmetrischen Linsensystemen.

Betrachten wir zunächst eine dünne Linse in Luft. Der Linsenscheitel ist selbstverständlich von beiden Farbenfehlern frei. Die dünne Linse ist daher entweder stabil achromatisch, oder sie ist für keinen Punkt chromatisch zu korrigieren. Man findet für die Farbenlängsabweichung $\nabla s'$ bzw. für die Farbvergrößerungsdifferenz $\nabla \beta'$:

$$\left.\begin{aligned} \nabla s' &= \breve{s}'\,\breve{\breve{s}}'\,\nabla \frac{1}{s'} = \breve{s}'\,\breve{\breve{s}}'\left(\frac{1}{r_1} - \frac{1}{r_2}\right)\nabla n = \breve{s}'\,\breve{\breve{s}}'\,\nabla\,\varphi_{12}\,, \\[2ex] \nabla \beta' &= \frac{\breve{s}'\,\breve{\breve{s}}'}{s}\,\nabla \frac{1}{s'} = \frac{\breve{s}'\,\breve{\breve{s}}'}{s}\left(\frac{1}{r_1} - \frac{1}{r_2}\right)\nabla n = \frac{\breve{s}'\,\breve{\breve{s}}'}{s}\,\nabla\,\varphi_{12}\,. \end{aligned}\right\} \tag{1}$$

Sei $\bar{n}$ der Brechungsindex für eine Wellenlänge zwischen den beiden von uns benützten Farben, und führt man nach ABBE die Materialkonstante ν, den „ν-Wert" der Substanz,

$$\nu = \frac{\bar{n} - 1}{\nabla n} \tag{2}$$

ein, so kann man (1) schreiben

$$\left.\begin{aligned} \nabla s' &= \breve{s}'\,\breve{\breve{s}}'\,\nabla\,\varphi_{12} = \breve{s}'\,\breve{\breve{s}}'\,\frac{\bar{\varphi}_{12}}{\nu_{12}}\,, \\[2ex] \nabla \beta' &= \frac{\breve{s}'\,\breve{\breve{s}}'}{s}\,\nabla\,\varphi_{12} = \frac{\breve{s}'\,\breve{\breve{s}}'}{s}\,\frac{\bar{\varphi}_{12}}{\nu_{12}}\,. \end{aligned}\right\} \tag{3}$$

Insbesondere gilt also

$$\nabla\,\varphi_{12} = \frac{\bar{\varphi}_{12}}{\nu_{12}}\,, \tag{4}$$

worin $\bar{\varphi}_{12}$ die Brechkraft für die mittlere Wellenlänge darstellt. In Tabelle 2, S. 3 sind in der letzten Spalte die ν-Werte für einige Substanzen $\left(\text{und zwar für } \nu = \dfrac{n_D - 1}{n_F - n_C}\right)$ dargestellt. ν ist im allgemeinen eine positive Zahl zwischen 25 und 70.

Es sei jetzt ein System dünner Linsen gegeben. Man findet

$$\left.\begin{aligned} \nabla s &= \breve{s}'\,\breve{\breve{s}}'\,\nabla\varphi = \breve{s}'\,\breve{\breve{s}}'\,\sum_1^{\varkappa-1} \frac{\bar{\varphi}_{\lambda.\,\lambda+1}}{\nu_{\lambda,\,\lambda+1}}\,, \\[2ex] \nabla \beta' &= \frac{\breve{s}'\,\breve{\breve{s}}'}{s}\,\nabla\varphi = \frac{\breve{s}'\,\breve{\breve{s}}'}{s}\,\sum_1^{\varkappa-1} \frac{\bar{\varphi}_{\lambda.\,\lambda+1}}{\nu_{\lambda,\,\lambda+1}}\,. \end{aligned}\right\} \tag{5}$$

Setzt man formal

$$\nabla \varphi = \frac{\bar{\varphi}}{\tilde{\nu}}\,, \tag{6}$$

so kann man auch einem Linsensystem einen v-Wert zuordnen. Das Linsensystem wirkt im Gebiet der GAUSSischen Optik genau so, als ob man eine dünne Linse von der Brechkraft $\overline{\varphi}$ und aus einem Material mit dem v-Wert $\tilde{v}$ benützte. Im Gegensatz zur „Natur" kann man durch diesen Kunstgriff „Linsen" mit beliebigem positiven oder negativen v-Wert erzeugen. Ein stabil achromatisches dünnes Linsensystem hat den v-Wert ∞. Insbesondere kann man bei vorgegebenen v-Werten aus zwei Linsen ein stabil achromatisches System beliebiger Brennweite erzeugen. Die Brennweiten der Teilsysteme ergeben sich durch Auflösen der Gleichungen

$$\left. \begin{aligned} \frac{\overline{\varphi}_{12}}{v_{12}} + \frac{\overline{\varphi}_{23}}{v_{23}} &= 0 \,, \\ \overline{\varphi}_{12} + \overline{\varphi}_{23} &= \overline{\varphi} \,. \end{aligned} \right\} \tag{7}$$

Bei Linsensystemen mit endlichen Abständen hat L. SEIDEL (*1*) elegante Summen-Formeln für die beiden Farbenfehler gegeben (siehe z. B. S. CZAPSKI, S. 292).

Wir verzichten hier auf die Ableitung dieser Formeln, da die im vorigen Abschnitt angegebene Durchrechnung, für zwei Farben ausgeführt, Aufschluß nicht nur über die Abbildung eines Punktes gibt, sondern gleichzeitig alle Punkte durchzurechnen gestattet.

Wir wollen zum Schluß für ein stabil achromatisches dünnes Linsensystem das *sekundäre Spektrum* (s. S. 68) untersuchen.

Seien $\breve{n}$, $\breve{\breve{n}}$ die Brechungsindices einer Linse für die Farben, für die das System achromatisiert wurde, sei $\tilde{n}$ der Brechungsindex für eine dritte Farbe, dann setzen wir

$$\frac{\tilde{n} - \breve{n}}{\tilde{n} - \breve{\breve{n}}} = \vartheta \tag{8}$$

und sprechen vom ϑ-Wert für die dritte Farbe. Für das sekundäre Spektrum ergibt sich dann

$$W(s') = \tilde{s}' \breve{s}' \sum{}' \frac{\varphi_{\lambda,\,\lambda+1}\,\vartheta_{\lambda,\,\lambda+1}}{v_{\lambda,\,\lambda+1}} \tag{9}$$

mit der Nebenbedingung

$$\sum{}' \frac{\varphi_{\lambda,\,\lambda+1}}{v_{\lambda,\,\lambda+1}} = 0 \,.$$

Für die weitere Diskussion dieser Formel sei auch auf A. KÖNIG (*2*) in S. CZAPSKI verwiesen.

Für viele Glasarten ist ϑ nach A. KÖNIG (*2*) linear von v abhängig.

$$\vartheta = A\,v + B \,, \tag{10}$$

worin A und B vom Mittel unabhängige Konstanten zu sein scheinen. Für diese Substanzen gibt (9)

$$W(s') = \tilde{s}' \breve{s}' A\,\varphi \,, \tag{11}$$

d. h. für nicht brennpunktlose Systeme ist die Aufhebung des sekundären Spektrums nur möglich, wenn man nicht die durch (10) gegebenen Glassorten benutzt.

§ 21. Durchrechnung eines Strahls durch ein System ebener Spiegel.

Um zum Schluß noch ein Beispiel für eine nicht rotationssymmetrische Gaussische Abbildung zu erhalten, betrachten wir einen ebenen Spiegel und einen Anfangsstrahl, der unter dem Winkel i einfalle; der austretende Anfangsstrahl bildet mit der Flächennormalen den Winkel i' und liegt mit ihm in der gleichen Ebene.

Wir wählen unser Koordinatensystem objekt- wie bildseitig so, daß die Koordinatenanfangspunkte beidseitig im Durchstoßungspunkt des Strahls mit dem Spiegel liegen. Die $\bar{z}$-Achse habe die Richtung des Anfangsstrahls, während die $\bar{x}$-Achse auf der Einfallsebene senkrecht stehe. Ein Nachbarstrahl ist durch $\bar{x}, \bar{y}, \xi, \eta$ bzw. x', y', ξ', η' gegeben. Wir suchen die Beziehungen zwischen diesen Größen.

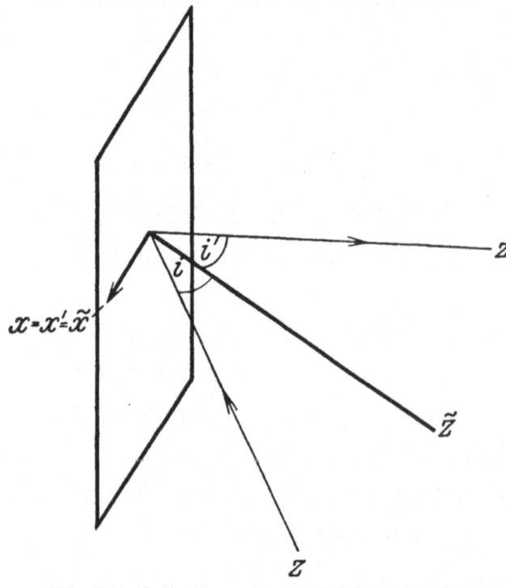

Abb. 31. Spiegelung eines beliebigen Strahls an einer Ebene.

Wir führen ein Hilfskoordinatensystem ein, dessen $\tilde{z}$-Achse die Richtung der Spiegelnormale habe, während die $\tilde{x}$-Achse auch auf der Einfallsebene senkrecht stehe. Der Anfangsstrahl hat objekt- (bild-) seitig die Koordinaten

$$\mathfrak{a}: 0, \quad 0, \sim; \qquad \mathfrak{a}': 0, \quad 0, \sim,$$
$$\mathfrak{s}: 0, \sin i, \sim; \qquad \mathfrak{s}': 0, \sin i', \sim.$$

Ein Nachbarstrahl habe die Koordinaten

$$\mathfrak{a}: \tilde{x}, \tilde{y} = \frac{\bar{y}}{\cos i}, \sim; \qquad \mathfrak{a}': \tilde{x}', \tilde{y}' = \frac{y'}{\cos i'}, \sim; \left.\begin{array}{l}\\\\\end{array}\right\}$$
$$\mathfrak{s}: \tilde{\xi}, \sin i + \tilde{\eta}, \sim; \qquad \mathfrak{s}': \tilde{\xi}', \sin i' + \tilde{\eta}', \sim. \tag{1}$$

Aus dem Reflexionsgesetz folgt jetzt

$$\begin{aligned} \tilde{\xi} + \tilde{\xi}' &= 0, & \tilde{x}' &= \tilde{x}, \\ \tilde{\eta} + \tilde{\eta}' &= 0, & \tilde{y}' &= \tilde{y}, \end{aligned} \left.\begin{array}{l}\\\\\end{array}\right\} \tag{2}$$

also schließlich

$$\begin{aligned} x' &= x, & y' &= y, \\ \xi' &= -\xi, & \eta' &= -\eta, \end{aligned} \left.\begin{array}{l}\\\\\end{array}\right\} \tag{3}$$

oder in Worten:

Die Abbildung der Nachbarschaft der Umgebung eines Strahls durch einen ebenen Spiegel ist eine brennpunktlose GAUSSische Abbildung mit der Vergrößerung $\beta' = 1$.

Betrachten wir jetzt ein System ebener Spiegel, deren Schnittlinien parallel sind, und einen Strahl, der in einer Ebene senkrecht zu den Schnittkanten verläuft; in diesem Fall stimmen die Einfallsebenen zweier aufeinanderfolgender Reflexionen überein. Sei $e_{\nu,\nu+1}$ die Entfernung des νten und $(\nu+1)$ten Durchstoßungspunktes mit dem Spiegelsystem, dann wird die Abbildung durch

$$\begin{aligned}
\begin{pmatrix} x' \\ \xi' \end{pmatrix} &= \Delta_{12}\,\Delta_{23} \quad \Delta_{\varkappa-1,\,\varkappa} \begin{pmatrix} \bar{x} \\ (-1)^{\varkappa}\,\xi \end{pmatrix} \\
&= \begin{pmatrix} 1 & \sum(-1)^{\nu}\,d_{\nu,\nu+1} \\ 0 & 1 \end{pmatrix} \begin{pmatrix} \bar{x} \\ (-1)^{\varkappa}\,\xi \end{pmatrix}; \\
x' &= \bar{x} + \sum(-1)^{\varkappa+\nu+1}\,d_{\nu,\nu+1}\,\xi; \quad y' = \bar{y} + \sum(-1)^{\varkappa+\nu+1}\,d_{\nu,\nu+1}\,\eta; \\
\xi' &= \qquad\qquad (-1)^{\varkappa}\,\xi; \qquad \eta' = \qquad\qquad (-1)^{\varkappa}\,\eta.
\end{aligned} \qquad (4)$$

Hat das Spiegelsystem nicht mehr für den Anfangsstrahl eine allen Flächen gemeinsame Meridianebene, dann kann man nach dem Satz von der Zusammensetzung GAUSSischer Abbildungen selbstverständlich immer noch die Gleichungen (4) als Abbildungsgleichungen betrachten; nur fällt in diesem Fall die Ebene $x' = 0$ nicht mehr mit der Einfallsebene der letzten Reflexion zusammen. Mögen die Einfallsebenen der νten und $(\nu+1)$ten Reflexion den Winkel $\vartheta_{\nu,\nu+1}$ miteinander bilden, dann bildet die Ebene $x' = 0$, die zu den Abbildungsgleichungen (1) gehört, mit der letzten Einfallsebene den Winkel $-\sum \vartheta_{\nu,\nu+1}$.

Zu beachten ist, daß bei dieser Zusammensetzung von Abbildungen die z-Achse immer die Richtung des Lichtstrahls hat.

Die orthogonalen Systeme.

§ 22. Die allgemeinen Gesetze.

Gegeben sei ein Anfangsstrahl, und auf ihm objekt- wie bildseitig je ein Anfangspunkt, die aber nicht konjugiert seien. Unter diesen Voraussetzungen können wir die BRUNSschen Punktkoordinaten benützen. Nehmen wir an, die Abbildung sei orthogonal, dann kann man wegen § 15 (25) die $\bar{x}, \bar{y}$- bzw. x', y'-Achse so legen, daß gilt

$$\begin{aligned}
n\,\xi &= -a_{11}\bar{x} - a_{13}x', & n\,\eta &= -a_{22}\bar{y} - a_{24}y', \\
n'\xi' &= a_{13}\bar{x} + a_{33}x', & n'\eta' &= a_{24}\bar{y} + a_{44}y'.
\end{aligned} \qquad (1)$$

Da zu einem Objektstrahl ein und nur ein Bildstrahl gehören soll, muß in diesen Gleichungen $a_{13} \neq 0$, $a_{24} \neq 0$ sein. Ist nur diese Voraussetzung erfüllt, so kann man die sechs Größen erster Ordnung, die in (1) vorkommen, beliebig wählen.

Gleichung (1) lehrt, daß es bei der orthogonalen Abbildung zwei ausgezeichnete Paare von Ebenen durch den Hauptstrahl, die sogenannten konjugierten *Hauptschnitte* der Abbildung gibt. Der Bildstrahl eines Strahls in der $\bar{x}, \bar{z}$-Ebene ($\bar{y} = \eta = 0$) liegt in der x', z'-Ebene ($y' = \eta' = 0$), der Bildstrahl eines Strahls in der $\bar{y}, \bar{z}$-Ebene ($\bar{x} = \xi = 0$), liegt in der y', z'-Ebene ($x' = \xi' = 0$). Alle Strahlen in den Hauptschnitten sind Stigmatstrahlen.

Aus (1) folgt der Satz von LIPPICH:

Projizieren wir bei einer orthogonalen Abbildung einen Strahl auf die Hauptschnitte, so sind die Bilder der Projektionen die Projektionen des Bildstrahls auf die konjugierten Hauptschnitte.

Wir sehen: In einem Orthogonalsystem ist jeder Punkt des Anfangsstrahls Orthogonalpunkt; denn die durch ihn gehenden Strahlen, die in den aufeinander senkrechten Hauptschnitten verlaufen, sind jedenfalls Stigmatstrahlen.

Mit Hilfe der Transformationsformeln

$$\left.\begin{aligned}
{}_{\prime}\varkappa = -\frac{a_{11}}{a_{13}}, \qquad {}_{\prime}\lambda = -\frac{1}{a_{13}}, \qquad {}_{\prime}\mu = \frac{a_{13}^2 - a_{11}a_{33}}{a_{13}}, \qquad {}_{\prime}\nu = -\frac{a_{33}}{a_{13}}, \\
{}_{\prime\prime}\varkappa = -\frac{a_{22}}{a_{24}}, \qquad {}_{\prime\prime}\lambda = -\frac{1}{a_{24}}, \qquad {}_{\prime\prime}\mu = \frac{a_{24}^2 - a_{22}a_{44}}{a_{24}}, \qquad {}_{\prime\prime}\nu = -\frac{a_{44}}{a_{24}}
\end{aligned}\right\} \quad (2)$$

kann man aus (2) die SCHLEIERMACHERschen Gleichungen

$$\left.\begin{aligned}
x' = {}_{\prime}\varkappa\,\bar{x} + {}_{\prime}\lambda\,n\xi, \qquad y' = {}_{\prime\prime}\varkappa\,\bar{y} + {}_{\prime\prime}\lambda\,n\eta, \\
n'\xi' = {}_{\prime}\mu\,\bar{x} + {}_{\prime}\nu\,n\xi, \qquad n'\eta' = {}_{\prime\prime}\mu\,\bar{y} + {}_{\prime\prime}\nu\,n\eta
\end{aligned}\right\} \quad (3)$$

erhalten, mit

$${}_{\prime}\varkappa\,{}_{\prime}\nu - {}_{\prime}\lambda\,{}_{\prime}\mu = {}_{\prime\prime}\varkappa\,{}_{\prime\prime}\nu - {}_{\prime\prime}\lambda\,{}_{\prime\prime}\mu = 1. \qquad (4)$$

Bei einer Parallelverschiebung des objektseitigen Koordinatensystems um $\bar{z}$, des bildseitigen um z' ändern sich die Koeffizienten gemäß § 16 (8b), also

$$\left.\begin{aligned}
{}_{\prime}\tilde{\varkappa} &= {}_{\prime}\varkappa - {}_{\prime}\mu\frac{\bar{z}}{n}, & {}_{\prime\prime}\tilde{\varkappa} &= {}_{\prime\prime}\varkappa - {}_{\prime\prime}\mu\frac{\bar{z}}{n}, \\
{}_{\prime}\tilde{\lambda} &= {}_{\prime}\lambda - {}_{\prime}\nu\frac{z'}{n'} + {}_{\prime}\varkappa\frac{\bar{z}}{n} - {}_{\prime}\mu\frac{\bar{z}}{n}\frac{z'}{n'}, & {}_{\prime\prime}\tilde{\lambda} &= {}_{\prime\prime}\lambda - {}_{\prime\prime}\nu\frac{z'}{n'} + {}_{\prime\prime}\varkappa\frac{\bar{z}}{n} - {}_{\prime\prime}\mu\frac{\bar{z}}{n}\frac{z'}{n'}, \\
{}_{\prime}\tilde{\mu} &= {}_{\prime}\mu, & {}_{\prime\prime}\tilde{\mu} &= {}_{\prime\prime}\mu, \\
{}_{\prime}\tilde{\nu} &= {}_{\prime}\nu + {}_{\prime}\mu\frac{\bar{z}}{n}, & {}_{\prime\prime}\tilde{\nu} &= {}_{\prime\prime}\nu + {}_{\prime\prime}\mu\frac{\bar{z}}{n}.
\end{aligned}\right\} \quad (5)$$

Die Transformationsformeln zeigen, daß die Gleichungen (3) auch noch brauchbar bleiben, wenn wir die Koordinatenanfangspunkte in konjugierte Punkte bringen, wenn also entweder ${}_{\prime}\lambda$ oder ${}_{\prime\prime}\lambda$ verschwinden. Sind beide $\neq 0$, so kann man mittels

$$a_{11} = \frac{\widetilde{{}_{,}\varkappa}}{{}_{,}\lambda}, \qquad a_{13} = -\frac{1}{{}_{,}\widetilde{\lambda}}, \qquad a_{33} = \frac{\widetilde{{}_{,}\nu}}{{}_{,}\widetilde{\lambda}},$$
$$a_{22} = \frac{\widetilde{{}_{,,}\varkappa}}{{}_{,,}\widetilde{\lambda}}, \qquad a_{24} = -\frac{1}{{}_{,,}\widetilde{\lambda}}, \qquad a_{44} = \frac{\widetilde{{}_{,,}\nu}}{{}_{,,}\widetilde{\lambda}} \qquad (6)$$

wieder zu den BRUNSschen Punktkoordinaten zurückkehren.

Einem Objektpunkt z sind die beiden Bildpunkte konjugiert, die sich aus

$$_{,}\widetilde{\lambda} = 0, \qquad _{,,}\widetilde{\lambda} = 0$$

oder

$$\frac{{}_{,}z'}{n'} = \frac{{}_{,}\lambda + {}_{,}\varkappa \dfrac{\bar{z}}{n}}{{}_{,}\nu + {}_{,}\mu \dfrac{\bar{z}}{n}},$$
$$\frac{{}_{,,}z'}{n'} = \frac{{}_{,,}\lambda + {}_{,,}\varkappa \dfrac{\bar{z}}{n}}{{}_{,,}\nu + {}_{,,}\mu \dfrac{\bar{z}}{n}} \qquad (7)$$

ergeben. Die von einem Objektpunkt ausgehenden Strahlen bilden im allgemeinen bildseitig ein halbstigmatisches Bündel. Die Hauptschnitte des Bündels stimmen objekt- und bildseitig mit den Hauptschnitten der orthogonalen Abbildung überein. Die Winkelvergrößerungen des ersten und zweiten Stigmatstrahlenbüschels ergeben sich zu

$$_{,}\gamma' = \left({}_{,}\nu + {}_{,}\mu \frac{\bar{z}}{n}\right) \frac{n}{n'},$$
$$_{,,}\gamma' = \left({}_{,,}\nu + {}_{,,}\mu \frac{\bar{z}}{n}\right) \frac{n}{n'}. \qquad (8)$$

Wir legen den Koordinatenanfangspunkt objekt- und bildseitig in ein Paar konjugierter Punkte. Die zugehörigen Stigmatstrahlen mögen im ersten Hauptschnitt liegen, d. h. es sei

$$x' = \frac{n}{n'\,_{,}\gamma'}\, x, \qquad\qquad y' = {}_{,,}\widetilde{\varkappa}\, y + {}_{,,}\widetilde{\lambda}\, n\, \eta,$$
$$n'\xi' = {}_{,}\widetilde{\mu}\, x + \frac{n'\,_{,}\gamma'}{n}\, n\, \xi, \qquad n'\eta' = {}_{,,}\widetilde{\mu}\, y + {}_{,,}\widetilde{\nu}\, n\, \eta. \qquad (9)$$

Wir sehen: die Linien

$$x = C,$$
$$x' = \frac{n}{n'\,_{,}\gamma'}\, C \qquad (10)$$

sind im Sinne GULLSTRANDS abbildbare Linien. Die Projektionsvergrößerung ist gegeben durch

$$_{,}\beta' = \frac{1}{{}_{,}\nu + {}_{,}\mu \dfrac{\bar{z}}{n}} \qquad (11)$$

analog

$$_{,,}\beta' = \frac{1}{{}_{,,}\nu + {}_{,,}\mu \dfrac{\bar{z}}{n}}.$$

Nur wenn der Objektpunkt der Gleichung entspricht

$$\frac{,\lambda + ,\varkappa\,\dfrac{\bar z}{n}}{,\nu + ,\mu\,\dfrac{\bar z}{n}} = \frac{,,\lambda + ,,\varkappa\,\dfrac{\bar z}{n}}{,,\nu + ,,\mu\,\dfrac{\bar z}{n}}, \tag{12}$$

$$(,\lambda\,,,\nu - ,,\lambda\,,\nu) + \frac{\bar z}{n}(,\lambda\,,,\mu - ,,\lambda\,,\mu + ,\varkappa\,,,\nu - ,,\varkappa\,,\nu)$$
$$+ \left(\frac{\bar z}{n}\right)^2 (,\varkappa\,,,\mu - ,,\varkappa\,,\mu) = 0.$$

fallen die halbstigmatischen Bildpunkte zusammen. Durch (12) sind also die *Stigmatpunkte* gegeben.

Ein orthogonales System hat zwei Stigmatpunkte, die nicht notwendig reell sind.

Seien die Stigmatpunkte reell und legen wir unsern Koordinatenanfang objekt- wie bildseitig in einen Stigmatpunkt, so finden wir

$$\left.\begin{aligned}
x' &= ,\tilde\varkappa\,x, & y' &= ,,\tilde\varkappa\,y, \\
n'\xi' &= ,\tilde\mu\,x + \frac{1}{,\tilde\varkappa}\,n\,\xi, & n'\eta' &= ,,\tilde\mu\,y + \frac{1}{,,\tilde\varkappa}\,n\,\eta.
\end{aligned}\right\} \tag{13}$$

Die Abbildung ist unverzerrt, nur wenn $,\varkappa = ,,\varkappa$ ist; dann folgt aber aus (12), daß das System entweder *Gaußisch* ist ($,\mu = ,,\mu$) oder wir haben nur diesen einen Stigmatpunkt (ABBE).

Ist die Abbildung verzerrt, so ist der zweite Stigmatpunkt durch

$$\frac{\bar z}{n} = \frac{,\tilde\varkappa^2 - ,,\tilde\varkappa^2}{,\tilde\varkappa\,,,\tilde\varkappa\,(,\tilde\varkappa\,,,\tilde\mu - ,,\tilde\varkappa\,,\tilde\mu)} \tag{14}$$

gegeben. Die Vergrößerungen, mit denen die beiden Stigmatpunkte abgebildet werden, ergeben sich zu

$$,\beta' = ,\tilde\varkappa, \qquad ,,\beta' = ,,\tilde\varkappa$$

bzw.

$$,\beta' = \frac{,,\tilde\varkappa\,(,\tilde\varkappa\,,,\tilde\mu - ,,\tilde\varkappa\,,\tilde\mu)}{,\tilde\varkappa\,,\tilde\mu - ,,\tilde\varkappa\,,,\tilde\mu}, \qquad ,,\beta' = \frac{,\tilde\varkappa\,(,\tilde\varkappa\,,,\tilde\mu - ,,\tilde\varkappa\,,\tilde\mu)}{,\tilde\varkappa\,,\tilde\mu - ,,\tilde\varkappa\,,,\tilde\mu}. \tag{15}$$

Gleichung (15) lehrt uns: Bei einem Orthogonalsystem mit zwei reellen Stigmatpunkten ist die Verzerrung $\dfrac{,\beta'}{,,\beta'}$ in den beiden Stigmatpunkten reziprok zueinander [ABBE (4)].

$,\mu$ oder $,,\mu = 0$ kennzeichnet in (1) die halbbrennpunktlosen Orthogonalsysteme, $,\mu = ,,\mu = 0$ die brennpunktlosen Orthogonalsysteme. Im letzteren Fall ist der unendlich ferne Punkt Stigmatpunkt.

Die Realisierung der orthogonalen Abbildung.

§ 23. Die Zusammensetzung orthogonaler Abbildungen.

Zwei orthogonale Abbildungen, die man zusammensetzt, können im allgemeinen nur dann wieder eine orthogonale Abbildung geben, wenn ihre Hauptschnitte im Zwischenmittel zusammenfallen. Es seien die

Koordinatenanfangspunkte der ersten Abbildung $\overline{P}_1$ im Objektraum, P_1' im Zwischenraum, die der zweiten Abbildung $\overline{P}_2$ bzw. P_2'. Ist **die** Länge der Strecke $P_1'\overline{P}_2 = \tilde{e}_{12}$, so ergeben sich die Durchrechnungs-

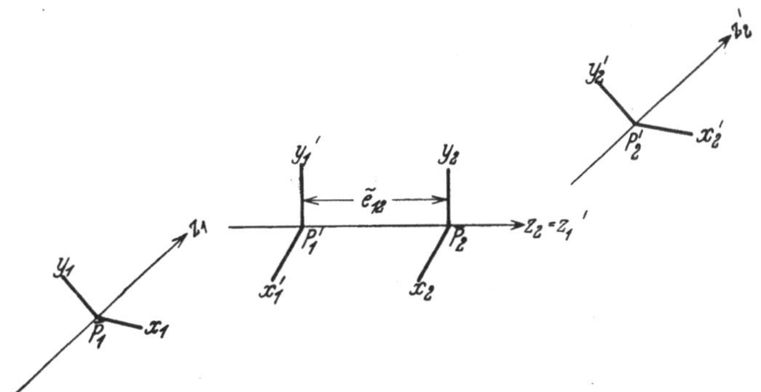

Abb. 32. Zusammensetzung orthogonaler Abbildungen.

formeln für die Abbildung des zusammengesetzten Systems mit Koordinatenanfangspunkten in $\overline{P}_1$ und P_2' zu

$$\binom{x'}{n'\,\xi'} = {}_{,}\Phi_2\,\varDelta_{12}\,{}_{,}\Phi_1\binom{\overline{x}}{n\,\xi} \qquad {}_{,}\Phi_\nu = \begin{pmatrix} {}_{,}\varkappa_\nu & {}_{,}\lambda_\nu \\ {}_{,}\mu_\nu & {}_{,}\nu_\nu \end{pmatrix},$$

$$\text{mit}$$

$$\binom{y'}{n'\,\eta'} = {}_{,,}\Phi_2\,\varDelta_{12}\,{}_{,,}\Phi_1\binom{\overline{y}}{n\,\eta} \qquad {}_{,,}\Phi_\nu = \begin{pmatrix} {}_{,,}\varkappa_\nu & {}_{,,}\lambda_\nu \\ {}_{,,}\mu_\nu & {}_{,,}\nu_\nu \end{pmatrix}, \qquad (1)$$

$$\varDelta_{12} = \begin{pmatrix} 1 & \dfrac{-\tilde{e}_{12}}{n_{12}} \\ 0 & 1 \end{pmatrix}.$$

Analog finden wir für eine Abbildung, die aus endlich vielen orthogonalen Systemen zusammengesetzt ist, deren Hauptschnitte in den Zwischenmitteln übereinstimmen,

$$\binom{x'}{n'\,\xi'} = {}_{,}\Phi_\varkappa\,\varDelta_{\varkappa,\varkappa-1}\,{}_{,}\Phi_{\varkappa-1}\cdots{}_{,}\Phi_1\binom{\overline{x}}{n\,\xi},$$

$$\binom{y'}{n'\,\eta'} = {}_{,,}\Phi_\varkappa\,\varDelta_{\varkappa,\varkappa-1}\,{}_{,,}\Phi_{\varkappa-1}\cdots{}_{,,}\Phi_1\binom{\overline{y}}{n\,\eta}. \qquad (2)$$

§ 24. Der Anfangsstrahl schneidet alle brechenden Flächen senkrecht.

Wir betrachten zunächst eine Einzelfläche, die von dem Anfangsstrahl senkrecht getroffen wird. Die Hauptschnitte der brechenden Fläche sind jedenfalls in erster Annäherung als Symmetrieebenen aufzufassen; die Abbildung ist also orthogonal. Ein Flächenelement durch den Flächenscheitel S senkrecht zum Anfangsstrahl wird mit der Vergrößerung 1 unverzerrt auf sich selbst abgebildet; S ist also Stigmatpunkt mit der Vergrößerung $_{,}\beta' = _{,,}\beta' = 1$. Die Strahlen im ersten zweiten) Hauptschnitt durch den ersten (zweiten) Krümmungsmittel-

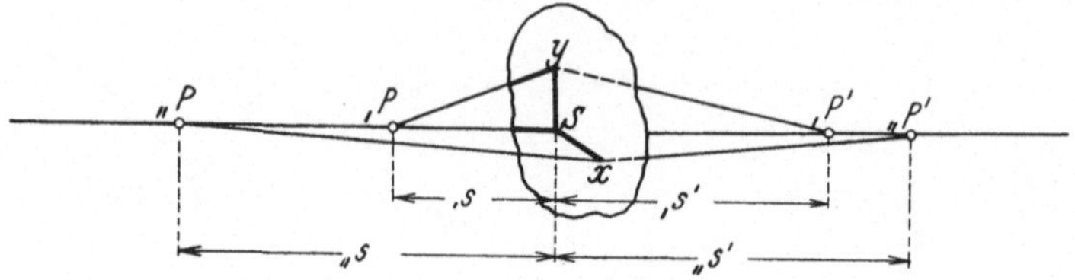

Abb. 33. Brechung eines dünnen Strahlenbündels mit senkrecht einfallendem Anfangsstrahl an einer Fläche mit doppelter Krümmung.

punkt gehen ungebrochen durch die Fläche durch; wir finden daraus als Abbildungsgleichung

$$x' = x, \qquad\qquad y' = y,$$
$$n'\xi' = \frac{n'-n}{_,r}\,x + n\xi, \qquad n'\eta' = \frac{n'-n}{_{,,}r}\,y + n\eta. \left.\right\} \tag{1}$$

Sei eine Linsenfolge mit gemeinsamen Hauptschnitten gegeben; wir betrachten die Umgebung der Linsenachse. Sei die Entfernung zwischen den Linsenscheiteln $d_{\nu,\,\nu+1}$, so ergibt sich die Abbildung, wenn der erste und letzte Linsenscheitel Koordinatenanfangspunkte sind:

$$\begin{pmatrix} x' \\ n'\xi' \end{pmatrix} = \begin{pmatrix} _,\varkappa\,,\lambda \\ _,\mu\,,\nu \end{pmatrix}\begin{pmatrix} \bar{x} \\ n\xi \end{pmatrix} = {}_,\Phi_\varkappa\,\Delta_{\varkappa,\,\varkappa-1}\cdots{}_,\Phi_1\begin{pmatrix} \bar{x} \\ n\xi \end{pmatrix},$$
$$\begin{pmatrix} y' \\ n'\eta' \end{pmatrix} = \begin{pmatrix} _{,,}\varkappa\,_{,,}\lambda \\ _{,,}\mu\,_{,,}\nu \end{pmatrix}\begin{pmatrix} \bar{y} \\ n\eta \end{pmatrix} = {}_{,,}\Phi_\varkappa\,\Delta_{\varkappa,\,\varkappa-1}\cdots{}_{,,}\Phi_1\begin{pmatrix} \bar{y} \\ n\eta \end{pmatrix} \tag{2}$$

mit

$${}_,\Phi_\nu = \begin{pmatrix} 1 & 0 \\ \dfrac{n_\nu'-n_\nu}{_,r_\nu} & 1 \end{pmatrix},\quad {}_{,,}\Phi_\nu = \begin{pmatrix} 1 & 0 \\ \dfrac{n_\nu'-n_\nu}{_{,,}r_\nu} & 1 \end{pmatrix},\quad \Delta_{\nu,\,\nu+1} = \begin{pmatrix} 1 & -\dfrac{d_{\nu,\,\nu+1}}{n_{\nu,\,\nu+1}} \\ 0 & 1 \end{pmatrix}. \tag{3}$$

Sind insbesondere alle Linsendicken Null, haben wir also ein dünnes Linsensystem vor uns, so kann man (2) ausführen. Man erhält

$$\begin{pmatrix} x' \\ n'\xi' \end{pmatrix} = \begin{pmatrix} 1 & 0 \\ \sum\dfrac{n_\nu'-n_\nu}{_,r_\nu} & 1 \end{pmatrix}\begin{pmatrix} x \\ n\xi \end{pmatrix},\quad \begin{pmatrix} y' \\ n'\eta' \end{pmatrix} = \begin{pmatrix} 1 & 0 \\ \sum\dfrac{n_\nu'-n_\nu}{_{,,}r_\nu} & 1 \end{pmatrix}\begin{pmatrix} y \\ n\eta \end{pmatrix}. \tag{4}$$

Ein orthogonales Linsensystem kann natürlich auch eine GAUSSische Abbildung geben. Dazu ist im allgemeinen notwendig:

$$_,\varkappa = _{,,}\varkappa, \qquad _,\lambda = _{,,}\lambda, \qquad _,\mu = _{,,}\mu, \qquad _,\nu = _{,,}\nu. \tag{5}$$

Gleichung (5) stellt wegen § 22 (4) nur drei unabhängige Bedingungen dar. In dünnen Linsensystemen genügt die Erfüllung der einen Bedingung

$$\sum (n_\nu'-n_\nu)\left(\frac{1}{_,r_\nu} - \frac{1}{_{,,}r_\nu}\right) = 0. \tag{6}$$

Zu bemerken ist noch, daß die hier abgeleiteten Gleichungen noch eine Ordnung weiter gelten, wenn alle brechenden Flächen zwei Symmetrieebenen haben. Dann und nur dann sind bei der Abbildung die Flächenelemente senkrecht zum Ausgangsstrahl vor den anderen ausgezeichnet.

Das dünne Linsensystem mit gemeinsamem Hauptschnitt hat selbstverständlich, wenn es nicht *Gaußisch* ist, nur den Scheitel als unverzerrt abgebildeten Stigmatpunkt; ein dickes Linsensystem mit gemeinsamem Hauptschnitt wird im allgemeinen zwei Stigmatpunkte haben, in denen zur Achse senkrechte Flächenelemente verzerrt abgebildet werden (Lachkabinett!). Ein solches Linsensystem kann natürlich umgekehrt zur Entzerrung (*Anamorphose*) verzerrter Bilder benutzt werden.

§ 25. Der Anfangsstrahl liegt in einem Hauptschnitt, der allen brechenden Flächen gemeinsam ist.

Wir betrachten zunächst wieder eine Einzelfläche und einen Strahl, der so gelegen sei, daß die Einfallsebene mit einem Hauptschnitt der brechenden Fläche zusammenfalle.

Dann ist die Einfallsebene in erster Ordnung eine Symmetrieebene der Abbildung. wir haben also eine orthogonale Abbildung vor uns. Die Ebene durch den Hauptstrahl senkrecht zur Einfallsebene bezeichnen wir als *Sagittalschnitt*, die Einfallsebene selbst als *Meridianschnitt*.

Wir betrachten zunächst ein Koordinatensystem, dessen Anfangspunkt der Durchstoßungspunkt unseres Anfangsstrahls mit der brechenden Fläche ist, dessen $\tilde{z}$-Achse die Richtung der Flächennormale hat, und dessen $\tilde{x}$-Achse auf der Meridianebene senkrecht steht. In bezug auf dieses Koordinatensystem hat der Anfangsstrahl bzw. ein ihm benachbarter Strahl die Koordinaten

$$\left.\begin{array}{llll} \mathfrak{a}_0 : 0,0, & \mathfrak{s}_0 : 0, \sin i, & \mathfrak{a}_0' : 0,0, & \mathfrak{s}_0' : 0, \sin i', \\ \mathfrak{a} : \tilde{x}, \tilde{y}, & \mathfrak{s}_1 : \tilde{\xi}, \sin i + \tilde{\eta}, & \mathfrak{a}' : \tilde{x}, \tilde{y}, & \mathfrak{s}_1' : \tilde{\xi}', \sin i' + \tilde{\eta}'. \end{array}\right\} \tag{1}$$

Die Flächennormale im Punkt $\tilde{x}, \tilde{y}$ hat die Koordinaten

$$\mathfrak{v} : \frac{\tilde{x}}{r_s}, \frac{\tilde{y}}{r_m}, \tag{2}$$

wenn r_s bzw. r_m der *sagittale* bzw. *meridionale* Krümmungsradius ist. Das Brechungsgesetz lehrt uns den Übergang

$$\left.\begin{array}{ll} \tilde{x}' = \tilde{x}, & \tilde{y}' = \tilde{y}, \\[2mm] n'\tilde{\xi}' = \dfrac{\Gamma}{r_s}\tilde{x} + n\tilde{\xi}, & n'\tilde{\eta}' = \dfrac{\Gamma}{r_m}\tilde{y} + n\tilde{\eta}, \\[3mm] \Gamma' = n'\cos i' - n\cos i = \dfrac{n'\sin(i-i')}{\sin i} = \dfrac{n\sin(i-i')}{\sin i'}. \end{array}\right\} \tag{3}$$

Die Formeln (3) sind noch nicht die von uns gesuchten Formeln, denn die $\tilde{z}$-Achse stimmt weder objekt- noch bildseitig mit dem Anfangsstrahl überein. Wählen wir jetzt objektseitig ein Koordinatensystem, dessen z-Achse in Richtung des Anfangsstrahls liegt, dessen y-Achse in der Meridianebene, während die x-Achse in der Sagittalebene liegt, so haben wir als Transformationsformeln

$$\left.\begin{aligned}
x &= \tilde{x}, & y &= \tilde{y}\cos i, \\
n\,\xi &= n\,\tilde{\xi}, & n\,\eta &= \frac{1}{\cos i}\,n\,\tilde{\eta}, \\
x' &= \tilde{x}', & y' &= \tilde{y}'\cos i', \\
n'\,\xi' &= n'\,\tilde{\xi}', & n'\,\eta' &= \frac{1}{\cos i'}\,n'\,\tilde{\eta}'.
\end{aligned}\right\} \tag{4}$$

bzw.

Schließlich wird, in Matrizensprache,

$$\begin{pmatrix} x' \\ n'\,\xi' \end{pmatrix} = \Phi_s \begin{pmatrix} x \\ n\,\xi \end{pmatrix}, \qquad \begin{pmatrix} y' \\ n'\,\eta' \end{pmatrix} = I'_m\,\Phi_m\,I_m^{-1}\begin{pmatrix} y \\ n\,\eta \end{pmatrix}, \tag{5}$$

mit

$$\left.\begin{aligned}
\Phi_s &= \begin{pmatrix} 1 & 0 \\ \dfrac{\Gamma}{r_s} & 1 \end{pmatrix}, & I_m &= \begin{pmatrix} \cos i & 0 \\ 0 & \dfrac{1}{\cos i} \end{pmatrix}, \\
\Phi_m &= \begin{pmatrix} 1 & 0 \\ \dfrac{\Gamma}{r_m} & 1 \end{pmatrix}, & I'_m &= \begin{pmatrix} \cos i' & 0 \\ 0 & \dfrac{1}{\cos i'} \end{pmatrix}.
\end{aligned}\right\} \tag{6}$$

Wir wollen I, I' als Einfalls- (Austritts-) Matrix bezeichnen.

Wir gewinnen schließlich, wenn wir die Rechnung ausführen, die Formeln

$$\left.\begin{aligned}
x' &= x, & y' &= \frac{\cos i'}{\cos i}\,y, \\
n'\,\xi' &= \frac{\Gamma}{r_s}\,x + n\,\xi, & n'\,\eta' &= \frac{\Gamma}{r_m\cos i\cos i'}\,y + \frac{\cos i}{\cos i'}\,n\,\eta.
\end{aligned}\right\} \tag{7}$$

Wir sehen, bei der Abbildung durch eine Fläche ist wieder der Durchstoßpunkt Stigmatpunkt. Diesmal ist seine Abbildung aber verzerrt. Es gibt also noch einen zweiten Stigmatpunkt.

Einem Punkt in der Entfernung $s_s = s_m$ vom Durchstoßpunkt sind bildseitig durch die Meridionalstrahlen und Sagittalstrahlen zwei konjugierte Punkte in der Entfernung s'_s bzw. s'_m zugeordnet; die entsprechenden Vergrößerungen seien β'_m und β'_s bzw. γ'_m und γ'_s, dann haben wir

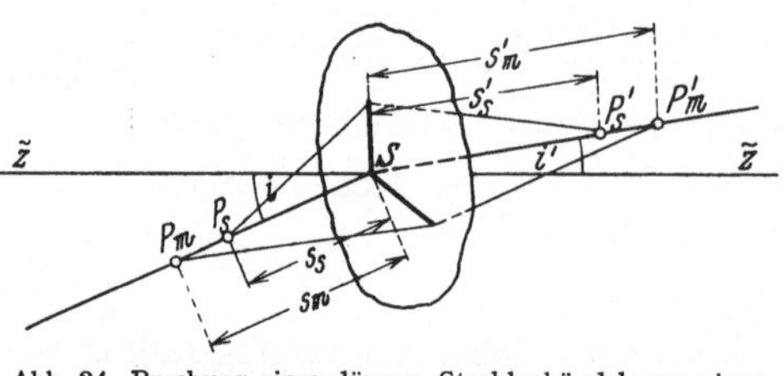

Abb. 34. Brechung eines dünnen Strahlenbündels um einen Meridianstrahl an einer Fläche mit doppelter Krümmung.

$$\left.\begin{aligned}
\frac{n'}{s'_s} &= \frac{n}{s_s} + \frac{\Gamma}{r_s}, & \beta'_s &= \frac{n'\,s'_s}{n'\,s_s}, \\
\frac{n'\cos^2 i'}{s'_m} &= \frac{n\cos^2 i}{s_m} + \frac{\Gamma}{r_m}, & \beta'_m &= \frac{n\,s'_m\cos i}{n'\,s_m\cos i'}.
\end{aligned}\right\} \tag{8}$$

Beziehungen, die zuerst Thomas Young (1) aufgestellt hat.

Betrachten wir jetzt ein System aus mehreren Flächen, aber mit gemeinsamem Hauptschnitt. Sei die Entfernung zweier Durchstoßpunkte $e_{\nu,\,\nu+1}$, dann gilt, wenn wir die Koordinatenanfangspunkte in den ersten bzw. letzten Linsenscheitel legen,

$$\begin{aligned}
\begin{pmatrix} x' \\ n'\xi' \end{pmatrix} &= \Psi_{\varkappa s}\, \Delta_{\varkappa,\,\varkappa-1}\Psi_{\varkappa-1\,s} \qquad \Delta_{12}\Psi_{1s} \begin{pmatrix} \bar{x} \\ n\,\xi \end{pmatrix}, \\
\begin{pmatrix} y' \\ n'\eta' \end{pmatrix} &= \Psi_{\varkappa m}\, \Delta_{\varkappa,\,\varkappa-1}\Psi_{\varkappa-1,\,m} \qquad \Delta_{12}\Psi_{1m} \begin{pmatrix} \bar{y} \\ n\,\eta \end{pmatrix}
\end{aligned} \tag{9}$$

mit

$$\begin{aligned}
\Psi_{m\nu} &= I'_{m\nu}\,\Phi_{m\nu}\,I_{m\nu}^{-1} = \begin{pmatrix} \dfrac{\cos i'_\nu}{\cos i_\nu}, & 0 \\[1.2em] \dfrac{\Gamma_\nu}{r_{m\nu}\cos i_\nu \cos i'_\nu}, & \dfrac{\cos i_\nu}{\cos i'_\nu} \end{pmatrix}, \\[1em]
\Psi_{s\nu} &= \begin{pmatrix} 1 & 0 \\[0.6em] \dfrac{\Gamma}{r_{s\nu}} & 1 \end{pmatrix} = \Phi_s, \quad \Delta_{\nu,\,\nu+1} = \begin{pmatrix} 1 & -\dfrac{e_{\nu,\,\nu+1}}{n_{\nu,\,\nu+1}} \\[0.6em] 0 & 1 \end{pmatrix}.
\end{aligned} \tag{10}$$

Wollen wir nur einen Punkt durchrechnen, so kommt zu (8) hinzu:

$$\begin{aligned}
s_{\nu+1,\,s} &= s'_{\nu s} - e_{\nu,\,\nu+1}, \\
s_{\nu+1,\,m} &= s'_{\nu m} - e_{\nu,\,\nu+1}, \\
\beta'_s &= \frac{n\, s'_{1s}\, s'_{2s}\, \cdots\, s'_{\varkappa s}}{n'\, s_{1s}\, s_{2s}\, \cdots\, s_{\varkappa s}}, \\
\beta'_m &= \frac{n\, s'_{1m}\, s'_{2m}\, \cdots\, s'_{\varkappa m}}{n'\, s_{1m}\, s_{2m}\, \cdots\, s_{\varkappa m}}\; \frac{\cos i_1 \cos i_2\, \cdots\, \cos i_\varkappa}{\cos i'_1 \cos i'_2\, \cdots\, \cos i'_\varkappa}, \\
\gamma'_s &= \frac{s_{1s}\, s_{2s}\, \cdots\, s_{\varkappa s}}{s'_{1s}\, s'_{2s}\, \cdots\, s'_{\varkappa s}}, \\
\gamma'_m &= \frac{s_{1m}\, s_{2m}\, \cdots\, s_{\varkappa m}}{s'_{1m}\, s'_{2m}\, \cdots\, s'_{\varkappa m}}\; \frac{\cos i'_1 \cos i'_2\, \cdots\, \cos i'_\varkappa}{\cos i_1 \cos i_2\, \cdots\, \cos i_\varkappa}.
\end{aligned} \tag{11}$$

Wir wollen eine Anzahl von Sonderfällen durchsprechen. Betrachten wir zunächst die Durchrechnung eines Meridianstrahls durch ein System von Kugelflächen mit gemeinsamer Achse.

Die Ebene durch Anfangsstrahl und Achse ist in diesem Fall der allen Flächen gemeinsame Hauptschnitt, den wir als Meridianschnitt bezeichnen. Wir können die oben abgeleiteten Formeln ohne weiteres verwenden, wenn wir beachten, daß hier

ist.
$$r_{m\nu} = r_{s\nu} = r_\nu \tag{12}$$

Sind alle $e_{\nu,\,\nu+1} = 0$, so haben wir ein für unsern Meridianstrahl *dünnes* Linsensystem vor uns. Wir können die Multiplikation der Matrizen (9) explizit ausführen, und erhalten

$$\begin{aligned}
\begin{pmatrix} x' \\ n'\xi' \end{pmatrix} &= \begin{pmatrix} 1 & 0 \\ \varphi_s & 1 \end{pmatrix}\begin{pmatrix} x \\ n\,\xi \end{pmatrix} \\[1em]
\begin{pmatrix} y' \\ n'\eta' \end{pmatrix} &= \begin{pmatrix} \dfrac{\cos i'_\varkappa \cos i'_{\varkappa-1}\, \cdots\, \cos i'_1}{\cos i_\varkappa \cos i_{\varkappa-1}\, \cdots\, \cos i_1}, & 0 \\[1.2em] \varphi_m & \dfrac{\cos i_1\, \cdots\, \cos i_\varkappa}{\cos i'_1\, \cdots\, \cos i'_\varkappa} \end{pmatrix}\begin{pmatrix} y \\ n\,\eta \end{pmatrix}
\end{aligned} \tag{13}$$

mit

$$\varphi_m = \frac{\cos i'_1 \cdots \cos i'_\varkappa}{\cos i_1 \cdots \cos i_\varkappa} \sum_\nu \frac{\Gamma_\nu}{r_\nu} \frac{\cos^2 i_{\nu+1} \cdots \cos^2 i_\varkappa}{\cos^2 i'_1 \cdots \cos^2 i'_{\nu-1}},$$

$$\varphi_s = \sum_\nu \frac{\Gamma_\nu}{r_\nu}.$$

(14)

Wird

$$\left.\begin{aligned} \varphi_m &= \varphi_s, \\ \frac{\cos i'_1 \cdots \cos i'_\varkappa}{\cos i_1 \cdots \cos i_\varkappa} &= 1, \end{aligned}\right\}$$

(15,

so ist die durch das dünne Linsensystem erzeugte Abbildung *Gaußisch*. Die Bedingungen (15) sind zuerst von W. MERTÉ (2) angegeben und zur Konstruktion von Systemen benutzt worden. Die erste Bedingung (15) nimmt übrigens, unter Beachtung von (14), für Kugelflächen die Form an:

$$\sum_\nu^\varkappa \frac{\Gamma_\nu}{r_\nu} \left(\frac{\cos^2 i'_\nu \cdots \cos^2 i'_\varkappa}{\cos^2 i'_1 \cdots \cos^2 i'_{\nu-1}} - 1 \right) = 0.$$

(16)

Als zweites Beispiel betrachten wir die Durchrechnung der Umgebung eines Strahls, der im Hauptschnitt eines *Prismensystems* liegt.
Hier wird

$$\frac{1}{r_{m\nu}} = \frac{1}{r_{s\nu}} = 0.$$

(17)

Wir können wieder die Multiplikation in (9) durchführen und erhalten

$$\left.\begin{aligned} \begin{pmatrix} x' \\ n'\xi' \end{pmatrix} &= \begin{pmatrix} 1 & -\sum \dfrac{e_{\nu,\nu+1}}{n_{\nu,\nu+1}} \\ 0 & 1 \end{pmatrix} \begin{pmatrix} \bar{x} \\ n\xi \end{pmatrix} \\[2em] \begin{pmatrix} y' \\ n'\eta' \end{pmatrix} &= \begin{pmatrix} \dfrac{\cos i'_1 \cdots \cos i'_\varkappa}{\cos i_1 \cdots \cos i_\varkappa} & \lambda_m \\ 0 & \dfrac{\cos i_1 \cdots \cos i_\varkappa}{\cos i'_1 \cdots \cos i'_\varkappa} \end{pmatrix} \begin{pmatrix} \bar{y} \\ n\eta \end{pmatrix} \end{aligned}\right\}$$

(18)

mit

$$\lambda_m = \sum_\nu^{\varkappa-1} - \frac{e_{\nu,\nu+1}}{n_{\nu,\nu+1}} \frac{\cos i_1 \cdots \cos i_\nu}{\cos i'_1 \cdots \cos i'_\nu} \frac{\cos i'_{\nu+1} \cdots \cos i'_\varkappa}{\cos i_{\nu+1} \cdots \cos i_\varkappa}.$$

Die Abbildung der Umgebung eines Prismenstrahls hat also stets einen Stigmatpunkt im unendlich fernen Punkt. Die sagittale und meridionale Vergrößerung ist konstant

$$\left.\begin{aligned} \beta'_s &= 1, \\ \beta'_m &= \frac{\cos i_1 \cos i_2 \cdots \cos i_\varkappa}{\cos i'_1 \cos i'_2 \cdots \cos i'_\varkappa}. \end{aligned}\right\}$$

(19)

Die Abbildung ist *Gaußisch*, wenn gleichzeitig die Bedingungen

$$\cos i_1 \cdots \cos i_\varkappa = \cos i'_1 \cdots \cos i'_\varkappa$$

(20)

und

$$\sum_{1}^{\varkappa-1} - \frac{e_{\nu,\,\nu+1}}{n_{\nu,\,\nu+1}} \left(\frac{\cos^2 i_1 \cdots \cos^2 i_\nu}{\cos^2 i_1' \cdots \cos^2 i_\nu'} - 1 \right) = 0 \tag{21}$$

erfüllt sind.

Die Formeln (20) und (21) waren schon BURMESTER (1) bekannt. Ist der Brechungsindex im Objekt- und Bildraum gleich, so kann man (20) noch anders deuten.

Man kann zeigen, daß bei Erfüllung von (20) der Strahl das Prismensystem im *Minimum der Ablenkung* durchsetzt:

Die Ablenkung ε ergibt sich, wie man leicht erkennt, zu

$$\varepsilon = i_\varkappa'' - i_1 + \sum_{1}^{\varkappa-1} \alpha_{\nu,\,\nu+1}, \tag{22}$$

also

$$d\varepsilon = di_\varkappa'' - di_1. \tag{23}$$

Nun ist aber wegen § 13 (1), (2)

$$\left. \begin{aligned} n \cos u_\varkappa \, du_\varkappa &= n_\varkappa' \cos u_\varkappa' \, du_\varkappa', \\ du_{\varkappa+1} &= du_\varkappa', \\ i_\varkappa = u_\varkappa, \qquad i_\varkappa'' &= u_\varkappa', \end{aligned} \right\} \tag{24}$$

also

$$\frac{d\varepsilon}{di_1} = \left(\frac{n \cos i_1 \cdots \cos i_\varkappa}{n' \cos i_1' \cdots \cos i_\varkappa'} - 1 \right). \tag{25}$$

Die Ablenkung hat also einen Extremwert, wenn

$$\frac{\cos i_1 \cdots \cos i_\varkappa}{\cos i_1' \cdots \cos i_\varkappa'} = \frac{n'}{n} \tag{26}$$

ist. Ein Vergleich von (26) mit (20) bestätigt unsere Behauptung.

Die nicht orthogonalen Systeme.
§ 26. Die allgemeinen Gesetze.

Gegeben sei ein Anfangsstrahl und auf ihm in Objekt- und Bildraum ein Paar nicht konjugierter Punkte $\overline{P}, P'$. Wir legen durch $\overline{P}$ und P' je ein rechtwinkliges Koordinatensystem, dessen $\bar{z}, z'$-Achse in der positiven Richtung des Anfangsstrahls verlaufe. Wir erhalten dann für die Abbildung der Nachbarstrahlen die BRUNSschen Gleichungen

$$\left. \begin{aligned} -n\,\xi &= a_{11}\,\bar{x} + a_{12}\,\bar{y} + a_{13}\,x' + a_{14}\,y', \\ -n\,\eta &= a_{12}\,\bar{x} + a_{22}\,\bar{y} + a_{23}\,x' + a_{24}\,y', \\ n'\,\xi' &= a_{13}\,\bar{x} + a_{23}\,\bar{y} + a_{33}\,x' + a_{34}\,y', \\ n'\,\eta' &= a_{14}\,\bar{x} + a_{24}\,\bar{y} + a_{34}\,x' + a_{44}\,y'. \end{aligned} \right\} \tag{1}$$

Die zehn in (1) vorkommenden Koeffizienten sind beliebig, sie müssen nur der Bedingung

$$a_{13}\,a_{24} - a_{14}\,a_{23} \neq 0 \tag{2}$$

genügen, welche gewährleistet, daß *einem* Objektstrahl *ein und nur ein* Bildstrahl entspricht.

Drehen wir unser Koordinatensystem um die z (z')-Achse objektseitig um den Winkel α, bildseitig um den Winkel α'; dann erhält man Gleichungen derselben Art wie (1). Zwischen den Koeffizienten der neuen und denen der alten Gleichungen findet man die Transformationsformeln

$$
\begin{aligned}
\tilde{a}_{11} &= a_{11}\cos^2\alpha + 2\,a_{12}\cos\alpha\sin\alpha + a_{22}\sin^2\alpha, \\
\tilde{a}_{12} &= a_{12}\,(\cos^2\alpha - \sin^2\alpha) + (a_{22} - a_{11})\cos\alpha\sin\alpha, \\
\tilde{a}_{22} &= a_{22}\cos^2\alpha - 2\,a_{12}\cos\alpha\sin\alpha + a_{11}\sin^2\alpha, \\
\tilde{a}_{33} &= a_{33}\cos^2\alpha' + 2\,a_{34}\cos\alpha'\sin\alpha' + a_{44}\sin^2\alpha', \\
\tilde{a}_{34} &= a_{34}\,(\cos^2\alpha' - \sin^2\alpha') + (a_{44} - a_{33})\cos\alpha'\sin\alpha', \\
\tilde{a}_{44} &= a_{44}\cos^2\alpha' - 2\,a_{34}\cos\alpha'\sin\alpha' + a_{33}\sin^2\alpha', \\
\tilde{a}_{13} &= a_{13}\cos\alpha\cos\alpha' + a_{23}\sin\alpha\cos\alpha' + a_{14}\cos\alpha\sin\alpha' + a_{24}\sin\alpha\sin\alpha', \\
\tilde{a}_{14} &= a_{14}\cos\alpha\cos\alpha' + a_{24}\sin\alpha\cos\alpha' - a_{13}\cos\alpha\sin\alpha' - a_{23}\sin\alpha\sin\alpha', \\
\tilde{a}_{23} &= a_{23}\cos\alpha\cos\alpha' - a_{13}\sin\alpha\cos\alpha' + a_{24}\cos\alpha\sin\alpha' - a_{14}\sin\alpha\sin\alpha', \\
\tilde{a}_{24} &= a_{24}\cos\alpha\cos\alpha' - a_{14}\sin\alpha\cos\alpha' - a_{23}\cos\alpha\sin\alpha' + a_{13}\sin\alpha\sin\alpha'.
\end{aligned}
\tag{3}
$$

Wir erkennen aus (3), daß wir durch einfaches Drehen des objekt- (bild-) seitigen Koordinatensystems um den Winkel α_0, α_0', der durch eine der Lösungen von

$$
\operatorname{tg} 2\alpha_0 = \frac{2\,a_{12}}{a_{11} - a_{22}}, \qquad \operatorname{tg} 2\alpha_0' = \frac{2\,a_{34}}{a_{33} - a_{44}}
\tag{4}
$$

gegeben ist, $\tilde{a}_{12}$ und $\tilde{a}_{34}$ annullieren können. Ohne Beschränkung der Allgemeinheit können wir also im folgenden ansetzen:

$$
\begin{aligned}
-\,n\,\xi &= a_{11}\,\bar{x} && + a_{13}\,x' + a_{14}\,y', \\
-\,n\,\eta &= && a_{22}\,\bar{y} + a_{23}\,x' + a_{24}\,y', \\
n'\,\xi' &= a_{13}\,\bar{x} + a_{23}\,\bar{y} + a_{33}\,x', \\
n'\,\eta' &= a_{14}\,\bar{x} + a_{24}\,\bar{y} && + a_{44}\,y',
\end{aligned}
\tag{5}
$$

und an Stelle von (3)

$$
\begin{aligned}
\tilde{a}_{11} &= a_{11}\cos^2\alpha + a_{22}\sin^2\alpha, & \tilde{a}_{33} &= a_{33}\cos^2\alpha' + a_{44}\sin^2\alpha', \\
\tilde{a}_{12} &= (a_{22} - a_{11})\cos\alpha\sin\alpha, & \tilde{a}_{34} &= (a_{44} - a_{33})\cos\alpha'\sin\alpha', \\
\tilde{a}_{22} &= a_{22}\cos^2\alpha + a_{11}\sin^2\alpha, & \tilde{a}_{44} &= a_{44}\cos^2\alpha' + a_{33}\sin^2\alpha'.
\end{aligned}
\tag{6}
$$

Die Formeln für $\tilde{a}_{13}$, $\tilde{a}_{14}$, $\tilde{a}_{23}$, $\tilde{a}_{24}$ vereinfachen sich gegenüber (3) nicht.

Die *orthogonalen* Systeme, die wir im vorigen Abschnitt untersuchten, sind bei dieser Koordinatenwahl durch

$$
a_{14} = a_{23} = 0
\tag{7}
$$

die GAUSSischen Systeme durch

$$a_{14} = a_{23} = 0 \, , \left.\begin{array}{l} \\ \end{array}\right\}$$
$$a_{11} - a_{22} = a_{33} - a_{44} = a_{13} - a_{24} = 0 \tag{8}$$

gekennzeichnet.

Wir betrachten jetzt das allgemeine, durch (6) gegebene Abbildungssystem.

Für die Strahlen, die vom Punkt $(0, 0, \bar{z})$ des Anfangsstrahls ausgehen, ist

$$\bar{x} + \bar{z}\,\xi = 0 \, , \left.\begin{array}{l} \\ \end{array}\right\}$$
$$\bar{y} + \bar{z}\,\eta = 0 \, , \tag{9}$$

also nach (1)

$$\left(\frac{n}{\bar{z}} - a_{11}\right)\bar{x} = a_{13}\,x' + a_{14}\,y' \, , \left.\begin{array}{l} \\ \\ \end{array}\right\}$$
$$\left(\frac{n}{\bar{z}} - a_{22}\right)\bar{y} = a_{23}\,x' + a_{24}\,y' \, . \tag{10}$$

Eliminieren wir $\bar{z}$ aus (9), so erhalten wir die Gleichung

$$(a_{11} - a_{22})\,\bar{x}\,\bar{y} + a_{13}\,x'\,\bar{y} - a_{23}\,x'\,\bar{x} + a_{14}\,y'\,\bar{y} - a_{24}\,y'\,\bar{y} = 0 \, , \tag{11}$$

der die Koordinaten aller Strahlen genügen müssen, die den Anfangsstrahl objektseitig schneiden. In derselben Weise finden wir für die Bildstrahlen:

$$-\left(a_{33} + \frac{n'}{z'}\right)x' = a_{13}\,\bar{x} + a_{23}\,\bar{y} \, , \left.\begin{array}{l} \\ \\ \end{array}\right\}$$
$$-\left(a_{44} + \frac{n'}{z'}\right)y' = a_{14}\,\bar{x} + a_{24}\,\bar{y} \, , \tag{12}$$

bzw. nach Elimination von z'

$$(a_{33} - a_{44})\,x'\,y' + a_{13}\,\bar{x}\,y' - a_{14}\,\bar{x}\,x' + a_{23}\,\bar{y}\,y' - a_{24}\,\bar{y}\,x' = 0 \tag{13}$$

eine Gleichung, die sich als notwendig und hinreichend erweist für die Koordinaten der Strahlen, die den Hauptstrahl bildseitig schneiden. Die *Stigmatstrahlen* genügen also den beiden Gleichungen (11) und (13).

Um die Stigmatstrahlen durch den Punkt der Entfernung z zu finden, setzen wir (10) in (13) ein. Wegen

$$\bar{y} = \bar{x}\,\mathrm{tg}\,\alpha \, , \qquad y' = x'\,\mathrm{tg}\,\alpha' \tag{14}$$

finden wir an Stelle von (10) und (12) die Gleichungen

$$\frac{\left(a_{22} - \dfrac{n}{\bar{z}}\right)}{\left(a_{11} - \dfrac{n}{\bar{z}}\right)}\,\mathrm{tg}\,\alpha = \frac{a_{23} + a_{24}\,\mathrm{tg}\,\alpha'}{a_{13} + a_{14}\,\mathrm{tg}\,\alpha'} \, , \left.\begin{array}{l} \\ \\ \\ \\ \\ \end{array}\right\}$$
$$\frac{a_{44} + \dfrac{n'}{z'}}{a_{33} + \dfrac{n'}{z'}}\,\mathrm{tg}\,\alpha' = \frac{a_{14} + a_{24}\,\mathrm{tg}\,\alpha}{a_{13} + a_{23}\,\mathrm{tg}\,\alpha} \tag{15}$$

und erhalten schließlich

$$\operatorname{tg} 2\alpha' = 2\frac{a_{13}\,a_{14}\left(a_{22}-\dfrac{n}{\bar{z}}\right)+a_{23}\,a_{24}\left(a_{11}-\dfrac{n}{\bar{z}}\right)}{\left(a_{22}-\dfrac{n}{\bar{z}}\right)(a_{13}^2-a_{14}^2)+\left(a_{11}+\dfrac{n}{\bar{z}}\right)(a_{23}^2-a_{24}^2)+(a_{44}-a_{33})\left(a_{11}-\dfrac{n}{\bar{z}}\right)\left(a_{22}-\dfrac{n}{\bar{z}}\right)} \tag{16}$$

bzw.

$$\left.\begin{aligned}
\operatorname{tg}^2\alpha\Big[&\left(a_{22}-\tfrac{n}{\bar{z}}\right)(a_{13}\,a_{23}+a_{14}\,a_{24})(a_{13}\,a_{24}-a_{14}\,a_{23})-\left(a_{22}-\tfrac{n}{\bar{z}}\right)^2 a_{13}\,a_{14}\,(a_{33}-a_{44})\Big]\\[4pt]
+\operatorname{tg}\alpha\Big[&\left(a_{22}-\tfrac{n}{\bar{z}}\right)(a_{13}^2+a_{14}^2)(a_{13}\,a_{24}-a_{14}\,a_{23})-\left(a_{11}-\tfrac{n}{\bar{z}}\right)(a_{13}^2+a_{24}^2)(a_{13}\,a_{24}-a_{14}\,a_{23})\\[4pt]
&+\left(a_{11}-\tfrac{n}{\bar{z}}\right)\left(a_{22}-\tfrac{n}{\bar{z}}\right)(a_{13}\,a_{24}+a_{14}\,a_{23})(a_{33}-a_{44})\Big]\\[4pt]
-\Big[&\left(a_{11}-\tfrac{n}{\bar{z}}\right)(a_{13}\,a_{23}+a_{14}\,a_{24})(a_{13}\,a_{24}-a_{14}\,a_{23})-\left(a_{11}-\tfrac{n}{\bar{z}}\right)^2 a_{23}\,a_{24}(a_{33}+a_{44})\Big]=0.
\end{aligned}\right\} \tag{17}$$

Wir erkennen also, die vom Punkt der Entfernung $\bar{z}$ ausgehenden Strahlen liegen zwar bildseitig immer in zwei zueinander senkrechten Ebenen (16), jedoch objektseitig im allgemeinen nicht. Nur wenn $\bar{z}$ der Gleichung

$$\left.\begin{aligned}
&\left(a_{22}-\tfrac{n}{\bar{z}}\right)(a_{13}\,a_{23}+a_{14}\,a_{24})(a_{13}\,a_{24}-a_{14}\,a_{23})-\left(a_{22}-\tfrac{n}{\bar{z}}\right)^2 a_{13}\,a_{14}\,(a_{33}-a_{44})\\[4pt]
=&\left(a_{11}-\tfrac{n}{\bar{z}}\right)(a_{13}\,a_{23}+a_{14}\,a_{24})(a_{13}\,a_{24}-a_{14}\,a_{23})+\left(a_{11}-\tfrac{n}{\bar{z}}\right)^2 a_{23}\,a_{24}(a_{33}-a_{44})
\end{aligned}\right\} \tag{18}$$

oder

$$\left.\begin{aligned}
\left(\tfrac{n}{\bar{z}}\right)^2 (a_{33}-a_{44})(a_{13}\,a_{14}+a_{23}\,a_{24})&-2\,\tfrac{n}{\bar{z}}\,(a_{11}\,a_{23}\,a_{24}+a_{22}\,a_{13}\,a_{14})(a_{33}-a_{44})\\[4pt]
+(a_{11}^2\,a_{23}\,a_{24}+a_{22}^2\,a_{13}\,a_{14})&(a_{33}-a_{44})\\[4pt]
+(a_{13}\,a_{23}+a_{14}\,a_{24})(a_{11}-a_{22})&(a_{13}\,a_{24}-a_{14}\,a_{23})=0
\end{aligned}\right\} \tag{19}$$

genügt, stehen auch die objektseitigen Ebenen aufeinander senkrecht; der Punkt der Entfernung $\bar{z}$ ist dann *Orthogonalpunkt*.

Will man allgemein zu einem Punkt die konjugierten Punkte ausrechnen, so verfahre man wie folgt:

Man berechne aus (16) die beiden zugehörigen, stets reellen Werte von α'. Gleichung (15_1) ergibt die entsprechenden Werte von α, Gleichung (15_2) schließlich die Werte von z'. Den Zusammenhang zwischen $\bar{z}$ und z' kann man nach Cl. Maxwell (*4*) in folgender Weise in geschlossener Form darstellen: (10) und (12) stellen vier lineare homogene Gleichungen in $\bar{x},\bar{y},x',y'$ dar, die außer der trivialen Lösung $\bar{x}=\bar{y}=x'=y'=0$ noch eine weitere Lösung haben sollen; das bedingt das Verschwinden der zugehörigen Determinante

$$\begin{vmatrix} a_{11}-\dfrac{n}{\bar z} & 0 & a_{13} & a_{14} \\[2mm] 0 & a_{22}-\dfrac{n}{\bar z} & a_{23} & a_{24} \\[2mm] a_{13} & a_{23} & a_{33}+\dfrac{n'}{z'} & 0 \\[2mm] a_{14} & a_{24} & 0 & a_{44}+\dfrac{n'}{z'} \end{vmatrix}=0. \qquad (20)$$

Gleichung (20) gibt zu jedem Wert von $\bar z$ zwei Werte von z' und umgekehrt; aus unserer Entwicklung wissen wir, daß diese beiden Werte stets reell sind. Einen hübschen direkten Beweis für das Reellsein der Wurzeln von (20) hat mir Herr LÜNEBURG in einem Brief angegeben.

In derselben Weise erhält man die Ebenen, in denen die von einem Bildpunkt der Entfernung $\bar z$ ausgehenden Orthogonalpunkte liegen. Die bildseitigen Orthogonalpunkte insbesondere genügen der Gleichung

$$\left(\frac{n'}{z'}\right)^2 (a_{11}-a_{22})(a_{13}a_{23}+a_{14}a_{24})$$
$$-2\frac{n'}{z'}(a_{33}a_{14}a_{24}+a_{44}a_{13}a_{23})(a_{11}-a_{22})$$
$$+(a_{33}^2 a_{14}a_{24}+a_{44}^2 a_{13}a_{23})(a_{11}-a_{22})$$
$$+(a_{13}a_{14}+a_{23}a_{24})(a_{33}-a_{44})(a_{13}a_{24}-a_{14}a_{23})=0, \qquad (21)$$

die dieselbe Diskriminante F besitzt wie (19). Man teilt nach GULLSTRAND die Systeme wie folgt ein:

$F < 0$: *tordierte* Systeme, ohne reellen Orthogonalpunkt,

$F = 0$: *semitordierte* Systeme, mit nur einem Orthogonalpunkt,

$F > 0$: *retordierte* Systeme, mit zwei Orthogonalpunkten.

Zu einem Wert von $\bar z$ gehören im allgemeinen gemäß (16) zwei Werte von α', die sich um $\frac{\pi}{2}$ unterscheiden. Zu einem solchen Wertepaar von α' gehört aber im allgemeinen noch ein zweiter Wert von $\bar z$. Man findet aus (16) die Beziehung

$$\frac{n}{\bar z_2}=\frac{\dfrac{n}{\bar z_1}(a_{33}-a_{44})(a_{11}a_{23}a_{24}+a_{22}a_{13}a_{14})-[(a_{33}-a_{44})(a_{11}^2 a_{23}a_{24}+a_{22}^2 a_{13}a_{14})+(a_{11}-a_{22})(a_{13}a_{23}+a_{14}a_{24})(a_{13}a_{24}-a_{14}a_{23})]}{\dfrac{n}{\bar z_1}(a_{33}-a_{44})(a_{13}a_{14}+a_{23}a_{24})-(a_{33}-a_{44})(a_{11}a_{23}a_{24}+a_{22}a_{13}a_{14})}\cdot \qquad (22)$$

(22) bezeichnen wir als die objektseitige *Fundamentalsubstitution*. Die Punkte, deren Entfernung vom objektseitigen Koordinatenanfang $\bar z_1$ und $\bar z_2$ ist, bezeichnen wir als *gekoppelte* Punkte.

Wir sehen, *gekoppelte* Punkte haben bildseitig dieselben Hauptschnitte.

Ein Vergleich von (22) mit (19) lehrt ferner, daß die Orthogonalpunkte die Fixpunkte der Fundamentalsubstitution sind.

Aus (17) und (22) errechnet man übrigens auch, daß die Stigmatstrahlen in *gekoppelten* Punkten objektseitig in paarweise zueinander senkrechten Ebenen liegen [GULLSTRAND (5)].

Fragen wir zum Schluß nach der Bedingung, daß ein Objektpunkt *Stigmatpunkt* ist. In diesem Fall muß Gleichung (16) von α' unabhängig identisch erfüllt werden; es muß also gleichzeitig

$$\left. \begin{aligned} &\left(a_{22} - \frac{n}{z}\right)(a_{13}^2 - a_{14}^2) + \left(a_{11} - \frac{n}{z}\right)(a_{23}^2 - a_{24}^2) \\ &\qquad + \left(a_{11} - \frac{n}{z}\right)\left(a_{22} - \frac{n}{z}\right)(a_{44} - a_{33}) = 0 , \\ &\left(a_{22} - \frac{n}{z}\right) a_{13} a_{14} + \left(a_{11} - \frac{n}{z}\right) a_{23} a_{24} = 0 \end{aligned} \right\} \qquad (23)$$

sein. Eliminieren wir z, so finden wir:

$$\frac{a_{13}^2 - a_{14}^2}{a_{13} a_{14}} a_{23} a_{24} - \frac{a_{23}^2 - a_{24}^2}{a_{23} a_{24}} a_{13} a_{14} + (a_{44} - a_{33}) = 0 . \qquad (24)$$

Man erkennt leicht, daß dann auch die Diskriminante $F = 0$ ist, das System ist also semitordiert, der Stigmatpunkt ist der einzige Orthogonalpunkt.

Die Bedeutung der von GULLSTRAND gewählten Namen für die verschiedenen Abbildungstypen erkennt man durch Diskutieren von Gleichung (16), die man als Gleichung für $\bar{z}$ betrachte.

Die Diskriminante dieser quadratischen Gleichung ist, als Funktion von $\bar{z}$ betrachtet, stets positiv, wenn das System *tordiert* ist; das bedeutet, es liegen in allen Ebenen Stigmatstrahlen. Bewegt sich der Objektpunkt einsinnig auf dem objektseitigen Anfangsstrahl, so drehen sich (*tordieren*) die bildseitigen Hauptschnitte einseitig um den Bildstrahl. Gehe ich von einem Punkt zum zugehörigen gekoppelten Punkt, so haben sich die Hauptschnitte dabei gerade um 90° gedreht.

In *semitordierten* Systemen gibt es ein Ebenenpaar, in dem nur ein Stigmatstrahl liegt. Es ist das Paar von Ebenen, in denen sich die Strahlen durch die Stigmatpunkte befinden, die objekt- und bildseitig in zueinander senkrechten Ebenen liegen (§ 14, S. 53); in jeder anderen Ebene liegen zwei Stigmatstrahlen, von denen immer einer durch den Stigmatpunkt geht. Jeder Punkt ist also mit dem Stigmatpunkt gekoppelt. Betrachten wir wieder (α) als Funktion von $\bar{z}$, so ändert α sich einsinnig, bis man zum Stigmatpunkt kommt, dann kehrt es seinen Drehungssinn um, ändert sich aber wieder einsinnig.

In *retordierten* Systemen verschwindet $\frac{d\alpha'}{d\bar{z}}$ für zwei Werte von $\bar{z}$.

Lassen wir $\bar{z}$ wandern, so ändern sich die beiden Werte α' und $\alpha' + \frac{\pi}{2}$ in *einem* Sinne, bis man an einen Orthogonalpunkt, Wertepaar α_1', $\alpha_1' + \frac{\pi}{2}$ kommt, dann drehen sich die Hauptschnitte im entgegengesetzten Sinn bis

zu dem Wertepaar α'_2, $\alpha'_2 + \dfrac{\pi}{2}$, das dem zweiten Orthogonalpunkt entspricht, um sich dann wieder im ursprünglichen Sinn zu drehen. Hierbei
liegen Stigmatstrahlen nur in den Ebenen, für die

$$\left.\begin{aligned} \alpha'_1 < \alpha' < \alpha'_2 , \\ \alpha'_1 + \frac{\pi}{2} < \alpha' < \alpha'_2 + \frac{\pi}{2} \end{aligned}\right\} \qquad (25)$$

gilt. Diese Ebenen enthalten je zwei Stigmatstrahlen, während die den
Orthogonalpunkten entsprechenden Hauptschnitte nur je einen Stigmatstrahl enthalten. In allen anderen Ebenen liegt überhaupt kein Stigmatstrahl.

Zum Schluß dieses Abschnitts sei noch auf folgendes verwiesen.
Die einem konjugierten Punktepaar entsprechenden Vergrößerungen
erhält man am besten wie folgt. Man drehe das Ursprungskoordinaten-
system um den Winkel α bzw. α' so, daß die Stigmatstrahlen in den
Koordinatenebenen ($\tilde{x}$, z- bzw. $\tilde{x}'$, z'-Ebenen) liegen. Dann gilt

$$\left.\begin{aligned} -n\,\tilde{\xi} &= \tilde{a}_{11}\,\tilde{x} + \tilde{a}_{13}\,\tilde{x}' = \frac{n}{z}\,\tilde{x}, \\ 0 &= \tilde{a}_{12}\,\tilde{x} + \tilde{a}_{23}\,\tilde{x}', \\ n'\,\tilde{\xi}' &= \tilde{a}_{13}\,\tilde{x} + \tilde{a}_{33}\,\tilde{x}' = -\frac{n'}{z'}\,\tilde{x}', \\ 0 &= \tilde{a}_{14}\,\tilde{x} + \tilde{a}_{34}\,\tilde{x}', \end{aligned}\right\} \qquad (26)$$

also

$$\gamma' = \frac{\tilde{\xi}'}{\tilde{\xi}} = -\frac{z}{z'}\frac{\tilde{x}'}{\tilde{x}} = \frac{z}{z'}\frac{\tilde{a}_{12}}{\tilde{a}_{23}} = \frac{z}{z'}\frac{\tilde{a}_{11} - \dfrac{n}{z}}{\tilde{a}_{13}} = \frac{z}{z'}\frac{\tilde{a}_{13}}{\tilde{a}_{33} + \dfrac{n'}{z'}} = \frac{z}{z'}\frac{\tilde{a}_{14}}{\tilde{a}_{34}}, \qquad (27)$$

wobei die $a_{i\varkappa}$ aus den Abbildungskoeffizienten vermittelst (6) folgen.
β'_p, die Projektionsvergrößerung, ergibt sich dann natürlich aus der
LAGRANGEschen Gleichung

$$n'\,\beta'_p\gamma' = n . \qquad (28)$$

Wir wollen insbesondere die Abbildung eines Stigmatpunktes untersuchen. Die Koordinatenebenen seien so gewählt, daß in ihnen die
Stigmatstrahlen liegen, die objekt- und bildseitig in aufeinander senkrechten Ebenen liegen. Dann muß analog zu (27) die zweite Vergrößerung

$$_{,,}\gamma' = \frac{\tilde{\eta}'}{\tilde{\eta}} = \frac{z}{z'}\frac{\tilde{a}_{12}}{\tilde{a}_{14}} = \frac{z}{z'}\frac{\tilde{a}_{22} - \dfrac{n}{z}}{\tilde{a}_{24}} = \frac{z}{z'}\frac{\tilde{a}_{23}}{\tilde{a}_{34}} = \frac{z}{z'}\frac{\tilde{a}_{24}}{\tilde{a}_{44} + \dfrac{n'}{z'}} \qquad (29)$$

sein. Wir fragen, wann die Abbildung des Stigmatpunkts unverzerrt
ist. Das würde bedingen

$$_{,}\gamma' = _{,,}\gamma' . \qquad (30)$$

Die durch (30) dargestellte Abbildung ist, wie eine nicht allzu
schwere Rechnung lehrt, orthogonal und hat nur einen einzigen Stigmat-

punkt. Man erkennt: In einem nicht orthogonalen, semitordierten System wird der Stigmatpunkt verzerrt abgebildet.

Für weitere Einzelheiten zu diesem Kapitel sei auf die Arbeiten von A. GULLSTRAND (*1, 2, 5, 6*), R. SAMPSON (*1*), H. BOEGEHOLD (*10*), T. SMITH (*5, 6, 7*), M. HERZBERGER (*9*) verwiesen.

Zum Schluß sei noch bemerkt, daß man hier, ebenso wie in den vorangehenden Kapiteln, bei der direkten Berechnung nicht auf die BRUNSsche Form, sondern auf die SCHLEIERMACHERsche Form der Bedingungsgleichung geführt wird, bei der die Koordinaten des Bildstrahls als lineare Funktionen der Koordinaten des Objektstrahls erscheinen.

Die Realisierung der allgemeinen Abbildung.

§ 27. Die Zusammensetzung von Abbildungen.

Es sei ein Anfangsstrahl gegeben und auf ihm ein Punkt $\overline{P}_1$ im Objektraum, P_1' im Zwischenraum, durch den je ein Koordinatensystem gelegt sei. Die zugehörigen Abbildungsgleichungen seien durch

$$\begin{pmatrix} x_1' \\ n_1'\xi_1' \\ y_1' \\ n_1'\eta_1' \end{pmatrix} = \Phi_1 \begin{pmatrix} \overline{x}_1 \\ n_1\xi_1 \\ \overline{y}_1 \\ n_1\eta_1 \end{pmatrix} \tag{1}$$

gegeben. Die Umgebung des Anfangsstrahls im Zwischenraum werde abgebildet durch ein zweites System. Seien $\overline{P}_2$ und P_2' jetzt Koordinatenanfangspunkte, so seien die neuen Abbildungsgleichungen

$$\begin{pmatrix} x_2' \\ n_2'\xi_2' \\ y_2' \\ n_2'\eta_2' \end{pmatrix} = \Phi_2 \begin{pmatrix} \overline{x}_2 \\ n_2\xi_2 \\ \overline{y}_2 \\ n_2\eta_2 \end{pmatrix}. \tag{2}$$

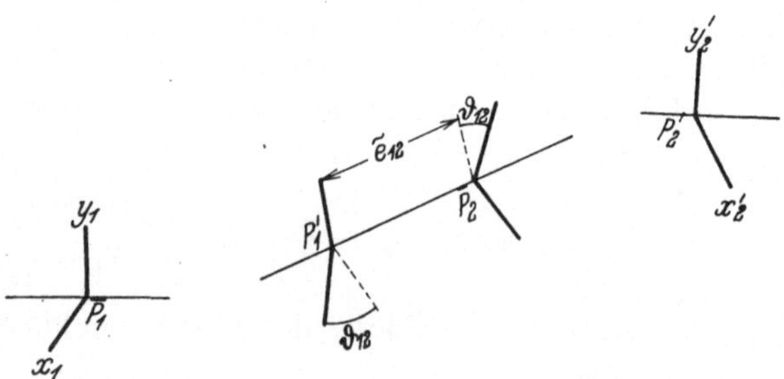

Abb. 35. Zusammensetzung nichtorthogonaler Abbildungen.

Hierbei ist zu beachten, daß weder P_1' und $\overline{P}_2$ zusammenzufallen brauchen, noch daß die bildseitigen Koordinatenebenen des ersten

Systems auf die objektseitigen Koordinatenebenen des zweiten Systems fallen müssen. Sei $\tilde{e}_{12}$ der Abstand $\overline{P_1' P_2}$, sei $\overline{\vartheta}_{12}$ der Winkel zwischen der $x_1' z_1'$- und $\overline{x}_2 \overline{z}_2$-Ebene, dann setzt sich die *Übergangsmatrix* $\varDelta_{12}$ aus zwei Teilen zusammen. Wir schreiben

$$\begin{pmatrix} \overline{x}_2 \\ n_2 \xi_2 \\ \overline{y}_2 \\ n_2 \eta_2 \end{pmatrix} = \varDelta_{12} \begin{pmatrix} x_1' \\ n_1' \xi_1' \\ y_1' \\ n_1' \eta_1' \end{pmatrix} \tag{3}$$

mit

$$\varDelta_{12} = \begin{pmatrix} 1 & -\dfrac{\tilde{e}_{12}}{n_{12}} & 0 & 0 \\ 0 & 1 & 0 & 0 \\ 0 & 0 & 1 & -\dfrac{\tilde{e}_{12}}{n_{12}} \\ 0 & 0 & 0 & 1 \end{pmatrix} \begin{pmatrix} \cos \tilde{\vartheta}_{12} & 0 & \sin \tilde{\vartheta}_{12} & 0 \\ 0 & \cos \tilde{\vartheta}_{12} & 0 & -\sin \tilde{\vartheta}_{12} \\ -\sin \tilde{\vartheta}_{12} & 0 & \cos \tilde{\vartheta}_{12} & 0 \\ 0 & \sin \tilde{\vartheta}_{12} & 0 & \cos \tilde{\vartheta}_{12} \end{pmatrix}$$

$$= \begin{pmatrix} \cos \tilde{\vartheta}_{12}, & -\dfrac{\tilde{e}_{12}}{n_{12}} \cos \tilde{\vartheta}_{12}, & \sin \tilde{\vartheta}_{12}, & +\dfrac{\tilde{e}_{12}}{n_{12}} \sin \tilde{\vartheta}_{12} \\ 0 & \cos \tilde{\vartheta}_{12}, & 0 & - \sin \tilde{\vartheta}_{12} \\ -\sin \tilde{\vartheta}_{12}, & -\dfrac{\tilde{e}_{12}}{n_{12}} \sin \tilde{\vartheta}_{12}, & \cos \tilde{\vartheta}_{12}, & -\dfrac{\tilde{e}_{12}}{n_{12}} \cos \tilde{\vartheta}_{12} \\ 0 & \sin \tilde{\vartheta}_{12}, & 0 & \cos \tilde{\vartheta}_{12} \end{pmatrix}. \tag{4}$$

Wir erhalten unter mehrfacher Verwendung der hier benutzten Schritte schließlich bei Zusammensetzung endlich vieler Abbildungen

$$\begin{pmatrix} x' \\ n' \xi' \\ y' \\ n' \eta' \end{pmatrix} = \varPhi_{\varkappa}\, \varDelta_{\varkappa,\,\varkappa-1}\, \varPhi_{\varkappa-1} \cdots \varDelta_{21} \varPhi_1 \begin{pmatrix} \overline{x} \\ n \xi \\ \overline{y} \\ n \eta \end{pmatrix}, \tag{5}$$

worin $\varDelta_{\varkappa,\,\varkappa-1}$ durch einen Ausdruck der Form (4) gegeben wird.

§ 28. Die Abbildung durch ein System beliebig gelegener brechender Flächen.

Wir nehmen zuerst an, der Anfangsstrahl durchstoße alle Flächen senkrecht. Ein solches System von Flächen nennen wir ein *allgemeines Linsensystem*, der Anfangsstrahl ist dann die *Achse* des allgemeinen Linsensystems. Wir untersuchen die Abbildung der Umgebung der Achse. Als Teilabbildung im Sinn von § 27 betrachten wir die Abbildung durch die einzelne brechende Fläche. Koordinatenanfangspunkt ist hier objekt- wie bildseitig der Flächenscheitel, die Koordinatenachsen mögen in den Hauptschnitten der brechenden Flächen liegen. Dann haben wir gemäß § 24 (1)

$$\begin{pmatrix} x'_\nu \\ n'_\nu \xi'_\nu \\ y'_\nu \\ n'_\nu \eta'_\nu \end{pmatrix} = \Phi_\nu \begin{pmatrix} x_\nu \\ n_\nu \xi_\nu \\ y_\nu \\ n_\nu \eta_\nu \end{pmatrix} \quad \text{mit} \quad \Phi_\nu = \begin{pmatrix} 1 & 0 & 0 & 0 \\ \dfrac{n'_\nu - n_\nu}{{}_{\prime}r_\nu} & 1 & 0 & 0 \\ 0 & 0 & 1 & 0 \\ 0 & 0 & \dfrac{n'_\nu - n_\nu}{{}_{\prime\prime}r_\nu} & 1 \end{pmatrix} \tag{1}$$

worin $_{\prime}r_\nu$, $_{\prime\prime}r_\nu$ die beiden Hauptkrümmungsradien der νten brechenden Fläche sind.

Die Übergangsmatrix ist von der Form

$$\Delta_{\nu,\nu+1} = \begin{pmatrix} 1 & -\dfrac{d_{\nu,\nu+1}}{n_{\nu,\nu+1}} & 0 & 0 \\ 0 & 1 & 0 & 0 \\ 0 & 0 & 1 & \dfrac{d_{\nu,\nu+1}}{n_{\nu,\nu+1}} \\ 0 & 0 & 0 & 1 \end{pmatrix}$$
$$\begin{pmatrix} \cos\vartheta_{\nu,\nu+1} & 0 & \sin\vartheta_{\nu,\nu+1} & 0 \\ 0 & \cos\vartheta_{\nu,\nu+1} & 0 & -\sin\vartheta_{\nu,\nu+1} \\ -\sin\vartheta_{\nu,\nu+1} & 0 & \cos\vartheta_{\nu,\nu+1} & 0 \\ 0 & \sin\vartheta_{\nu,\nu+1} & 0 & \cos\vartheta_{\nu,\nu+1} \end{pmatrix} . \tag{2}$$

Hierin ist $d_{\nu,\nu+1}$ die Entfernung zweier aufeinander folgender Scheitel, $\vartheta_{\nu,\nu+1}$ ist der Winkel, den ein Hauptschnitt für die νte brechende Fläche mit dem entsprechenden Hauptschnitt für die $(\nu+1)$te brechende Fläche bildet.

Betrachten wir jetzt einen Anfangsstrahl, der die einzelnen Flächen nicht mehr senkrecht durchsetzt. Wir untersuchen zunächst die Brechung an einer Einzelfläche. Im allgemeinen wird hier die Einfallsebene

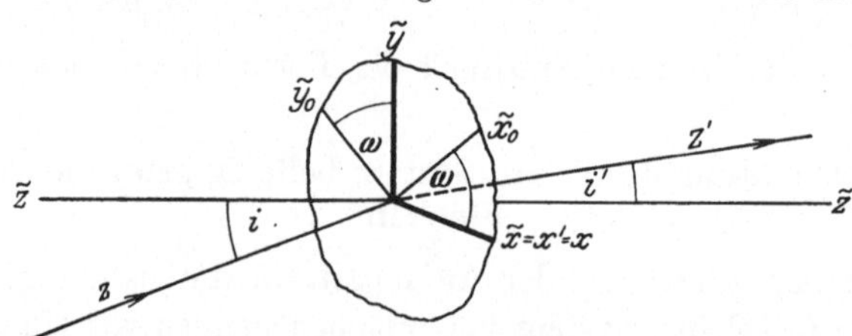

Abb. 36. Brechung eines dünnen Strahlenbündels um einen beliebigen Strahl.
($z\ \tilde{z}\ \tilde{y}\ z'$ = Einfallsebene), ($\tilde{z}\ \tilde{y}_0$ und $\tilde{z}\ \tilde{x}_0$ = Hauptschnitte der brechenden Fläche.)

mit einem Hauptschnitt der brechenden Fläche einen endlichen Winkel ω bilden.

Wir wählen den Koordinatenanfang objekt- wie bildseitig im Durchstoßpunkt mit der νten Fläche, wählen die $\bar{z}(z')$-Achse in Richtung des einfallenden (austretenden) Strahls, die $\bar{x}(x')$-Achse senkrecht zur Einfallsebene. Wählen wir ein Hilfskoordinatensystem, dessen $\tilde{z}$-Achse die Richtung der Flächennormale hat, während die $\tilde{x}$-Achse auf der Einfallsebene senkrecht steht, dann gibt das Brechungsgesetz für die neuen Koordinaten

$$\tilde{x}' = \tilde{x}, \qquad n'\tilde{\xi}' - n\tilde{\xi} = \Gamma\tilde{\xi}_0, \\ \tilde{y}' = \tilde{y}, \qquad n'\tilde{\eta}' - n\tilde{\eta} = \Gamma\tilde{\eta}_0, \tag{3}$$

mit

$$\Gamma = n'\cos i' - n\cos i, \tag{4}$$

wo $\tilde{\xi}_0$, $\tilde{\eta}_0$ die Richtung der Flächennormalen bestimmen. Nun ist aber

$$\tilde{\xi}_0 = \tilde{\alpha}\tilde{x} + \tilde{\beta}\tilde{y}, \\ \tilde{\eta}_0 = \tilde{\beta}\tilde{x} + \tilde{\gamma}\tilde{y}, \tag{5}$$

mit [vgl. § 26 (6)]

$$\tilde{\alpha} = \frac{\cos^2\omega}{_{,}r} + \frac{\sin^2\omega}{_{,,}r}, \\[1mm] \tilde{\beta} = \cos\omega\sin\omega\left(\frac{1}{_{,,}r} - \frac{1}{_{,}r}\right), \\[1mm] \tilde{\gamma} = \frac{\sin^2\omega}{_{,}r} + \frac{\cos^2\omega}{_{,,}r}, \tag{6}$$

wie man sofort erkennt, wenn man das Hilfskoordinatensystem um den Winkel ω dreht, so daß die Hilfskoordinatenachsen in die Hauptschnitte der brechenden Fläche fallen. $_{,}r$ und $_{,,}r$ sind die Hauptkrümmungsradien der brechenden Fläche. Benutzen wir zu den Gleichungen (3), (4), (5) noch die Beziehungen § 25 (4):

$$x = \tilde{x}, \qquad y = \tilde{y}\cos i, \qquad x' = \tilde{x}', \qquad y' = \tilde{y}\cos i', \\ n\xi = n\tilde{\xi}, \qquad n\eta = n\eta\frac{1}{\cos i}, \qquad n'\xi' = n'\tilde{\xi}', \qquad n'\eta' = n'\tilde{\eta}'\frac{1}{\cos i'}, \tag{7}$$

so finden wir für die Brechungsmatrix

$$\begin{pmatrix} x' \\ n'\xi' \\ y' \\ n'\eta' \end{pmatrix} = \begin{pmatrix} \cos i' & 0 & 0 & 0 \\ 0 & \dfrac{1}{\cos i'} & 0 & 0 \\ 0 & 0 & 1 & 0 \\ 0 & 0 & 0 & 1 \end{pmatrix} \begin{pmatrix} \cos\omega & 0 & \sin\omega & 0 \\ 0 & \cos\omega & 0 & -\sin\omega \\ -\sin\omega & 0 & \cos\omega & 0 \\ 0 & \sin\omega & 0 & \cos\omega \end{pmatrix} \begin{pmatrix} 1 & 0 & 0 & 0 \\ \dfrac{\Gamma}{_{,}r} & 1 & 0 & 0 \\ 0 & 0 & 1 & 0 \\ 0 & 0 & \dfrac{\Gamma}{_{,,}r} & 1 \end{pmatrix}$$

$$\begin{pmatrix} \cos\omega & 0 & -\sin\omega & 0 \\ 0 & \cos\omega & 0 & \sin\omega \\ \sin\omega & 0 & \cos\omega & 0 \\ 0 & \sin\omega & 0 & \cos\omega \end{pmatrix} \begin{pmatrix} \dfrac{1}{\cos i} & 0 & 0 & 0 \\ 0 & \cos i & 0 & 0 \\ 0 & 0 & 1 & 0 \\ 0 & 0 & 0 & 1 \end{pmatrix} \begin{pmatrix} x \\ n\xi \\ y \\ n\eta \end{pmatrix} \tag{8}$$

für die Übergangsmatrix finden wir:

$$\begin{pmatrix} \bar{x}_{\nu+1} \\ n_{\nu+1}\,\bar{\xi}_{\nu+1} \\ \bar{y}_{\nu+1} \\ n_{\nu+1}\,\bar{\eta}_{\nu+1} \end{pmatrix} = \begin{pmatrix} 1 & -\dfrac{e_{\nu,\,\nu+1}}{n_{\nu,\,\nu+1}} & 0 & 0 \\ 0 & 1 & 0 & 0 \\ 0 & 0 & 1 & -\dfrac{e_{\nu,\,\nu+1}}{n_{\nu,\,\nu+1}} \\ 0 & 0 & 0 & 1 \end{pmatrix}$$

$$\begin{pmatrix} \cos\vartheta_{\nu,\,\nu+1} & 0 & \sin\vartheta_{\nu,\,\nu+1} & 0 \\ 0 & \cos\vartheta_{\nu,\,\nu+1} & 0 & -\sin\vartheta_{\nu,\,\nu+1} \\ -\sin\vartheta_{\nu,\,\nu+1} & 0 & \cos\vartheta_{\nu,\,\nu+1} & 0 \\ 0 & \sin\vartheta_{\nu,\,\nu+1} & 0 & \cos\vartheta_{\nu,\,\nu+1} \end{pmatrix} \begin{pmatrix} x'_\nu \\ n'_\nu\,\xi'_\nu \\ y'_\nu \\ n'_\nu\,\eta'_\nu \end{pmatrix} \qquad (9)$$

Hierin ist $e_{\nu,\nu+1}$ die Entfernung des $(\nu+1)$ten Durchstoßpunktes vom νten Durchstoßpunkt. $\vartheta_{\nu,\nu+1}$ ist der Winkel, den die $(\nu+1)$te Einfallsebene mit der νten bildet.

Wir sehen aus (8) und (9) nochmals folgendes bestätigt. Eine Abbildung ist dann sicher *orthogonal*, wenn alle Einfallsebenen und alle Hauptschnitte zusammenfallen ($\omega_\nu = \vartheta_{\nu,\nu+1} = 0$). Dann zerfallen nämlich sowohl die Brechungsmatrizen wie die Übergangsmatrizen.

Eine solche Abbildung ist sicher *Gaußisch*, wenn an den Durchstoßpunkten beide Krümmungsradien gleich sind und außerdem alle Flächen senkrecht durchstoßen werden; in letzterem Fall sind nämlich die durch den Zerfall der beiden Matrizen entstehenden Teile identisch.

Wir wollen zum Schluß aus (8) und (9) auch noch die sogenannten STURMschen Formeln herleiten. Den Strahlen, die von einem Punkt ausgehen, entspricht nach der Durchrechnung durch ein optisches System ein Normalenbündel, dessen Hauptschnitte natürlich nicht mit der Austrittsebene zusammenzufallen brauchen. Wir müssen also zur Durchrechnung eines Punktes folgende Aufgaben lösen: Gegeben sei ein Normalenbündel, dessen Vereinigungspunkte vom Hauptschnitt die Entfernung $_,s$, $_{,,}s$ haben, dessen Hauptschnitt mit der Einfallsebene den Winkel ϑ_ν bildet; gesucht sind Vereinigungspunkte und Hauptschnitte des gebrochenen Bündels.

Wir setzen wie in (6)

$$\left.\begin{aligned} \alpha_\nu &= \frac{\cos^2\vartheta_\nu}{_,s_\nu} + \frac{\sin^2\vartheta_\nu}{_{,,}s_\nu}, & \alpha'_\nu &= \frac{\cos^2\vartheta'_\nu}{_,s'_\nu} + \frac{\sin^2\vartheta'_\nu}{_{,,}s'_\nu}, \\ \beta_\nu &= \cos\vartheta_\nu\sin\vartheta_\nu\left(\frac{1}{_{,,}s_\nu} - \frac{1}{_,s_\nu}\right), & \beta'_\nu &= \cos\vartheta'_\nu\sin\vartheta'_\nu\left(\frac{1}{_{,,}s'_\nu} - \frac{1}{_,s'_\nu}\right), \\ \gamma_\nu &= \frac{\sin^2\vartheta_\nu}{_,s_\nu} + \frac{\cos^2\vartheta_\nu}{_{,,}s_\nu}, & \gamma'_\nu &= \frac{\sin^2\vartheta'_\nu}{_,s'_\nu} + \frac{\cos^2\vartheta'_\nu}{_{,,}s'_\nu}, \end{aligned}\right\} \qquad (10)$$

$$\tilde{\alpha}_\nu = \frac{\cos^2 \omega_\nu}{{}_\prime r_\nu} + \frac{\sin^2 \omega_\nu}{{}_{\prime\prime} r_\nu},$$

$$\tilde{\beta}_\nu = \cos \omega_\nu \sin \omega_\nu \left(\frac{1}{{}_{\prime\prime} r_\nu} - \frac{1}{{}_\prime r_\nu} \right),$$

$$\tilde{\gamma}_\nu = \frac{\sin^2 \omega_\nu}{{}_\prime r_\nu} + \frac{\cos^2 \omega_\nu}{{}_{\prime\prime} r_\nu},$$

und bekommen wegen (3) die von CH. STURM (3) zuerst aufgestellten Gleichungen

$$\left. \begin{aligned} n'_\nu \alpha'_\nu - n_\nu \alpha_\nu &= \Gamma_\nu \tilde{\alpha}_\nu, \\ n'_\nu \beta'_\nu - n_\nu \beta_\nu &= \Gamma_\nu \tilde{\beta}_\nu, \quad \text{mit} \quad \Gamma_\nu = n'_\nu \cos i'_\nu - n_\nu \cos i_\nu, \\ n'_\nu \gamma'_\nu - n_\nu \gamma_\nu &= \Gamma_\nu \tilde{\gamma}_\nu. \end{aligned} \right\} \quad (11)$$

Als Übergangsformeln finden wir:

$$\left. \begin{aligned} {}_\prime s_{\nu+1} &= {}_\prime s'_\nu - e_{\nu,\,\nu+1}, \\ {}_{\prime\prime} s_{\nu+1} &= {}_{\prime\prime} s'_\nu - e_{\nu,\,\nu+1}, \\ \vartheta_{\nu+1} &= \vartheta'_\nu - \vartheta_{\nu,\,\nu+1}. \end{aligned} \right\} \quad (12)$$

Die Durchrechnung *zweier* Punkte genügt immer, um die Abbildung vollständig zu charakterisieren, da sie vier linear unabhängige Strahlen liefert.

Vierter Teil.

Die GAUSSISCHE Abbildung als Näherung.

§ 29. Die zugeordnete kollineare Abbildung.

In den folgenden Teilen des Buches werden nur noch rotationssymmetrische Systeme betrachtet. Wir sahen unter § 16, daß in solchen Systemen die Strahlen in der Nähe der Achse nach den Gesetzen der

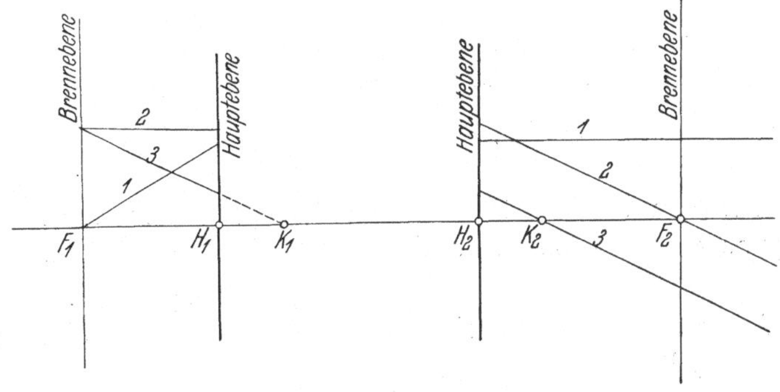

Abb. 37. Zur kollinearen Abbildung. Verlauf der Strahlen in der Meridianebene.

GAUSSISCHEN Optik abgebildet werden. Wir haben also für die Nachbarstrahlen bei nicht brennpunktlosen Systemen, wenn wir Punkt-

koordinaten verwenden, und den Koordinatenanfangspunkt objekt-
und bildseitig in den Brennpunkt legen, in erster Näherung die Beziehungen

$$n\,\xi = \frac{n}{f}\,x'_F, \qquad n\,\eta = \frac{n}{f}\,y'_F, \\ n'\,\xi' = \frac{n'}{f'}\,\bar{x}_F, \qquad n'\,\eta' = \frac{n'}{f'}\,\bar{y}_F, \tag{1}$$

oder bei brennpunktlosen Systemen, wenn wir gemischte Koordinaten
nehmen, und Objekt- und Bildpunkt in konjugierte Punkte legen:

$$x' = B'_0\,x, \qquad\qquad y' = B'_0\,y, \\ n'\,\xi' = \frac{1}{B'_0}\,n\,\xi, \quad n'\,\eta' = \frac{1}{B'_0}\,n\,\eta. \tag{2}$$

Betrachten wir nun für nicht brennpunktlose Systeme, die durch

$$n\,\xi = \frac{n\,x'_F}{\sqrt{f^2 + x'^2_F + y'^2_F}}, \qquad n'\,\xi' = \frac{n'\,\bar{x}_F}{\sqrt{f'^2 + \bar{x}^2_F + \bar{y}^2_F}}, \\ n\,\eta = \frac{n\,y'_F}{\sqrt{f^2 + x'^2_F + y'^2_F}}, \qquad n'\,\eta' = \frac{n'\,\bar{y}_F}{\sqrt{f'^2 + \bar{x}^2_F + \bar{y}^2_F}} \tag{3}$$

gegebene Abbildung des Geradenraumes; sie stimmt in der Nähe der
Achse mit der Gaussischen Abbildung überein; aber (3) stellt eine
kollineare Abbildung dar. Die von einem beliebigen, aber festen Punkt
$x, y, \bar{z}$ ausgehenden Strahlen vereinigen sich bildseitig in einem Punkt
mit den Koordinaten x', y', z' derart, daß gilt:

$$x' = -\frac{\bar{f}}{\bar{z}}\,x, \\ y' = -\frac{\bar{f}}{\bar{z}}\,y, \\ z' = \frac{\bar{f}}{\bar{z}}\,f'. \tag{4}$$

Durch unsere kollineare Abbildung wird eine feste achsensenkrechte
Fläche Punkt für Punkt scharf mit der Vergrößerung

$$\beta' = -\frac{\bar{f}}{\bar{z}} = -\frac{z'}{f'} \tag{5}$$

abgebildet. Man bezeichnet die achsensenkrechten Ebenen durch die
Brennpunkte als *Brennebenen*, die achsensenkrechten Ebenen durch
die Hauptpunkte ($\bar{z} = -\bar{f}$, $z' = -f'$, $\beta' = 1$) als *Hauptebenen*. Strahlen,
die die Achse objekt- und bildseitig schneiden, bilden mit ihr Winkel u, u'
derart, daß gilt:

$$n\,\mathrm{tg}\,u = n'\,\beta'\,\mathrm{tg}\,u' \tag{6}$$

oder

$$\gamma' = \frac{\mathrm{tg}\,u'}{\mathrm{tg}\,u} = \frac{n}{n'\,\beta'} = \frac{\bar{z}}{f'} = \frac{\bar{f}}{z'}, \tag{7}$$

wenn wir bei der kollinearen Abbildung das Tangentenverhältnis als *Winkelvergrößerung* γ' bezeichnen.

Die durch (3) bzw. (4) gegebene Geradenabbildung bezeichnen wir als die (1) *zugeordnete kollineare Abbildung*.

Auch der brennpunktlosen Abbildung (2) können wir eine kollineare Abbildung zuordnen, nämlich die durch

$$x' = B_0' x, \qquad y' = B_0' y,$$

$$n' \xi' = \frac{n \, n' \, \xi}{\sqrt{n'^2 B_0'^2 + (n^2 - n'^2 B_0'^2)(\xi^2 + \eta^2)}}, \left.\vphantom{\frac{n n'}{\sqrt{}}}\right\} \tag{8}$$

$$n' \eta' = \frac{n \, n' \, \eta}{\sqrt{n'^2 B_0'^2 + (n^2 - n'^2 B_0'^2)(\xi^2 + \eta^2)}}$$

gegebene kollineare Abbildung, die die Punkte

$$\left. \begin{aligned} x' &= B_0' x, \\ y' &= B_0' y, \\ z' &= \frac{n'}{n} B_0'^2 z \end{aligned} \right\} \tag{9}$$

einander zuordnet. (8) stimmt für kleine x, y, ξ, η mit (2) überein.

Ebenen durch gemäß (9) zugeordnete Achsenpunkte werden Punkt für Punkt scharf und ähnlich mit der Vergrößerung B_0' abgebildet. Die Stigmatstrahlen mögen die Winkel u, u' mit der Achse bilden, dann gilt:

$$\left. \begin{aligned} n' B_0' \operatorname{tg} u' &= n \operatorname{tg} u, \\ \Gamma_0' = \frac{\operatorname{tg} u'}{\operatorname{tg} u} &= \frac{n}{n' B_0'}. \end{aligned} \right\} \tag{10}$$

Wir sehen also, jeder Abbildung des Geradenraums durch ein Rotationssystem können wir formal eine kollineare Abbildung des Geradenraums zuordnen, der sie sich jedenfalls in der Nachbarschaft der Achse *annähert*. Man benutzt nun diese kollineare Abbildung häufig, um auch für weit von der Rotationsachse entfernte Strahlen einen Überblick über die ungefähre Lage zu bekommen; man bezeichnet die kollineare Abbildung gewissermaßen als *ideale* Abbildung, von der die *reale* Abbildung sich mehr oder weniger weit entfernt. Hierbei ist nun eine gewisse Vorsicht vonnöten. Die kollineare Abbildung ist eine Geradenabbildung, bei der auch der ganze Punktraum abgebildet wird. Wir wissen nun aus § 8 (18), und können es auch mit Hilfe von (3) und (8) sofort wieder verifizieren, daß von allen diesen Geradenabbildungen optisch realisierbar nur eine ist, nämlich die brennpunktlose Abbildung mit der Vergrößerung $\beta' = \pm \frac{n}{n'}$, für die Objekt- und Bildstrahlen parallel werden:

$$\left. \begin{aligned} x' &= \pm \frac{n}{n'} x, \\ y' &= \pm \frac{n}{n'} y, \qquad \begin{aligned} \xi' &= \xi, \\ \eta' &= \eta. \end{aligned} \\ z' &= \frac{n}{n'} z, \end{aligned} \right\} \tag{11}$$

Mit Ausnahme dieser Systeme, bei denen jeder Punkt Knoten-punkt ist, die wir daher als *Knotenpunktsysteme* bezeichnen wollen, ist also die kollineare Abbildung grundsätzlich nicht realisierbar. Es ist daher wertlos, wenn man etwa versucht, ein System für einzelne Strahlen so zu korrigieren, daß diese Strahlen den Gesetzen der Kolli-neation entsprechen; wir werden im Gegenteil finden, daß bei einer guten Korrektion der Strahlengang sich wesentlich von dem in der Kollineation unterscheidet.

Betrachten wir die Abbildungsgleichungen der kollinearen Abbil-dung als Näherungsgleichungen, so fällt vor allem beim Vergleich mit der Gaussischen Optik auf, daß die Winkelvergrößerung bei der kolli-nearen Abbildung durch das Verhältnis der Tangenten, in der Gauss-schen Näherung durch das Verhältnis der Sinus gegeben ist. Beide sind natürlich für die Strahlen in der Nachbarschaft der Achse einfach gleich dem Verhältnis der Winkel (im Bogenmaß gemessen). Um deut-lich den Gültigkeitsbereich der Näherungstheorie hervorzuheben, soll im folgenden überall statt des Tangens und Sinus der Winkel benutzt werden. Korrekt sind alle im folgenden abgeleiteten Formeln nur, wenn man diese Größen beliebig miteinander vertauschen kann.

Bei dem Versuch, die hier näherungsweise abgeleiteten Gesetzmäßig-keiten in Sonderfällen für die reale Abbildung auszubauen, wird manch-mal der Sinus, manchmal der Tangens für den Winkel eintreten, ins-besondere wird aber darauf zu achten sein, daß die Annahme einer scharfen Abbildung im allgemeinen nicht zutrifft.

§ 30. Die Abbe-M. v. Rohrsche Lehre von der Strahlenbegrenzung.

Die wichtigste Verwendung der kollinearen Abbildung ist die in ihren Grundgedanken von E. Abbe (*1*) herrührende, von M. v. Rohr (*4*) vollständig durchgeführte Lehre von der Strahlenbegrenzung, die es gestattet, sich wenigstens näherungsweise einen Überblick über die Gesamtheit der das optische System durchsetzenden Strahlen zu ver-schaffen. Um die Grundbegriffe deutlich herauszuarbeiten, sehen wir zunächst einmal vollständig von dem optischen System ab.

Wir betrachten eine Anzahl kreisrunder Öffnungen, die in zuein-ander parallelen Ebenen liegen mögen, und deren Mittelpunkte alle auf einer zu den Ebenen senkrechten Geraden, der Systemachse, liegen. Die Gesamtheit aller Geraden, die alle Öffnungen durchsetzen, be-zeichnen wir als den Gullstrandschen *Strahlenraum*, der zu dem System von Öffnungen gehört [s. A. Gullstrand (*4*)].

Die Gesamtheit der Strahlen, die von einem festen Punkt P aus-gehen, und dem Gullstrandschen Strahlenraum angehören, erhält man, wenn man alle Öffnungen von P aus projiziert und die Strahlen betrachtet, die allen Projektionen angehören. Liegt P insbesondere auf der Achse, so sind alle projizierenden Kegel Kreiskegel um die

Systemachse, also auch der Kegel, der die Strahlen begrenzt, die unser System durchsetzen. Man bezeichnet den halben Öffnungswinkel u dieses Kreiskegels oder auch den zugehörigen Sinus als die *Öffnung* oder *Apertur* des Systems für den betrachteten Achsenpunkt. Es gibt im allgemeinen eine bestimmte Öffnung, welche die vom Achsenpunkt ausgehenden und das System durchsetzenden Strahlen begrenzt. Diese Öffnung heißt nach M. v. Rohr (*4*) die *Öffnungsblende*.

Hat das System für diesen Achsenpunkt nur eine Öffnungsblende, so wird dieselbe aus Stetigkeitsgründen auch noch für benachbarte Punkte der Achse als Öffnungsblende wirken; sind für den Punkt mehrere Blenden Öffnungsblenden, so werden die Öffnungsblenden für zwei benachbarte Achsenpunkte, die durch P getrennt werden, verschieden sein. Die Lage der Öffnungsblende, als Funktion des Achsenpunktes betrachtet, ändert sich in diesem Punkt sprunghaft. Es ist

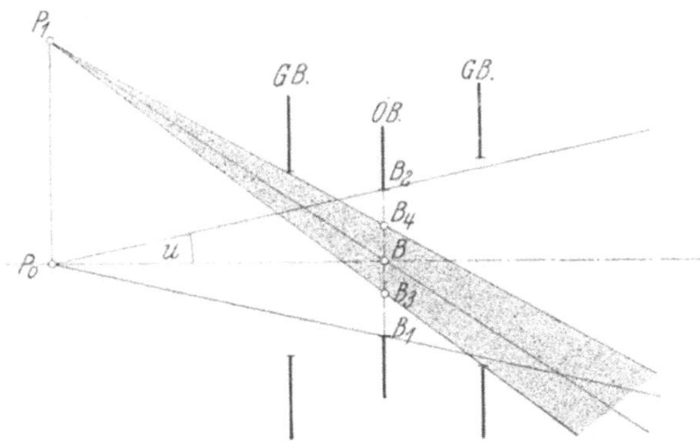

Abb. 38. Öffnungsblende $B_1 B_2$. Seitliche Öffnungsblende $B_3 B_4$.

jedoch zu beachten, daß die *Apertur* als Funktion des Ausgangspunktes sich auch in diesem Fall stetig ändert.

Wir betrachten jetzt eine durch den Achsenpunkt gehende achsensenkrechte Ebene. Wir setzen zunächst voraus, es sei nur eine Öffnungsblende für den Achsenpunkt vorhanden; dann wird auch für benachbarte Punkte der Ebene noch die Öffnungsblende als Begrenzung der Strahlen wirken. Diese Punkte strahlen, wie man zu sagen pflegt, mit *voller Apertur*. Lassen wir unsern Objektpunkt etwa auf einer in der Ebene gelegenen Geraden sich vom Achsenpunkt entfernen, so werden allmählich auch die weiteren Öffnungen Einfluß auf die Strahlenbegrenzung gewinnen. Die von unserem Punkt herkommenden, dem Gullstrandschen Strahlenraum angehörenden Strahlen durchsetzen die Öffnungsblende in einer Figur, die von einer Anzahl Kreisbögen begrenzt ist. Wir schlagen vor, die so begrenzte Figur in der Ebene der Öffnungsblende als *seitliche Öffnungsblende* für diesen Punkt zu bezeichnen. Unser Blendensystem wirkt *abschattend* (*vignettierend*). Der

Flächeninhalt der seitlichen Öffnungsblende im Verhältnis zum Inhalt der Öffnungsblende gibt ein Maß für die Abschattung.

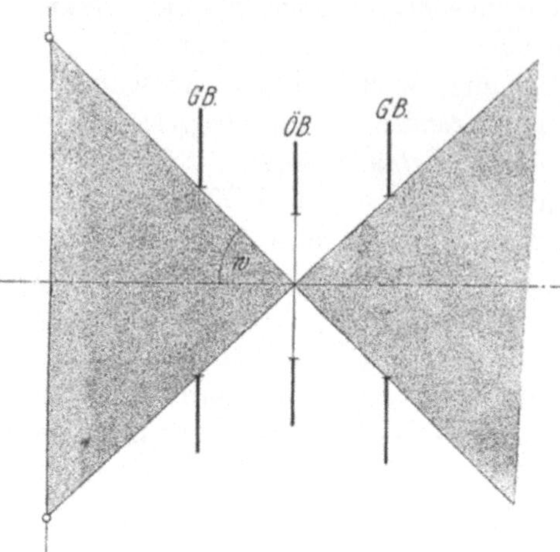

Abb. 39. Gesichtsfeldblenden auf beiden Seiten der Öffnungsblende.

Die Strahlen durch die Mitte der Öffnungsblende bezeichnet man nach SCHLEIER-MACHER (*1*) als *Hauptstrahlen*. Die Hauptstrahlen sind, wenigstens solange keine Abschattung durch andere Öffnungen eintritt, die Schwerstrahlen des vom Objekt kommenden Bündels, das unser System durchsetzt. Das Bündel der Hauptstrahlen wird begrenzt von der oder den Öffnungen, die von der Mitte der Öffnungsblende aus am kleinsten erscheinen. Diese Blenden bezeichnet M. v. ROHR (*4*) als *Gesichtsfeldblenden*, auch *Luken*. Der Winkel w, unter dem die Luken von der Mitte der Öffnungsblende aus erscheinen, wird als *Gesichtsfeldwinkel* bezeichnet. Liegen die Luken auf

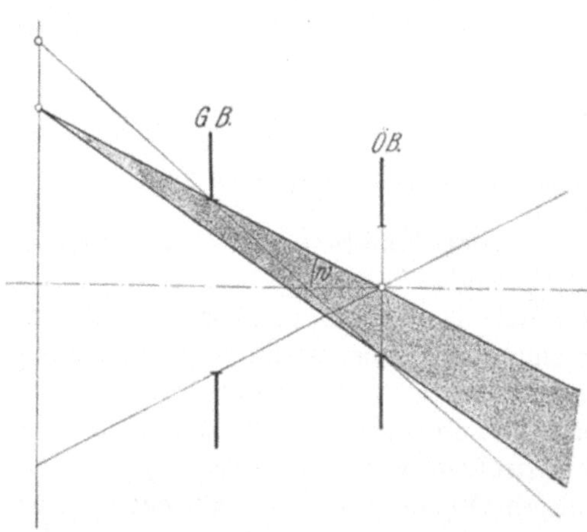

Abb. 40. Gesichtsfeldblende auf einer Seite der Öffnungsblende.

beiden Seiten der Öffnungsblende, so werden nur von den Punkten der Objektebene Strahlen durch unsere Folge hindurchgehen, die vom Mittelpunkt der Öffnungsblende unter kleinerem Winkel als w erscheinen; die Luken begrenzen in diesem Fall wirklich das *Gesichtsfeld*. Die seitliche Öffnungsblende für die Punkte, die von der Mitte der Öffnungsblende unter dem Winkel w erscheinen, schrumpft auf einen Punkt, den Mittelpunkt der Öffnungsblende, zusammen. Liegen die Luken alle auf einer Seite der Öffnungsblende (hierher gehört der Fall einer einzigen Luke), so begrenzt der Gesichtsfeldwinkel w das Gesichtsfeld in Wirklichkeit nicht; auch von Punkten, die vom Mittelpunkt der Blende unter größerem Winkel als w erscheinen, können Strahlen das System durchsetzen, aber nur für die

Punkte, die unter einem Winkel $< w$ erscheinen, enthält die seitliche Öffnungsblende den Blendenmittelpunkt, enthält das Strahlenbündel, das unser System durchsetzt, einen Hauptstrahl.

Zum Schluß wollen wir kurz die Verhältnisse bei einem System mit mehreren Öffnungsblenden streifen. u sei der Öffnungswinkel des betrachteten Systems für den Achsenpunkt. Wir führen als *Ersatzöffnungsblende* eine gedachte Blende ein, die in dem harmonischen Mittel-

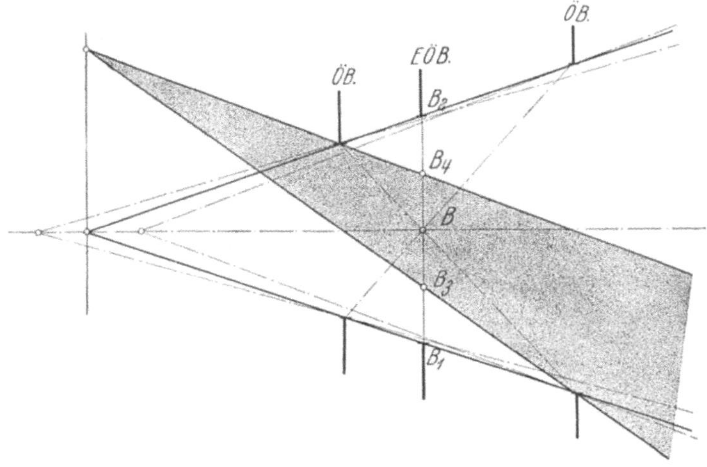

Abb. 41. Zwei Öffnungsblenden und die Ersatzöffnungsblende.
($B_1 B_2$ = Ersatzöffnungsblende), ($B_3 B_4$ = seitliche Öffnungsblende.)

punkt zwischen den beiden äußersten Öffnungsblenden liegt, vom Objektpunkt jedoch auch unter dem Winkel u erscheint, und bezeichnen die Strahlen durch die Mitte dieser gedachten Öffnung als Hauptstrahlen. Wir wählen gerade diese Blende, weil nur für sie, wie eine leichte Rechnung zeigt, die seitliche Öffnungsblende eine Symmetrieachse durch den Achsenpunkt hat. Als seitliche Öffnungsblenden bezeichnen wir die von Kreisbögen begrenzten Flächenstücke, die das von einem nicht auf der Achse gelegenen Punkt herkommende Strahlenbündel des Gullstrandschen Strahlenraumes in der Ebene der Ersatzöffnungsblende ausschneidet.

Die Hauptstrahlen bilden wieder, wenigstens solange nicht weitere Blenden abschatten, die Schwerstrahlen des vom Blendensystem durchgelassenen Bündels. Der Begriff der Luken und des Gesichtsfeldwinkels läßt sich, wie früher, übertragen.

Der einzige Tatbestand, der hier sich wesentlich ändert, ist, daß es keinen Bereich gibt, für den die seitliche Öffnungsblende mit der Ersatzöffnungsblende übereinstimmt, daß also kein Bereich mit voller Apertur strahlt. Das System schattet schon von der Mitte aus ab.

Wir hatten uns bisher nur mit einer Folge von kreisrunden Öffnungen und dem durch diese bestimmten Gullstrandschen Strahlenraum beschäftigt. Wir betrachten jetzt ein wirkliches rotationssymmetrisches optisches System. Die Strahlen werden vor allem begrenzt durch die Ränder der einzelnen Flächen; außerdem kommen aber noch sogenannte variable Blenden hinzu, deren Größe man verändern kann. Man nennt das *abblenden.*

Bilden wir all diese Öffnungen näherungsweise nach den Regeln der Gaussischen Optik in dem Objektraum bzw. Bildraum ab, so erhalten wir in beiden Räumen eine Anzahl von Öffnungen, welche gestatten, nach den oben gekennzeichneten Grundsätzen in Objekt- und Bildraum einen Gullstrandschen Strahlenraum zu bestimmen. Setzen wir voraus, daß die Strahlen des Objekt- und Bildraums einander kollinear zugeordnet sind, so können wir sagen, die Strahlen des zu den Öffnungen gehörenden Gullstrandschen Strahlenraums sind objekt- und bildseitig dieselben; wir können uns daher auf die Betrachtung der Strahlen in einem Raum beschränken.

Die Öffnungsblende bzw. Ersatzöffnungsblende im Objektraum wird als *Eintrittspupille*, die Öffnungsblende im Bildraum als *Austrittspupille* bezeichnet. Die Austrittspupille ist, wie man unter Verwendung der Lagrangeschen Gleichung erkennt, das Bild der Eintrittspupille; die zugehörige reale Öffnung wird als wirksame Öffnungsblende bezeichnet. In derselben Weise bestimmt man die *Eintritts-* bzw. Austrittsluken, die zugehörigen realen Öffnungen werden als Gesichtsfeldblenden bezeichnet.

Zwischen objekt- und bildseitiger Apertur (u, u') bzw. objekt- und bildseitigem Gesichtsfeldwinkel (w, w') bestehen annähernd die Gleichungen

$$\left.\begin{array}{c} n'\,\beta'\,u' \cong n\,u, \\ n'\,\beta'_B\,w' \cong n\,w. \end{array}\right\} \tag{1}$$

(Das Zeichen $\cong$ lies: „annähernd gleich".)

Hierin ist β' die Objektvergrößerung, β'_B die Vergrößerung, mit der die Eintrittspupille abgebildet wird.

w wird auch als *wahres*, w' als *scheinbares* Gesichtsfeld bezeichnet.

Obige Gedankengänge gestatten bei einem wirklichen System nur einen *näherungsweisen* Überblick über die das System durchsetzenden Strahlen. Weder werden im allgemeinen alle Öffnungen abweichungsfrei in den Objekt- bzw. Bildraum abgebildet, noch genügen die *Aperturstrahlen* und die Hauptstrahlen bei endlichem u und w den Gleichungen(1). Eine strenge analytische Behandlung der Strahlenbegrenzung erscheint dem Verfasser nicht möglich; in praktischen Fällen wird man immer auf die Durchrechnung vieler Strahlen angewiesen bleiben.

Trotzdem sind die hier und in den folgenden Abschnitten eingeführten Begriffe als Näherungsbetrachtung für die Strahlenoptik unentbehrlich. Es sei darauf hingewiesen, daß der Begriff der Hauptstrahlen als Strahlen durch die Mitte der wirksamen Blende auch bei endlicher Öffnung noch eine reale Bedeutung hat. Man kann nur in diesem Fall nicht behaupten, daß die Hauptstrahlen objekt- (bild-) seitig sich in einem Punkt, der Eintritts- (Austritts-) Pupille vereinigen, und darf auch nicht verlangen, daß Gleichung (1) Gültigkeit hat.

Bei den oben geschilderten Gesetzmäßigkeiten sei die Aufmerksamkeit noch auf folgende Punkte gelenkt: Es kann sein, daß die Öffnungsblende entweder in den Objekt- oder in den Bildraum so abgebildet wird, daß die Hauptstrahlen parallel in das System eintreten (oder aus ihm austreten). Man spricht in diesem Fall von objekt- (bild-) seitig *telezentrischem* Hauptstrahlengang. Bei kleiner Blende durchsetzen dann nur solche Strahlen das System, die objekt- (bild-) seitig geringe Neigung zur Achse haben.

Das abzubildende Objekt bzw. der Rand der Mattscheibe muß unter Umständen auch als begrenzende Öffnung angesehen werden; erscheint das Objekt von der Mitte der Eintrittspupille aus unter kleinerem Winkel, als die objektseitigen Bilder aller anderen Öffnungen, so ist das Objekt die Eintrittsluke.

Bei Systemen, die auf subjektive Beobachtung angewiesen sind, ist insbesondere für die Strahlenbegrenzung das Auge zum System hinzuzurechnen. Die Pupille des Auges liefert dabei eine zusätzliche Begrenzung des Strahlenganges; in vielen Fällen ist sie die Austrittspupille[1].

Wird das abzubildende (durchscheinende) Objekt von einer Lichtquelle beleuchtet, so ist die Größe der Lichtquelle auch als begrenzende Öffnung zu betrachten; erscheint sie vom Achsenpunkt des Objekts kleiner als alle anderen Öffnungen, so wirkt sie als Eintrittspupille.

An dieser Stelle können wir die in § 17 unerledigt gebliebene Frage behandeln nach der Bedeutung von $V\beta'$ für den Fall, daß die Farbenlängsabweichung nicht behoben ist. Die Strahlen der einen Farbe, die von einem Nachbarpunkt P_1 aus-

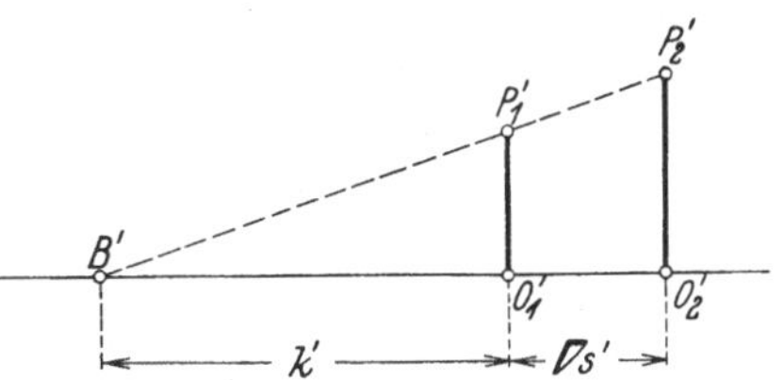

Abb. 42. Zur Bedeutung des Farbenvergrößerungsfehlers bei vorhandener Farbenlängsabweichung.

gehen, mögen sich im Punkt P_1' treffen. Die Strahlen der zweiten Farbe im Punkt P_2'. Wir fällen die Lote $P_1'O_1'$, $P_2'O_2'$ auf die Achsen. $O_1'O_2'$ hat dann die Länge Vs', $P_2'O_2' : P_1'O_1'$ verhält sich wie $(\beta' + V\beta') : \beta'$. Wir betrachten den nach P_2' gehenden Strahl, der durch P_1' geht. Er treffe die Achse in B', $B'O_1'$ habe die Entfernung k', dann ist

$$\frac{V\beta'}{\beta'} = \frac{Vs'}{k'}. \tag{2}$$

[1] Es sei hier nur bemerkt, daß beim Auge als Hauptstrahlen immer die Strahlen durch den *Augendrehpunkt* angesehen werden müssen; s. M. v. Rohr in S. Czapski, S. 377ff. Dieser bildet vor allem das Zentrum der im nächsten Paragraphen zu besprechenden Perspektive.

Liegt die Austrittspupille des Systems in B', so ist $B'P_1'P_2'$ der Hauptstrahl der zweiten Farbe; nur in diesem Fall fällt das durch die Abbildung erzeugte Bild der ersten Farbe zusammen mit der optischen Projektion durch die Hauptstrahlen der zweiten Farbe. (2) bestimmt also die Lage der Blende, die sich bei vorhandener Farbenlängsabweichung als günstigste erweist.

§ 31. Perspektive und Tiefenschärfe.

Bei vielen optischen Instrumenten wird das Bild auf einer Ebene, der *Mattscheibenebene* aufgefangen. Die Mattscheibenebene ist das Gaussische Bild einer Ebene des Objektraums, die nach M. v. Rohr (*3*) als *Einstellebene* bezeichnet sei. Betrachten wir die Abbildung eines Gegenstandes, der nicht in der Einstellebene gelegen sei. Die *Hauptstrahlen*, die Strahlen durch die Mitte der wirksamen Blende, projizieren unsern Gegenstand auf die Mattscheibenebene; wäre die Blende so weit geschlossen, daß nur die Hauptstrahlen hindurchgingen, so erhielten wir in dieser Weise ein perspektivisches Bild des Gegenstandes auf der Mattscheibenebene. Solange die Gesetze der Gaussischen Abbildung gültig sind, können wir dieses perspektivische Bild uns auch in folgender Weise herstellen: Wir projizieren unsern Gegenstand von dem Mittelpunkt der Eintrittspupille als Projektionszentrum auf die Einstellebene. Das auf der Mattscheibe entstehende Bild ist dann das im zugehörigen Abbildungsmaßstab vergrößerte Bild dieses Abbildes, das *Abbildsbild* nach M. v. Rohr.

Beim gewöhnlichen Sehen ohne optisches System liegt die Augenpupille hinter den Gegenständen. Die scheinbare Größe gleich großer Gegenstände ist um so kleiner, je weiter die Gegenstände vom Auge entfernt sind. Diese Art der Perspektive nennt man *natürliche* oder *entozentrische Perspektive.*

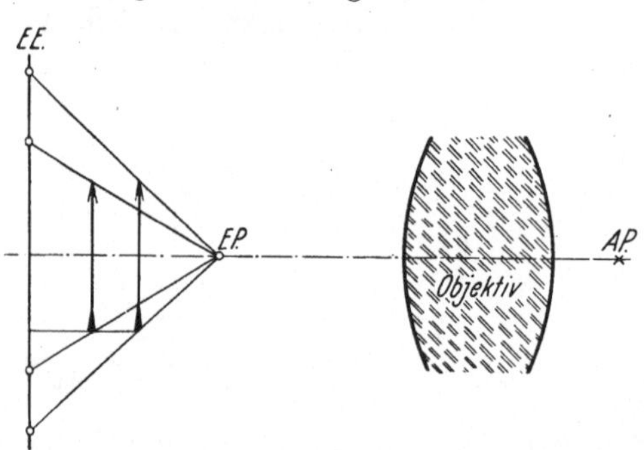

Abb. 43. Natürliche entozentrische Perspektive.
(Gleich große Objekte, welche näher liegen, erscheinen größer.)

Ein optisches System bildet alle Gegenstände mit entozentrischer Perspektive ab, die jenseits der Eintrittspupille liegen.

Liegt die Eintrittspupille im Unendlichen, so haben wir *telezentrische* Perspektive; gleichgroße Gegenstände erscheinen dem Auge unabhängig von der Entfernung gleich groß.

Ist das optische System so beschaffen, daß die Eintrittspupille vor den abzubildenden Gegenständen liegt (also vom Auge aus gesehen hinter den Gegenständen), so wird die scheinbare Größe eines

Gegenstands kleiner, wenn der Gegenstand sich dem Auge nähert; auf die Möglichkeit dieser Perspektive wurde zuerst von M. v. ROHR (*3*) hingewiesen; sie wird als *hyperzentrische Perspektive* bezeichnet.

Von der perspektivischen Darstellung, die das Abbildsbild liefert, wohl zu unterscheiden ist die richtige Betrachtung des Abbildsbilds, z. B. einer fixierten photographischen Aufnahme.

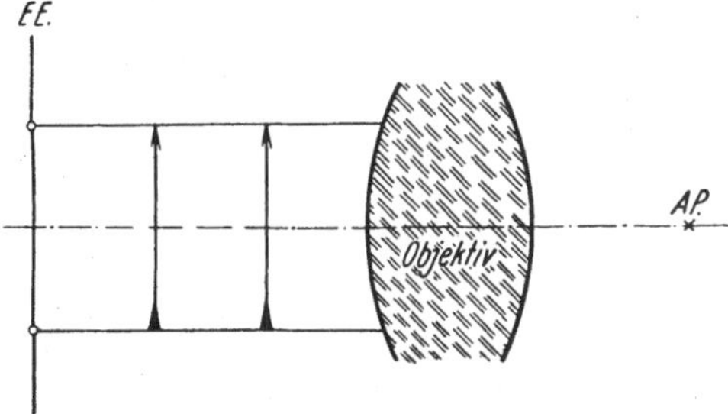

Abb. 44. Telezentrische Perspektive.
(Eintrittspupille im Unendlichen.)

Man erhält ein natürliches Bild dann und nur dann, wenn man die Aufnahme so weit vom Auge entfernt hält, daß die scheinbare Größe des Abbildsbildes gleich wird der scheinbaren Größe des Objekts, von der Eintrittspupille des optischen Systems aus gesehen. Wir erkennen: Ein optisches System liefert im einäugigen Sehen dann und nur dann

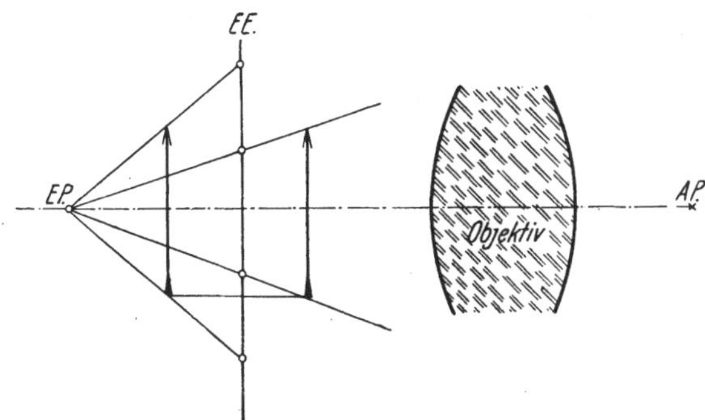

Abb. 45. Hyperzentrische Perspektive.
(Nahe, gleich große Gegenstände erscheinen kleiner als entferntere.)

ein natürlich plastisches Bild, wenn die Eintrittspupille in einem der Knotenpunkte liegt [M. v. ROHR (*2*)].

Da der Begriff des Hauptstrahls auch bei endlicher Öffnung Bedeutung hat, so können wir die Gesetze der perspektivischen Abbildung auch in voller Strenge behandeln. Das projizierende Hauptstrahlenbündel ist allerdings objekt- und bildseitig im allgemeinen nicht zentrisch; auch wird die Zuordnung der Durchstoßungspunkte der den Gegenstand projizierenden Hauptstrahlen mit Einstellebene und Mattscheibenebene im allgemeinen nicht ein ähnliches, sondern ein „verzeichnetes" Abbildsbild geben.

Wir haben bis jetzt nur die Durchstoßungspunkte der Hauptstrahlen mit Einstell- und Mattscheibenebene untersucht. Hat die Eintrittspupille einen Durchmesser $2\,r_B$, sei ihr Abstand von der Einstellebene k, so wird in einem Punkt, der im Abstand a von der Gaussischen Bildebene liegt, ein Zerstreuungskreis vom Radius $\tilde{r}$ auf der Einstellebene, ein Zerstreuungskreis vom Radius $\tilde{r}' = \beta'\tilde{r}$ auf der Mattscheibenebene entsprechen. Wir haben näherungsweise

$$\tilde{r}' \cong \frac{\beta' r_B\, a}{k + a}. \tag{1}$$

Wir wollen jetzt annehmen, daß aus irgendwelchen Gründen, vielleicht wegen der mangelnden Sehschärfe unserer Augen, ein Kreis vom Radius $|\tilde{r}| \leqq |r_0|$ nicht von einem Punkt unterschieden werden kann. Dann würde ein Gegenstand in einer Entfernung von der Einstellebene, die durch (1) bestimmt ist, noch scharf erscheinen. (1) gibt uns also ein Maß für die „Tiefe" der Abbildung.

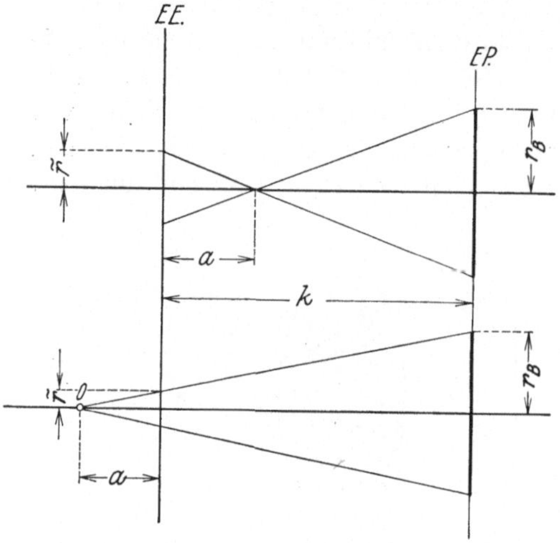

Man nennt die durch

$$a_+ \cong \frac{\tilde{r}'_0\, k}{\beta' r_B - \tilde{r}'_0}, \qquad a_- \cong -\frac{\tilde{r}'_0\, k}{\beta' r_B + \tilde{r}'_0} \left.\right\} \tag{2}$$

gegebenen Größen $a_+\,(a_-)$ vordere (hintere) Tiefenschärfe;

$$a_+ + a_- \cong \frac{2\,\tilde{r}'^2_0\, k}{\beta'^2 r_B^2 - \tilde{r}'^2_0} \tag{3}$$

bezeichnet man als Gesamttiefenschärfe. Die Untersuchung, wie sich obige Formeln ändern, wenn Einstellebene oder Eintrittspupille oder Mattscheibenebene ins Unendliche rücken, kann dem Leser überlassen bleiben[1].

Abb. 46. Zur Tiefenschärfe.

Obige Formeln (2) und (3) finden in der Praxis häufig Verwendung; doch wird man sich vor theoretischen Schlußfolgerungen daraus zu hüten haben. Entspricht insbesondere schon dem Achsenpunkt der Einstellebene ein Zerstreuungskreis, sei es wegen der vorhandenen Farbfehler, sei es wegen des vorhandenen Öffnungsfehlers, so werden wir sicher obige Formeln nicht verwenden können. Was allerdings wohl immer gültig bleibt, sind qualitative Aussagen, z. B. über den Einfluß der Größe der Eintrittspupille r_B. Wir erkennen insbesondere aus (2) und (3), daß bei gleichbleibender Öffnung und Vergrößerung die Tiefenschärfe um so günstiger ist, je kleiner die Abmessungen und daher die Brennweite des Systems ist.

---

[1] Siehe z. B. H. Boegehold (*15*), S. 236.

Fünfter Teil.

Die Gesetze dritter Ordnung in Rotationssystemen.

Die allgemeine Theorie der SEIDELschen Bildfehler.

§ 32. Die Änderung der Eikonalkoeffizienten bei einer Verschiebung der Koordinatenanfangspunkte.

Gegeben sei ein rotationssymmetrisches optisches System. Wir legen unseren Koordinatenanfangspunkt objektseitig in den Objektpunkt des abzubildenden Objekts, bildseitig in die Austrittspupille. Wir setzen voraus, die zu untersuchenden Strahlen liegen so nahe der Achse, daß wir die Eikonalentwicklung nach den Gliedern dritter Ordnung abbrechen können. Die BRUNSschen Gleichungen in Punktkoordinaten geben dann [s. § 15 (18)]

$$
\begin{aligned}
-n\,\xi &= A_1 x_0 + A_2 x'_B + (C_{11}\,a + C_{12}\,b + C_{13}\,c)\,x_0 \\
&\quad + (C_{12}\,a + C_{22}\,b + C_{23}\,c)\,x'_B, \\
n'\,\xi' &= A_2 x_0 + A_3 x'_B + (C_{12}\,a + C_{22}\,b + C_{23}\,c)\,x_0 \\
&\quad + (C_{13}\,a + C_{23}\,b + C_{33}\,c)\,x'_B
\end{aligned}
\tag{1}
$$

analog für η und η'.

Wir fragen jetzt: Wie ändern sich die A_i bzw. $C_{i\varkappa}$, wenn wir den objekt- bzw. bildseitigen Koordinatenanfangspunkt um die Strecke $\bar z$ bzw. $\bar z'$ verschieben?

Für die A_i ist unsere Frage leicht beantwortet. Setzen wir zur Abkürzung:

$$
g = \frac{\dfrac{n}{z}}{\dfrac{n}{z} - A_1}, \qquad l = \frac{A_2}{\dfrac{n}{z} - A_1},
\tag{2}
$$

so wird

$$
\begin{aligned}
\bar A_1 &= g\,A_1, \\
\bar A_2 &= g\,A_2 = l\,A_1 + A_2, \\
\bar A_3 &= \qquad\; l\,A_2 + A_3,
\end{aligned}
\tag{3}
$$

wenn wir den Koordinatenanfangspunkt objektseitig um die Strecke $\bar z$ verschieben. Man erhält (3) sofort, wenn man beachtet, daß im Bereich der GAUSSischen Optik die Beziehung

$$
x = g\,\bar x + l\,x'_B
\tag{4}
$$

gilt, die man in die nach den linearen Gliedern abgebrochene Formel (1) einsetzen kann. Für die Verschiebung des bildseitigen Koordinatenanfangspunktes um die Strecke $\bar z'$ finden wir ebenso

$$
\left.
\begin{aligned}
x'_B &= p\,x_0 + q\,\tilde{x}'_B, \\
\tilde{A}_1 &= A_1 + A_2\,p, \\
\tilde{A}_2 &= A_2 + A_3\,p = A_2\,q, \\
\tilde{A}_3 &= A_3\,q,
\end{aligned}
\right\} \tag{5}
$$

mit

$$
\left.
\begin{aligned}
p &= -\,\frac{A_2}{\dfrac{n'}{\bar{z}'} + A_3}\,, \\[3mm]
q &= \frac{\dfrac{n'}{\bar{z}'}}{\dfrac{n'}{\bar{z}'} + A_3}\,.
\end{aligned}
\right\} \tag{6}
$$

Es ist in (2) und (6) stets $\dfrac{n}{\bar{z}} \neq A_1$ bzw. $\dfrac{n'}{\bar{z}'} \neq -A_3$, da natürlich Objekt und Austrittspupille nicht in konjugierte Punkte fallen dürfen.

Wir fragen jetzt nach der Änderung der Größen zweiter Ordnung bei Verschiebung des objektseitigen Koordinatensystems um die Strecke $\bar{z}$. Wir beachten, daß die linke Seite von Gleichung (1) bei der Koordinatentransformation ungeändert bleibt. Überstreichen wir die zum zweiten Koordinatensystem gehörenden Größen, so finden wir

$$
\left.
\begin{aligned}
x_0 &= \bar{x}_0 - \frac{\bar{z}}{n}\,\frac{n\,\xi}{\sqrt{1-(\xi^2+\eta^2)}} = \bar{x}_0 - \frac{\bar{z}}{n}\,n\,\xi\left(1 + \frac{1}{2}(\xi^2+\eta^2)\right) \\
&= g\,\bar{x}_0 + l\,x'_B + \frac{\bar{z}}{n}\left\{\left[\left(\bar{C}_{11} + \frac{g^3}{2\,n^2}A_1^3\right)\bar{a} + \left(\bar{C}_{12} + \frac{g^3}{2\,n^2}A_1^2 A_2\right)\bar{b}\right.\right. \\
&\quad + \left(\bar{C}_{13} + \frac{g^3}{2\,n^2}A_1 A_2^2\right)\bar{c}\Big]\bar{x}_0 + \left[\left(\bar{C}_{12} + \frac{g^3}{2\,n^2}A_1^2 A_2\right)\bar{a}\right. \\
&\quad + \left(\bar{C}_{22} + \frac{g^3}{2\,n^2}A_1 A_2^2\right)\bar{b} + \left(\bar{C}_{23} + \frac{g^3}{2\,n^2}A_2^3\right)\bar{c}\Big]x'_B\bigg\}.
\end{aligned}
\right\} \tag{7}
$$

Setzen wir (7) in (1) ein und vergleichen die Koeffizienten, dann ergibt sich

$$
\left.
\begin{aligned}
\bar{C}_{11} &= g^4\left(C_{11} + \frac{\bar{z}}{2\,n^3}A_1^4\right), \\[2mm]
\bar{C}_{12} &= g^3\left(C_{11}\,l + C_{12} + \frac{\bar{z}}{2\,n^3}A_1^3 A_2\,g\right), \\[2mm]
\bar{C}_{13} &= g^2\left(C_{11}\,l^2 + 2\,C_{12}\,l + C_{13} + \frac{\bar{z}}{2\,n^3}A_1^2 A_2^2 g^2\right), \\[2mm]
\bar{C}_{22} &= g^2\left(C_{11}\,l^2 + 2\,C_{12}\,l + C_{22} + \frac{\bar{z}}{2\,n^3}A_1^2 A_2^2 g^2\right), \\[2mm]
\bar{C}_{23} &= g\left(C_{11}\,l^3 + 3\,C_{12}\,l^2 + (2\,C_{22} + C_{13})\,l + C_{23} + \frac{\bar{z}}{2\,n_3}A_1 A_2^3 g^3\right), \\[2mm]
\bar{C}_{33} &= \left(C_{11}\,l^4 + 4\,C_{12}\,l^3 + 2\,(2\,C_{22} + C_{23})\,l^2\right. \\
&\qquad\qquad + 4\,C_{23}\,l + C_{33} + \frac{\bar{z}}{2\,n^3}A_2^4 g^4\Big).
\end{aligned}
\right\} \tag{8}
$$

Betrachten wir umgekehrt die Veränderung der Größen zweiter Ordnung bei einer Verschiebung des bildseitigen Koordinatenanfangs, so finden wir entsprechend, wenn wir die neuen Koordinaten durch eine Schlangenlinie überstreichen,

$$
\begin{aligned}
x'_B = p\,x_0 + q\,\tilde{x}'_B - \frac{\tilde{z}'}{n'}\Big\{ &\Big[\Big(\widetilde{C}_{12} + \frac{q^3}{2\,n'^2}A_2^3\Big)a + \Big(\widetilde{C}_{22} + \frac{q^3}{2\,n'^2}A_2^2 A_3\Big)\tilde{b} \\
&+ \Big(\widetilde{C}_{23} + \frac{q^3}{2\,n'^2}A_2 A_3^2\Big)\tilde{c}\Big]x_0 + \Big[\Big(\widetilde{C}_{13} + \frac{q^3}{2\,n'^2}A_2^2 A_3\Big)\tilde{a} \\
&+ \Big(\widetilde{C}_{23} + \frac{q^3}{2\,n'^2}A_2 A_3^2\Big)\tilde{b} + \Big(\widetilde{C}_{33} + \frac{q^3}{2\,n'^2}A_3^3\Big)\tilde{c}\Big]\tilde{x}'_B\Big\}
\end{aligned}
\tag{9}
$$

und an Stelle von (8) bekommen wir

$$
\begin{aligned}
\widetilde{C}_{11} &= \Big(p^4 C_{33} + 4p^3 C_{23} + 2p^2(2C_{22} + C_{13}) + 4p\,C_{12} + C_{11} - \frac{\tilde{z}'}{2\,n'^3}A_2^4 q^4\Big), \\
\widetilde{C}_{12} &= q\Big(p^3 C_{33} + 3p^2 C_{23} + p(2C_{22} + C_{13}) + C_{12} - \frac{\tilde{z}'}{2\,n'^3}A_2^3 A_3 q^3\Big), \\
\widetilde{C}_{13} &= q^2\Big(p^2 C_{33} + 2p\,C_{23} + C_{13} - \frac{\tilde{z}'}{2\,n'^3}A_3^2 A_2^2 q^2\Big), \\
\widetilde{C}_{22} &= q^2\Big(p^2 C_{33} + 2p\,C_{23} + C_{22} - \frac{\tilde{z}'}{2\,n'^3}A_3^2 A_2^2 q^2\Big), \\
\widetilde{C}_{23} &= q^3\Big(p\,C_{33} + C_{23} - \frac{\tilde{z}'}{2\,n'^3}A_3^3 A_2 q\Big), \\
\widetilde{C}_{33} &= q^4\Big(C_{33} - \frac{\tilde{z}'}{2\,n'^3}A_3^4\Big).
\end{aligned}
\tag{10}
$$

In den Gleichungen (8) und (10) können wir auch statt der Formeln für C_{22} und C_{13} schreiben:

$$
\begin{aligned}
\overline{2\,C_{22} + C_{13}} &= g^2\Big(3\,C_{11}l^2 + 6\,C_{12}l + 2\,C_{22} + C_{12} + \frac{3\,\bar{z}}{2\,n^3}A_1^2 A_2^2 g^2\Big), \\
\overline{C_{22} - C_{13}} &= g^2(C_{22} - C_{13})
\end{aligned}
\tag{11}
$$

und

$$
\begin{aligned}
\widetilde{2\,C_{22} + C_{13}} &= q^2\Big(3p^2 C_{33} + 6p\,C_{23} + (2C_{22} + C_{13}) - \frac{3\,\tilde{z}'}{2\,n'^3}A_1^2 A_2^2 q^2\Big), \\
\widetilde{C_{22} - C_{13}} &= q^2(C_{22} - C_{13}).
\end{aligned}
\tag{12}
$$

Die Größen A_1, A_2, A_3 kann man durch Objekt- und Blendenvergrößerung ausdrücken, wenn man den von F. STAEBLE (*1*) in die Optik eingeführten Begriff der *Strahlungsweite* ($k = OB$, $k' = B'O'$) benutzt. Wir finden

$$
A_1 = +\frac{n}{k}, \qquad A_2 = -\frac{n}{k\,\beta'_B} = +\frac{n'}{k'}\beta', \qquad A_3 = -\frac{n'}{k'}.
\tag{13}
$$

Änderung der Objektlage (3):

$$
g = \frac{k_0}{k} = \frac{k'_0\,\bar{\beta}'}{\bar{k}\,\beta'_0}, \qquad l = \frac{\bar{k} - k_0}{\bar{k}\,\beta'_B} = \frac{\bar{k}' - k'_0}{\bar{k}'\,\beta'_0}.
\tag{14}
$$

Änderung der Blendenlage (5):

$$p = \beta' \frac{\tilde{k}' - k_0'}{\tilde{k}'} = \beta'_B \frac{\tilde{k} - k}{\tilde{k}}, \quad q = \frac{k_0'}{\tilde{k}'} = \frac{k_0' \beta'_B}{\tilde{k} \tilde{\beta}'_B}. \tag{15}$$

Wir beachten, daß stets, wenn Objekt oder Blende in den Brennpunkt rückt, gilt:

$$\begin{aligned} \lim_{k \to \infty} + \frac{n' \beta'}{k'} &= \varphi, \\ \lim_{k \to \infty} - \frac{n}{k \beta'_B} &= \varphi. \end{aligned} \tag{16}$$

Man überzeuge sich zum Schluß, daß die zu (9) und (11_1) gehörenden Bildgrößen als Größen nullter Gruppe nach T. Smith (*1*) angesehen werden können, während die durch (11_2) und (12_2) bestimmte Größe der ersten Gruppe angehört. Wir sehen in (8) bis (12), daß die Größen jeder Gruppe sich untereinander transformieren. Vgl. zu diesem Abschnitt T. Smith (*1*).

§ 33. Die Seidelschen Bildfehler in Abhängigkeit von Objekt- und Blendenlage.

Bestimmen wir für eine durch (1) gegebene Abbildung die Koordinaten x_0', y_0' des Durchstoßpunktes der vom Punkt $x_0, y_0, 0$ herkommenden Strahlen mit der zugehörigen Gaussischen Bildebene. Wir finden:

$$\begin{aligned} x_0' &= x_B' - \frac{1}{A_3} \frac{n' \xi'}{\sqrt{1 - (\xi'^2 + \eta'^2)}} \\ &= - \frac{A_2}{A_3} x_0 - \frac{1}{A_3} \left\{ \left[\left(C_{12} + \frac{1}{2 n'^2} A_2^3 \right) a + \left(C_{22} + \frac{1}{2 n'^2} A_2^2 A_3 \right) b \right. \right. \\ &\qquad\qquad\qquad + \left. \left(C_{23} + \frac{1}{2 n'^2} A_2 A_3^2 \right) c \right] x_0 \\ &\qquad + \left[\left(C_{13} + \frac{1}{2 n'^2} A_2^2 A_3 \right) a + \left(C_{23} + \frac{1}{2 n'^2} A_2 A_3^2 \right) b \right. \\ &\qquad\qquad\qquad + \left. \left. \left(C_{33} + \frac{1}{2 n'^2} A_3^3 \right) c \right] x_B' \right\} \end{aligned} \tag{1}$$

analog für y', y_0.

Verschwinden die fünf in (1) vorkommenden Klammerausdrücke, so wird

$$\begin{aligned} x_0' &= - \frac{A_2}{A_3} x_0 = \beta' x_0, \\ y_0' &= \beta' y_0, \end{aligned} \tag{2}$$

d. h. unser Objektelement wird scharf und ähnlich abgebildet. Die fünf in (1) vorkommenden Klammerausdrücke stimmen im wesentlichen mit den von L. Seidel gefundenen *Bildfehlern* überein. Wir setzen mit etwas anderer Normierung als L. Seidel:

$$S_1 = \frac{2}{A_2^2}\left(C_{33} + \frac{1}{2\,n'^2}\,A_3^3\right),$$

$$S_2 = \frac{2}{A_2^2}\left(C_{23} + \frac{1}{2\,n'^2}\,A_2\,A_3^2\right), \qquad S_4 = \frac{2}{A_2^2}\left(C_{22} + \frac{1}{2\,n'^2}\,A_2^2\,A_3\right),$$

$$S_3 = \frac{2}{A_2^2}\left(C_{13} + \frac{1}{2\,n'^2}\,A_2^2\,A_3\right), \qquad S_5 = \frac{2}{A_2^2}\left(C_{12} + \frac{1}{2\,n'^2}\,A_2^3\right). \tag{3}$$

Mit L. SEIDEL (2) fragen wir jetzt nach der Abhängigkeit der Bildfehler von der Blendenlage. Die $C_{i\varkappa}$ ändern sich dabei gemäß § 32 (10). (3) gibt nun in Verbindung damit

$$\widetilde{S}_1 = q^2\,S_1^0,$$

$$\widetilde{S}_2 = q\,(p\,S_1^0 + S_2^0),$$

$$\widetilde{S}_3 = p^2\,S_1^0 + 2\,p\,S_2^0 + S_3^0, \qquad \widetilde{2\,S_4 + S_3} = 3\,p^2\,S_1^0 + 6\,p\,S_2^0 + (2\,S_4^0 + S_3^0),$$

$$\widetilde{S}_4 = p^2\,S_1^0 + 2\,p\,S_2^0 + S_4^0, \qquad \widetilde{S_4 - S_3} = S_4^0 - S_3^0, \tag{4}$$

$$\widetilde{S}_5 = \frac{1}{q}\,(p^3\,S_1^0 + 3\,p^2\,S_2^0 + p\,(2\,S_4^0 + S_3^0) + S_5^0)$$

mit

$$p = \beta'\,\frac{\widetilde{k}' - k_0'}{\widetilde{k}'} = \beta'_{B\,0}\,\frac{\widetilde{k} - k}{\widetilde{k}}, \qquad q = \frac{k_0'}{\widetilde{k}'} = \frac{k_0\,\beta'_{B\,0}}{\widetilde{k}\,\widetilde{\beta}'_B} \tag{5}$$

Formeln, die im wesentlichen schon bei L. SEIDEL (2) stehen. Aus § 32 (8) können wir aber, wenn wir noch eine sechste Bildfehlergröße, z. B.

$$S_6 = \frac{2}{A_2^2}\left(C_{11} + \frac{1}{2\,n^2}\,A_1^3\right) \tag{6}$$

hinzufügen, auch die Abhängigkeit der Bildfehler von der Objektlage bei festgehaltener Blende berechnen. Wir finden

$$\overline{S}_1 = \frac{1}{g^2}\,(l^4\,S_6^0 + l^3\,(4\,S_5^0 + 3\,\tau) + l^2\,(2\,(2\,S_4^0 + S_3^0) + 3\,\sigma) + l\,(4\,S_2^0 + \varrho) + S_1^0);$$

$$\overline{S}_2 = \frac{1}{g}\,(l^3\,S_6^0 + l^2\,(3\,S_5^0 + 2\,\tau) + l\,(2\,S_4^0 + S_3^0 + \sigma) + S_2^0);$$

$$\overline{S}_3 = l^2\,S_6^0 + l\,(2\,S_5^0 + \tau) + S_3^0; \qquad 2\,\overline{S_4 + S_3} = 3\,l^2\,S_6^0 + 3\,l\,(2\,S_5^0 + \tau) + (2\,S_4^0 + S_3^0);$$

$$\overline{S}_4 = l^2\,S_6^0 + l\,(2\,S_5^0 + \tau) + S_4^0; \qquad \overline{S_4 - S_3} = S_4^0 - S_3^0; \tag{7}$$

$$\overline{S}_5 = g\,(l\,S_6^0 + S_5^0);$$

$$\overline{S}_6 = g^2\,S_6^0$$

mit

$$g = \frac{k_0}{\overline{k}} = \frac{k_0'}{\beta_0'}\,\frac{\overline{\beta}'}{\overline{k}'}, \qquad l = \frac{\overline{k} - k_0}{\overline{k}\,\beta_B'} = \frac{\overline{k}' - k_0'}{\overline{k}'}\,\frac{1}{\beta_0'}. \tag{8}$$

Zu (4) kommt nun noch die Formel hinzu:

$$\widetilde{S}_6 = \frac{1}{q^2}\,(p^4\,S_1 + p^3\,(4\,S_2 + \varrho) + p^2\,(2\,(2\,S_4 + S_3) + 3\,\sigma) + p\,(4\,S_5 + 3\,\tau) + S_6). \tag{9}$$

Die in (7) und (9) vorkommenden Größen ϱ, σ, τ ergeben sich hierbei zu

$$\left.\begin{aligned}
\varrho &= \frac{1}{A_2}\left(\frac{A_2^2}{n^2} - \frac{A_3^2}{n'^2}\right) = \frac{1}{n'\,\beta'\,k'}\left(1 - \frac{n'^2\,\beta'^2}{n^2}\right), \\[2mm]
\sigma &= \left(\frac{A_1}{n^2} - \frac{A_3}{n'^2}\right) = -\frac{1}{n'\,k'}\left(1 - \frac{n'^2}{n^2}\,\beta'\,\beta'_B\right), \\[2mm]
\tau &= \frac{1}{A_2}\left(\frac{A_1^2}{n^2} - \frac{A_2^2}{n'^2}\right) = \frac{\beta'}{n'\,k'}\left(1 - \frac{n'^2}{n^2}\,\beta'^2_B\right).
\end{aligned}\right\} \qquad (10)$$

Gleichung (10) lehrt uns:

ϱ verschwindet nur, wenn der Objektpunkt ein Knotenpunkt ist $\left(\beta'^2 = \dfrac{n^2}{n'^2}\right)$.

σ verschwindet nur, wenn zwischen Objekt und Blendenvergrößerung die Gleichung

$$\beta'\,\beta'_B = \frac{n^2}{n'^2} \qquad (11)$$

besteht. Zwei Punkte, deren Vergrößerungen einer Gleichung der Form $\beta'_1\,\beta'_2 = \left(\dfrac{n}{n'}\right)^2$ genügen, wollen wir als *reziproke* Punkte bezeichnen. $\sigma = 0$ bedeutet also, daß Objekt und Blende in reziproken Punkten liegen.

τ verschwindet nur, wenn die Blende in einem Knotenpunkt liegt $\left(\beta'^2_B = \dfrac{n^2}{n'^2}\right)$.

$\varrho = \sigma = \tau = 0$ bedeutet, daß das System ein Knotenpunktsystem ist.

Bei einer Verschiebung des Objekt- bzw. Blendenpunktes ändern sich diese Größen wie folgt:

$$\left.\begin{aligned}
\tilde{\varrho} &= q\,\varrho, & \bar{\varrho} &= \frac{1}{g}\left(\varrho + 2\,l\,\sigma + l^2\,\tau\right), \\[2mm]
\tilde{\sigma} &= \sigma + p\,\varrho, & \bar{\sigma} &= \sigma + l\,\tau, \\[2mm]
\tilde{\tau} &= \frac{1}{q}\left(\tau + 2\,p\,\sigma + p^2\,\varrho\right), & \bar{\tau} &= g\,\tau.
\end{aligned}\right\} \qquad (12)$$

Stets bleibt

$$\sigma^2 - \varrho\,\tau = \bar{\sigma}^2 - \bar{\varrho}\,\bar{\tau} = \tilde{\sigma}^2 - \tilde{\varrho}\,\tilde{\tau} = \frac{A_2^2 - A_1\,A_3}{n^2\,n'^2\,A_2^2} = \frac{\varphi}{n\,n'} \qquad (13)$$

eine Invariante. —

Nach Einsetzen von (3) gehen die Gleichungen (1) über in

$$\left.\begin{aligned}
\frac{2\,k'}{n'\,\beta'}\left(\frac{1}{\beta'}\,x'_0 - x_0\right) &= (S_5\,a + S_4\,b + S_2\,c)\,x_0 + (S_3\,a + S_2\,b + S_1\,c)\,x'_B \\[2mm]
\frac{2\,k'}{n'\,\beta'}\left(\frac{1}{\beta'}\,y'_0 - y_0\right) &= (S_5\,a + S_4\,b + S_2\,c)\,y_0 + (S_3\,a + S_2\,b + S_1\,c)\,y'_B.
\end{aligned}\right\} \qquad (14)$$

Bei der Ableitung unserer Formel mußte nicht nur vorausgesetzt werden, daß Objekt und Blende anfangs im Endlichen lag; es mußte auch vorausgesetzt werden, daß das Objekt nicht zufällig im Brennpunkt lag. Wir wollen zunächst den letzten Fall mitbehandeln.

Gleichung (1) versagt, wenn der Objektpunkt in den Brennpunkt rückt, wohl aber gibt Gleichung (7) die Bildfehlergrößen für diesen Fall an.

Eine leichte Umformung gibt in diesem Fall an Stelle von (14)

$$\frac{2}{\varphi}\left(\frac{n'\,\xi'}{\varphi\,\sqrt{1-(\xi'^2+\eta'^2)}}-x_0\right)=(S_5\,a+S_4\,b+S_2\,c)\,x_0$$
$$+\,(S_3\,a+S_2\,b+S_1\,c)\,x'_B. \tag{15}$$

Man erhält jedoch aus (7) bzw. (4) keine endlichen Werte mehr für die S_ν, wenn Objekt oder Austrittspupille ins Unendliche wandern. Betrachten wir allerdings als Bildfehlergrößen für unendlich ferne Blende die folgenden:

$$\begin{aligned}
S_1 &= \lim_{k\to\infty} \tilde{k}'^2\,\tilde{S}_1 = k_0'^2\,S_1^0,\\[2mm]
\hat{S}_2 &= \lim_{k\to\infty} \tilde{k}'\,\tilde{S}_1 = k_0'\,(\beta_0'\,S_1^0+S_2^0),\\[2mm]
\hat{S}_3 &= \lim_{k\to\infty} \tilde{S}_3 = (\beta_0'^2\,S_1^0+2\,\beta_0'\,S_2^0+S_3^0),\\[2mm]
\hat{S}_4 &= \lim_{k\to\infty} \tilde{S}_4 = (\beta_0'^2\,S_1^0+2\,\beta_0'\,S_2^0+S_4^0),\\[2mm]
\hat{S}_5 &= \lim_{k\to\infty} \frac{1}{\tilde{k}'}\,\tilde{S}_5 = \frac{1}{k_0'}\,(\beta_0'^3\,S_1^0+3\,\beta_0'^2\,S_2^0+(2\,S_4^0+S_3^0)\,\beta_0'+S_5^0),\\[2mm]
\hat{S}_6 &= \lim_{k\to\infty} \frac{1}{\tilde{k}'^2}\,\tilde{S}_6 = \frac{1}{k_0'^2}\,(\beta_0'^4\,S_1^0+\beta_0'^3\,(4\,S_2^0+\varrho)+\beta_0'^2\,(2\,(2\,S_4^0+S_3^0)+3\,\sigma)\\
&\qquad\qquad +\,\beta_0'\,(4\,S_5^0+3\,\tau)+S_6^0),
\end{aligned}\tag{16}$$

so erhält man leicht an Stelle von (14) die Beziehung

$$\frac{2}{n'\,\beta'}\left(\frac{1}{\beta'}\,x'_0-x_0\right)=(\hat{S}_5\,\hat{a}+\hat{S}_4\,\hat{b}+\hat{S}_2\,\hat{c})\,x_0+(\hat{S}_3\,\hat{a}+\hat{S}_2\,\hat{b}+\hat{S}_1\,\hat{c})\,n'\,\xi'. \tag{17}$$

Ebenso erhält man für unendlich fernes Objekt, wenn man als Bildfehlergrößen die Grenzwerte von

$$\begin{aligned}
\hat{S}_1 &= \lim_{k\to\infty} \frac{1}{\tilde{k}^2}\,\bar{S}_1, & \hat{S}_4 &= \lim_{k\to\infty} \bar{S}_4,\\[2mm]
\hat{S}_2 &= \lim_{k\to\infty} \frac{1}{\tilde{k}}\,\bar{S}_2, & \hat{S}_5 &= \lim_{k\to\infty} \bar{k}\,\bar{S}_5,\\[2mm]
\hat{S}_3 &= \lim_{k\to\infty} \bar{S}_3, & \hat{S}_6 &= \lim_{k\to\infty} \bar{k}^2\,\bar{S}_6
\end{aligned}\tag{18}$$

betrachtet, an Stelle von (14)

$$-\frac{2\,\beta_B}{n}\left(\varphi\,x_0+\frac{n\,\xi}{\sqrt{1-(\xi^2+\eta^2)}}\right)=(\hat{S}_5\,\hat{a}+\hat{S}_4\,b+\hat{S}_2\,\hat{c})\,n\,\xi$$
$$+\,(\hat{S}_3\,a+\hat{S}_2\,\hat{b}+\hat{S}_1\,\hat{c})\,x'_B. \tag{19}$$

§ 34. Die Krümmung von Objekt- und Bildfeld im Einfluß auf die Bildfehler.

Wir haben bei der Ableitung der Bildfehler die Strahlen betrachtet, die von einem Punkt der *Ebene* $x = 0$ herkamen, und die Durchstoßpunkte mit der *Ebene* durch den GAUSSischen Bildpunkt berechnet.

In der SEIDELschen Theorie übt jedoch die evtl. Krümmung von Objekt und Auffangfläche, d. h. der Fläche, auf der man das Bild auffängt, schon einen Einfluß aus.

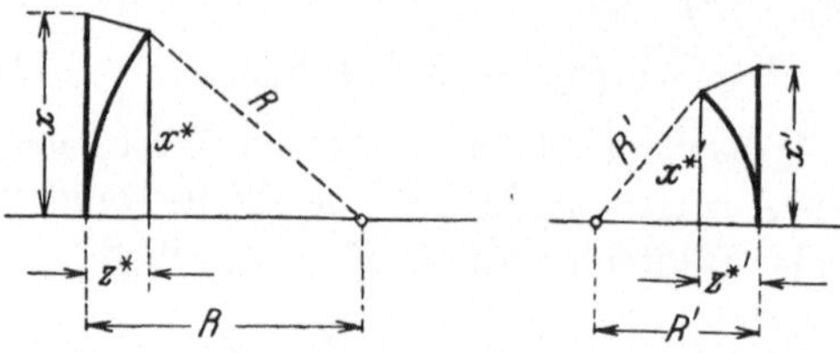

Abb. 47. Zur Krümmung von Objekt- und Auffangfläche.

Wir wollen jetzt annehmen, unser Objekt habe die Scheitelkrümmung $1:R$, die Auffangfläche habe die Krümmung $1:R'$. Sei x^*, y^*, z^* ein Punkt der Objektfläche, $x^{*\prime}$, $y^{*\prime}$, $z^{*\prime}$ ein Punkt der Bildfläche. Wir berechnen den Durchstoßungspunkt mit der Objektebene bzw. der zugehörigen GAUSSischen Bildebene. Es ist unter Beachtung der Größenordnung

$$z^* = \frac{a}{2R}, \qquad z^{*\prime} = \frac{\beta'^2 a}{2R'}, \tag{1}$$

$$\left.\begin{aligned}
x &= x^* - \frac{a}{2nR}\, n\,\xi = x^*\left(1 + \frac{A_1}{2nR}\,a\right) + x_B'\,\frac{A_2}{2nR}\,a,\\
x' &= x^{*\prime} - \frac{\beta'^2 a}{2n'R'}\, n'\,\xi' = x^*\left(\beta' - \frac{A_2\,\beta'^2}{2n'R'}\,a\right) - x_B'\,\frac{A_3\,\beta'^2}{2n'R'}\,a\,.
\end{aligned}\right\} \tag{2}$$

Setzen wir (2) in § 33 (13) ein, so erhalten wir

$$\left.\begin{aligned}
-\frac{2A_3}{A_2^2}(x_0^{*\prime} - \beta' x_0^*) &= \left[\left(S_5 + \left(\frac{1}{n'R'}\beta' - \frac{1}{nR}\beta_B'\right)a + S_4 b + S_2 c\right)\right]x_0\\
&\quad + \left[\left(S_3 - \left(\frac{1}{n'R'} - \frac{1}{nR}\right)\right)a + S_2 b + S_1 c\right]x_B',\\
-\frac{2A_3}{A_2^2}(y_0^{*\prime} - \beta' y_0^*) &= \left[\left(S_5 + \left(\frac{1}{n'R'}\beta' - \frac{1}{nR}\beta_B'\right)a + S_4 b + S_2 c\right)\right]y_0\\
&\quad + \left[\left(S_3 - \left(\frac{1}{n'R'} - \frac{1}{nR}\right)\right)a + S_2 b + S_1 c\right]y_B'.
\end{aligned}\right\} \tag{3}$$

Bezeichnen wir wieder die in Klammern stehenden fünf Ausdrücke als die SEIDELschen Bildfehler für gekrümmtes Objekt und Bild, dann gibt (3)

$$\left.\begin{aligned}
S_1^* &= S_1,\\
S_2^* &= S_2, & S_4^* &= S_4,\\
S_3^* &= S_3 - \left(\frac{1}{n'R'} - \frac{1}{nR}\right), & S_5^* &= S_5 - \beta_B'\,\frac{1}{nR} + \beta'\,\frac{1}{n'R'}.
\end{aligned}\right\} \tag{4}$$

Wir sehen also, nur S_3^* und S_5^* hängen von der Krümmung von Objekt und Bildfeld ab.

Die einzelnen Bildfehler und ihr Zusammenwirken.

Der Öffnungsfehler (sphärische Abweichung).

§ 35. Der Fehler bei festem Objekt und fester Blende.

In diesem Teil wollen wir die einzelnen Bildfehlergrößen, die wir in § 33 kennengelernt haben, nach Möglichkeit isolieren und ihre Wirkung auf die Abbildung kennzeichnen. Wir wollen ferner untersuchen, wie die Fehler sich gegenseitig beeinflussen, und welche Fehler man gleichzeitig heben kann.

Zuerst betrachten wir die vom Achsenpunkt des abzubildenden Objekts herkommenden Strahlen. Wir setzen also $x_0 = y_0 = a = b = 0$. Gleichung § 33 (14) gibt uns

$$-\frac{2A_3}{A_2^2}\, x_0' = S_1\, c\, x_B', \qquad \left.\begin{array}{c} \\ \\ \end{array}\right\} \tag{1}$$
$$-\frac{2A_3}{A_2^2}\, y_0' = S_1\, c\, y_B'.$$

Die vom Achsenpunkt des Objekts ausgehenden Strahlen durchsetzen die Gaussische Bildebene in einem kleinen Kreis, dessen Radius ϱ' proportional S_1 und proportional der dritten Potenz der Blendenöffnung ist.

Man bezeichnet den durch S_1 gegebenen Fehler nach M. Berek (*1*) als Seidel*schen Öffnungsfehler* oder auch als Seidel*sche zentrische Abweichung*. Der in der Literatur auch gebräuchliche Name *sphärische Abweichung* ist unglücklich, da er auf der falschen Annahme

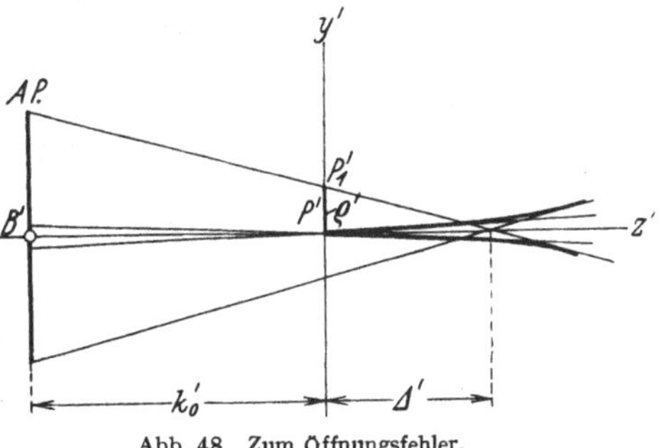

Abb. 48. Zum Öffnungsfehler.
(Längsabweichung Δ' und Seitenabweichung ϱ'.)

beruht, daß die Kugelgestalt der brechenden Flächen an diesem Fehler schuld trüge.

Die vom Objektachsenpunkt ausgehenden Strahlen schneiden die Achse in der Entfernung Δ' vom Gaussischen Bildpunkt. Δ' ergibt sich zu

$$\Delta' = -\frac{n' x_0'}{n' \xi'} = \frac{n' A_2^2}{2 A_3^2}\, S_1\, c. \tag{2}$$

Δ' wird als *zentrische Längsabweichung* bezeichnet. Sie ist der zweiten Potenz der Blendenöffnung proportional, sowie proportional S_1, dem Seidelschen Öffnungsfehler.

Ist $S_1 = 0$, so sagt man nach Boegehold (*14*), der Objektpunkt werde in erster Annäherung scharf oder *geschärft* abgebildet, oder auch der SEIDELsche Öffnungsfehler sei behoben. Ist $S_1 > (<)\, 0$, so spricht man von zentrischer *Über-* (*Unter-*) *Korrektion*.

§ 36. Abhängigkeit von Objekt- und Blendenlage.

Wir fragen nach der Abhängigkeit des SEIDELschen Öffnungsfehlers von Objekt- und Blendenlage. Gleichung § 33 (4) und § 33 (7) ergeben:

$$\left.\begin{aligned}
\widetilde{S}_1 &= q^2 S_1^0,\\
\overline{S}_1 &= \frac{1}{g^2}\left(l^4 S_6^0 + l^3(4 S_5^0 + 3\tau) + l^2(2(2 S_4^0 + S_3^0) + 3\sigma) + l(4 S_2^0 + \varrho) + S_1^0\right).
\end{aligned}\right\} \quad (1)$$

Die *erste* Gleichung (1) lehrt uns, daß der Öffnungsfehler durch Wahl der Blende nicht zu beheben ist; die *zweite* Gleichung (1) lehrt uns, daß es im allgemeinen höchstens vier Punkte in einem System gibt, in denen man den Öffnungsfehler heben kann.

Nur wenn

$$\left.\begin{aligned}
S_1^0 &= 0,\\
S_2^0 &= -\frac{\varrho}{4}, \qquad & S_5^0 &= -\tfrac{3}{4}\tau,\\
& & S_6^0 &= 0\\
2 S_4^0 + S_3^0 &= -\tfrac{3}{2}\sigma,
\end{aligned}\right\} \quad (2)$$

ist, ist der Öffnungsfehler für alle Objektpunkte behoben. Ein System, dessen Bildfehlergrößen die Form (2) haben, wollen wir als HERSCHEL-sches System bezeichnen. J. F. W. HERSCHEL (*1*) hatte 1821 zuerst die Forderung erhoben, ein System so zu korrigieren, daß alle Achsenpunkte frei von zentrischer Abweichung abgebildet werden.

Verlangen wir nur, daß ein unendlich kleines Stückchen der Achse geschärft abgebildet werden soll, so muß die zweite Gleichung (1) eine Doppelwurzel haben. Einen solchen Punkt wollen wir als HOCKINschen Punkt bezeichnen. Legen wir unsern Objektpunkt in diesen HOCKIN-schen Punkt, d. h. sei $l = 0$ die Doppelwurzel, so finden wir als notwendige und hinreichende Bedingung für einen HOCKINschen Punkt:

$$\left.\begin{aligned}
S_1^0 &= 0,\\
S_2^0 &= -\tfrac{1}{4}\varrho\,.
\end{aligned}\right\} \quad (3)$$

Gleichung (3) ist der Ausdruck einer zuerst von HOCKIN (*1*) aufgestellten Bedingung für das SEIDELsche Gebiet. Wir bezeichnen (3) als HOCKINsche Forderung. Sie ist notwendig und hinreichend dafür, daß ein Stück der Achse durch den Achsenpunkt geschärft abgebildet wird.

Der Asymmetriefehler (Koma).

§ 37. Der Fehler bei festem Objekt und fester Blende.

Wir haben im vorigen Paragraphen die Abbildung eines Achsenpunktes durch unser System betrachtet. Wir wollen hier die Abbildung eines Punktes betrachten, dessen Abstand von der Achse so klein ist, daß wir schon die zweite Potenz vernachlässigen können; bei dieser Größenordnung ist natürlich, wie auch aus § 34 (3) hervorgeht, ein ebenes Objekt-(Bild-)Flächenelement noch nicht von einem gekrümmten zu unterscheiden.

Wir finden aus § 33 (14), da wir die in a quadratischen Glieder vernachlässigen wollen,

$$-\frac{2A_3}{A_2^2}(x' - \beta_0' x_0) = S_2 c x_0 + (S_2 b + S_1 c) x_B' , \\[2mm] -\frac{2A_3}{A_2^2}(y' - \beta_0' y_0) = S_2 c y_0 + (S_2 b + S_1 c) y_B'. \tag{1}$$

Wir untersuchen die Abbildung eines in der yz-Ebene gelegenen Punktes ($x_0 = 0$, $a = y_0^2$, $b = 2 y_0 y_B'$, $c = x_B'^2 + y_B'^2$). (1) gibt

$$x' = -\frac{A_2^2}{2A_3}(2 S_2 x_B' y_B' y_0 + S_1 (x_B'^2 + y_B'^2) x_B'), \\[2mm] y' - \beta_0' y_0 = -\frac{A_2^2}{2A_3}(S_2 (x_B'^2 + 3 y_B'^2) y_0 + S_1 (x_B'^2 + y_B'^2) y_B'). \tag{2}$$

Wir können uns die dem Nachbarpunkt entsprechende Zerstreuungsfigur zusammengesetzt denken aus zwei sich überdeckenden Teilen, einem vom Öffnungsfehler S_1 herrührenden Kreis, dessen Radius proportional S_1, sowie proportional der dritten Potenz der Blendenöffnung ist (s. Abb. 49), und einer unsymmetrischen mit S_2 verschwindenden Zerstreuungsfigur (s. Abb. 50).

Man bezeichnet S_2 als SEIDEL*schen Asymmetriefehler*, auch *Komafehler*. Betrachten wir nur den von S_2 herrührenden Teil der Zerstreuungsfigur, so können wir folgendes aussagen (s. Abb. 50): Die Strahlen vom Nachbarpunkt, die durch die Peripherie eines Kreises der Austrittspupille vom Radius r_B' gehen, durchstoßen die GAUSSische Bildebene in der Peripherie des durch

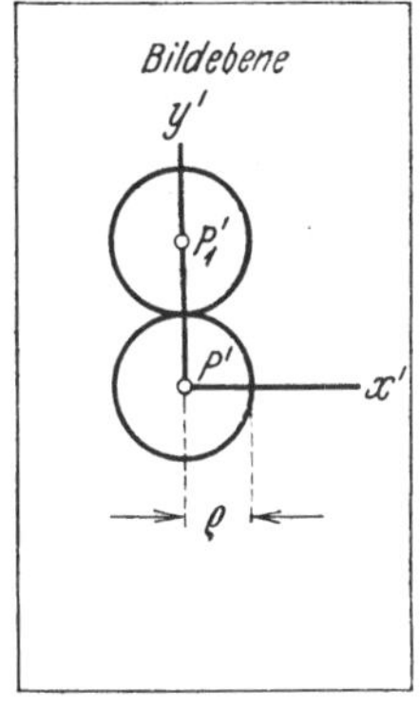

Abb. 49. Zerstreuungsfigur in der Bildebene für Achsenpunkt und Nachbarpunkt bei reinem Öffnungsfehler.

$$\left(y_0' - \beta_0' y_0 + \frac{A_2^2}{A_3} S_2 r_B' y_0\right)^2 + x_0'^2 = \left(\frac{A_2^2}{2A_3} S_2 r_B' y_0\right)^2 \tag{3}$$

gegebenen Kreises. Alle diese Kreise haben ihren Mittelpunkt auf dem Lot, das vom zugehörigen GAUSSischen Bildpunkt auf die Achse gefällt wird, und berühren zwei Gerade, die durch den GAUSSischen Bildpunkt gehen und mit dem Lot je einen Winkel von $\pm 30^0$ bilden. Diese seltsame, an einen Kometenschweif erinnernde Form, bei dem natürlich die Lichtstärke vom GAUSSischen Bildpunkt aus rasch abnimmt, hat zum Namen *Komafehler* Anlaß gegeben.

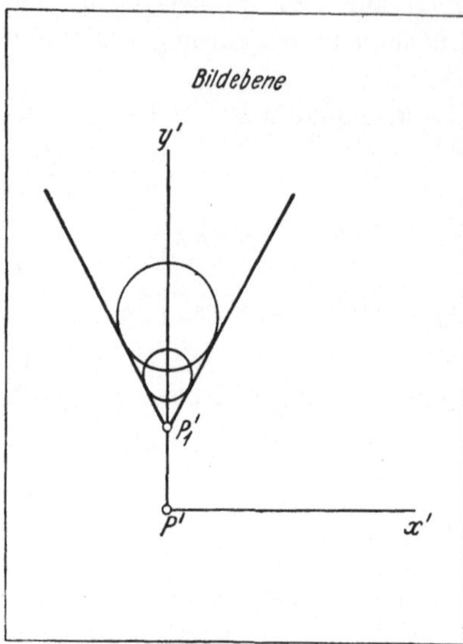

Abb. 50. Zerstreuungsfigur in der Bildebene für Nachbarpunkt bei reinem Asymmetriefehler (Koma).

Verschwindet der Asymmetriefehler S_2, so entspricht jedem Punkt eines kleinen Flächenelements nach (2) in erster Annäherung ein gleich großer Zerstreuungskreis. Eine solche Abbildung wollen wir als *asymmetriefrei* auch *isoplanatisch* bezeichnen.

Ist $S_1 = S_2 = 0$, so wird ein sehr kleines Flächenelement geschärft abgebildet; wir sprechen von *nächstfeldgeschärfter*, auch *aplanatischer* Abbildung.

Wir können ein Kriterium dafür bekommen, ob ein Flächenelement asymmetriefrei oder nächstfeldgeschärft abgebildet wird, wenn wir nur die Strahlen durch den Achsenpunkt (Richtungscosinus ξ_0, η_0) durchrechnen. Unter Benutzung von § 33 (3) finden wir nämlich, wenn wir in § 32 (1) $x_0 = y_0 = 0$ setzen

$$
\left.
\begin{aligned}
- n\,\xi_0 &= A_2\,x'_B + C_{23}\,c\,x'_B = A_2\,x'_B \left(1 - \left(\frac{1}{2\,n'^2}\,A_3^2 + \frac{A_2}{2}\,S_2\right)c\right), \\
n'\,\xi'_0 &= A_3\,x'_B + C_{33}\,c\,x'_B = A_3\,x'_B \left(1 - \left(\frac{1}{2\,n'^2}\,A_3^2 + \frac{A_3^2}{2\,A_3}\,S_1\right)c\right).
\end{aligned}
\right\}
\tag{4}
$$

Ist $S_1 = S_2 = 0$, wird also ein kleines Flächenelement nächstfeldscharf (aplanatisch) abgebildet, so ergibt (4) die Beziehungen:

$$
\left.
\begin{aligned}
n\,\xi_0 &= n'\,\beta'\,\xi'_0, \\
n\,\eta_0 &= n'\,\beta'\,\eta'_0.
\end{aligned}
\right\}
\tag{5}
$$

Sei $u\,(u')$ der Winkel zwischen Strahl und Achse, so folgt aus (5)

$$
n'\,\beta'\,\sin u' = n\,\sin u.
\tag{6}
$$

(5) ist der Ausdruck der ABBEschen Sinusbedingung für das SEIDELsche Gebiet.

Gilt umgekehrt die Sinusbedingung (5) und verschwindet S_1, so folgt aus (4), daß auch S_2 verschwinden muß. Die Erfüllung der Sinusbedingung für die vom Achsenpunkt kommenden Strahlen ist also bei behobenem Öffnungsfehler notwendig und hinreichend für nächstfeldscharfe Abbildung.

Sei $S_2 = 0$, aber $S_1 \neq 0$, dann folgt aus (4) durch Einsetzen von $\varDelta'$ aus § 35 (2):

$$-n\,\xi_0 = A_2\,x'_B\left(1 - \frac{c}{2\,n'^2}\,A_3^2\right),$$

$$n'\,\xi'_0 = A_3\,x'_B\left(1 - \frac{c}{2\,n'^2}\,A_3^2\right)\left(1 - \frac{A_3\,\varDelta'}{n'}\right) \qquad (7)$$

oder, da $\dfrac{n'}{A_3} = -k'_0$ die Entfernung Bild—Austrittspupille, die sogenannte bildseitige *Strahlungsweite* nach F. STAEBLE ist:

$$n'\,\beta'\,\xi'_0\,\frac{k'_0 + \varDelta'}{k'_0} = n\,\xi_0,$$

$$n'\,\beta'\,\eta'_0\,\frac{k'_0 + \varDelta'}{k'_0} = n\,\eta_0, \qquad (8)$$

$$n'\,\beta'\,\frac{k'_0 + \varDelta'}{k'_0}\,\sin u'_0 = n\,\sin u_0.$$

(8) ist der Ausdruck der STAEBLE-LIHOTZKYschen Isoplanasiebedingung im SEIDELschen Gebiet, s. § 51 (11) ff.

Für $\varDelta' \neq 0$ kann man (8) nach k'_0 auflösen; das gibt

$$\frac{1}{k'_0} = \frac{1}{\varDelta'}\left(\frac{n'\,\beta'\,\sin u'_0}{n\,\sin u_0} - 1\right). \qquad (9)$$

Die Größen auf der rechten Seite von (9) sind von der Lage der Blende unabhängig. (9) kann also auch dazu dienen, die Lage der Blende zu finden, für die die Abbildung asymmetriefrei ist.

Daß es für $S_1 \neq 0$ immer eine asymmetriefreie Blende gibt, erkennt man auch, wenn man gemäß § 33 (4) die Abhängigkeit des Asymmetriefehlers von der Blendenlage untersucht.

§ 38. Abhängigkeit von der Objekt- und Blendenlage.

Wir finden:

$$\widetilde{S}_2 = q\,(p\,S_1^0 + S_2^0), \qquad (1)$$

$$\overline{S}_2 = \frac{1}{g}\,(S_6^0\,l^3 + (3\,S_5^0 + 2\,\tau)\,l^2 + (2\,S_4^0 + S_3^0 + \sigma)\,l + S_2^0).$$

Aus der ersten Gleichung (1) geht hervor, daß es für einen Objektpunkt, für den der Öffnungsfehler nicht behoben ist, immer eine durch

$$p = -\frac{S_2^0}{S_1^0}$$

oder $\qquad\qquad\qquad\qquad\qquad\qquad\qquad\qquad\qquad (2)$

$$\frac{n'}{z'} = -A_3 + \frac{A_2 A_1^0}{S_2^0}$$

bestimmte feste asymmetriefreie Blende gibt.

Eine bestimmte Blende wirkt im allgemeinen für *drei* Objekte als asymmetriefreie Blende.

Ein Flächenelement durch einen Objektpunkt wird asymmetriefrei ohne Rücksicht auf die Blendenlage dann und nur dann abgebildet, wenn

$$S_1 = S_2 = 0 \tag{3}$$

ist. Die Bedingung, daß unser durch S_1^0 bis S_6^0 gegebenes System überhaupt einen aplanatischen Punkt hat, ist also die, daß die beiden Gleichungen

$$\left.\begin{aligned} g^2\overline{S}_1 - g\,\overline{l}\,S_2 &= l^3(S_5^0+\tau)+l^2(2S_4^0+S_3^0+2\sigma)+l(3S_2^0+\varrho)+S_1^0 &&=0, \\ g\,\overline{S}_2 &= l^3 S_6^0 \quad\quad +l^2(3S_5^0+2\tau) \quad\quad +l(2S_4^0+S_3^0+\sigma)+S_2^0 &&=0 \end{aligned}\right\} \tag{4}$$

eine gemeinsame Lösung haben, d. h. die zugehörige Diskriminante muß verschwinden.

Jeder Punkt ist aplanatisch dann und nur dann, wenn

$$\left.\begin{aligned} S_1^0 = S_2^0 = 2S_4^0 + S_3^0 &= S_5^0 = S_6^0 = 0\,, \\ \varrho = \sigma = \tau &= 0 \end{aligned}\right\} \tag{5}$$

ist. In Nichtknotenpunktsystemen gibt es höchstens *drei* aplanatisch (nächstfeldscharf) abgebildete achsensenkrechte Flächenelemente.

Für ein System mit drei nächstfeldscharf abgebildeten Flächenelementen müssen die rechten Seiten von (4) als Funktionen von l proportional sein. Das gibt

$$\left.\begin{aligned} \lambda S_6^0 &= \varkappa(S_5^0+\tau), \\ \lambda(3S_5^0 + 2\tau) &= \varkappa(2S_4^0 + S_3^0 + 2\sigma), \\ \lambda(2S_4^0 + S_3^0 + \sigma) &= \varkappa(3S_2^0 + \varrho), \\ \lambda S_2^0 &= \varkappa S_1^0, \end{aligned}\right\} \tag{6}$$

Ein System, dessen Bildfehlergrößen (6) genügen, wollen wir als *triaplanatisches System* bezeichnen. Es ist wohl zu beachten, daß die Beziehungen (6) unabhängig von Objekt- und Blendenlage gelten müssen; allerdings ändert sich natürlich der Proportionalitätsfaktor $\varkappa : \lambda$.

Eine bestimmte Blende wirkt wegen (1_2) dann und nur dann für *alle* Objektpunkte als asymmetriefreie Blende, wenn

$$S_6^0 = 3S_5^0 + 2\tau = 2S_4^0 + S_3^0 + \sigma = S_2^0 = 0 \tag{7}$$

ist. Eine solche Blende möge *raumasymmetriefreie Blende* heißen.

Gleichung (6) lehrt uns, daß ein System mit einer *raumasymmetriefreien* Blende auch *drei aplanatische Punkte* hat. Aber es gilt auch das Umgekehrte. Sei für einen Objektpunkt $S_1 \neq 0$, dann kann man nach (2) eine asymmetriefreie Blende finden. Legen wir die Blende dorthin, so wird in (6) $\varkappa = 0$, wir erhalten die Gleichungen (7). Wir sehen also, die so gefundene Blende ist raumasymmetriefrei.

Ein HERSCHELsches System hat wegen § 36 (2) nur die Knotenpunkte $(\varrho = 0)$ als aplanatische Punkte. Es ist *triaplanatisch* nur dann, wenn es das durch (5) bestimmte Knotenpunktssystem ist, bei dem *jeder* Punkt aplanatisch ist.

Die ABBEsche *Sinusbedingung* $S_2 = 0$ und die HOCKINsche Bedingung $S_2 = -\frac{1}{4}\varrho$ sind miteinander nur vereinbar, wenn der Objektpunkt im Knotenpunkt liegt; nur dann kann also ein kleines *Raum*element scharf abgebildet werden.

Der Verzeichnungsfehler.

§ 39. Der Fehler bei festem ebenem Objekt und fester Blende.

Wir hatten in § 30 die Strahlen durch die Blendenmitte als Hauptstrahlen bezeichnet. Wenn wir jetzt mit demselben Namen die Strahlen durch die Mitte der Austrittspupille ($x'_B = y'_B = b = c = 0$) bezeichnen, so begehen wir damit eine kleine Ungenauigkeit; es könnte ja sein, daß die Blende, die an irgendeiner Stelle im Innern des Systems liegen kann, in den Bildraum mit Öffnungsfehler behaftet abgebildet würde. Dieser Unterschied ist nicht sehr erheblich, da die zentrische Abweichung in der Blende von zweiter Ordnung klein ist, muß aber, wie die spätere Übertragung auf endliches Gesichtsfeld zeigt, prinzipiell beachtet werden. Wir wollen in diesem Abschnitt unter *Haupt*strahlen stets nur die Strahlen durch die Mitte der Austrittspupille verstehen. Um den Leser an diesen Unterschied zu erinnern, werden wir das Wort „*Haupt*" kursiv drucken.

Für die *Haupt*strahlen finden wir aus § 32 (1) und § 33 (14):

$$- n\,\xi_B = (A_1 + C_{11}a)\,x_0 = A_1 x_0\left(1 - \left(\frac{1}{2\,n^2}A_1^2 - \frac{A_2^2}{2\,A_1}S_6\right)a\right), \qquad (1)$$
$$n'\,\xi'_B = (A_2 + C_{12}a)\,x_0 = A_2 x_0\left(1 - \left(\frac{1}{2\,n^2}A_2^2 - \frac{A_2}{2}S_5\right)a\right),$$

$$x'_0 - \beta' x_0 = -\frac{A_2^2}{2\,A_3}S_5\,a\,x_0, \qquad (2)$$
$$y'_0 - \beta' y_0 = -\frac{A_2^2}{2\,A_3}S_5\,a\,y_0.$$

Gleichung (2) ordnet jedem Punkt der Objektebene eineindeutig einen Punkt der Bildebene zu, nämlich den, in dem der zugehörige *Haupt*strahl sie durchstößt. Diese optische Projektion, die hier durch die Mitte der Austrittspupille vermittelt wird, ist dann und nur dann ähnlich, wenn S_5 verschwindet.

Abb. 51. Zum Verzeichnungsfehler. (Optische Projektion eines Quadrates bei tonnenförmiger, kissenförmiger Verzeichnung.)

Bei dieser Zuordnung entspricht natürlich einem Kreis um den Objektachsenpunkt immer ein Kreis um den Bildachsenpunkt; die Abbildung ist immer *unverzerrt*, aber der Abbildungsmaßstab ändert sich,

und zwar mit der dritten Potenz der Achsenentfernung des Objektpunktes. So entspricht dann einem Quadrat, dessen Mittelpunkt im
Achsenpunkt liegt, bildseitig im allgemeinen nicht wieder ein Quadrat,
sondern ein Gebilde, das je nach dem Vorzeichen von S_5 an den Ecken
eingedrückt oder auseinandergezerrt ist. Man spricht je nach dem Vorzeichen von S_5 von tonnenförmiger bzw. kissenförmiger Verzeichnung.

Die *Haupt*strahlen gehen im allgemeinen objektseitig nicht durch die
Eintrittspupille, deren Abstand vom Mittelpunkt durch die objektseitige Strahlungsweite $k_0 = \dfrac{n}{A_1}$ gegeben ist; der objektseitige Öffnungsfehler $\varDelta_B$ ergibt sich aus (1) zu

$$\frac{x_0}{k + \varDelta_B} = \frac{\xi_B}{\sqrt{1 - (\xi_B^2 + \eta_B^2)}}$$

oder

$$\varDelta_B = -\frac{n\,A_2^2}{2\,A_1^2}\,S_6\,a\;. \tag{3}$$

Ein Vergleich mit § 35 (2) lehrt uns, daß wir S_6 als objektseitigen
SEIDELschen *Öffnungsfehler der Austrittspupille* bezeichnen können.
S_6 hat also in bezug auf die Blende und den Objektraum dieselbe Bedeutung, wie S_1 in bezug auf Objekt und Bildraum.

Eine Blende, für die $S_6 = S_5 = 0$ ist, wollen wir als *orthoskopische*
Blende bezeichnen.

Für eine *orthoskopische* Blende wird wegen (1)

$$\left.\begin{aligned}
\frac{n\,\xi_B}{\sqrt{1 - (\xi_B^2 + \eta_B^2)}} &= -\,A_1 x_0\,, \\[2ex]
\frac{n'\,\xi_B'}{\sqrt{1 - (\xi_B'^2 + \eta_B'^2)}} &= \,A_2 x_0\,,
\end{aligned}\right\} \tag{4}$$

also, wenn wir die Neigung der *Haupt*strahlen gegen die Achse mit
w, w' bezeichnen, die Vergrößerung der Eintrittspupille mit $\beta_B' = -\dfrac{A_1}{A_2}$.
erhalten wir für eine *orthoskopische* Blende

$$\left.\begin{aligned}
n'\,\beta_B'\,\mathrm{tg}\,w' &= n\,\mathrm{tg}\,w\,, \\[1ex]
\varDelta_B &= 0\,.
\end{aligned}\right\} \tag{5}$$

Gilt umgekehrt (5) für die *Haupt*strahlen, so wird das ebene Objekt
verzeichnungsfrei projiziert; da in (5) keine Größe vorkommt, die vom
Objekt abhängt, so können wir schon schließen, daß durch eine *orthoskopische* Blende *jedes* ebene Objekt verzeichnungsfrei abgebildet wird.

Ist für einen Blendenpunkt die Verzeichnung behoben, ohne daß
die Blende zentrisch korrigiert ist, so finden wir, in Analogie zu § 37 (8):

$$\left.\begin{aligned}
\frac{n\,\xi_B}{\sqrt{1 - (\xi_B^2 + \eta_B^2)}} &= \frac{n\,x_0}{k_0 + \varDelta_B}\,, \\[2ex]
\frac{n'\,\xi_B'}{\sqrt{1 - (\xi_B'^2 + \eta_B'^2)}} &= A_2\,x_0\,,
\end{aligned}\right\} \tag{6}$$

also

$$n \frac{k_0 + \varDelta_B}{k_0} \operatorname{tg} w = n' \beta'_B \operatorname{tg} w'$$

bzw.

$$\frac{1}{k_0} = \frac{1}{\varDelta_B} \left(\frac{n' \beta'_B \operatorname{tg} w'}{n \operatorname{tg} w} - 1 \right). \tag{7}$$

Gleichung (5_1) wurde, allerdings für endliches Gesichtsfeld, von AIRY (*1*) angegeben, Bow (*1*) und SUTTON (1) wiesen wohl zuerst auf die Notwendigkeit von (5_2) hin. Gleichung (7) ist ein Spezialfall einer Bedingung, auf die M. v. ROHR (*1*) für verzeichnungsfreie Abbildung hingewiesen hat; bei M. v. ROHR (*1*) ist auch der bildseitige evtl. Öffnungsfehler der wirklichen Hauptstrahlenkaustik berücksichtigt (s. S. 162). Aus (7_2) geht übrigens hervor, daß man für $\varDelta_B \neq 0$ $(S_6 \neq 0)$ immer ein Objekt finden kann, für das unsere Austrittspupille als verzeichnungsfreie Blende wirkt. (7_2) kann zur Berechnung dieser Objektlage dienen.

§ 40. Abhängigkeit von Objekt- und Blendenlage.

Man erkennt dies auch, wenn man die Abhängigkeit der Verzeichnung von Objekt- und Blendenlage untersucht. Wir finden aus § 33 (4) und (7):

$$\tilde{S}_5 = \frac{1}{q} (p^3 S_1^0 + 3 p^2 S_2^0 + p(2 S_4^0 + S_3^0) + S_5^0), \\ \overline{S}_5 = g(l S_6^0 + S_5^0). \tag{1}$$

Gleichung (1) lehrt uns: Für einen festen Objektpunkt gibt es im allgemeinen drei Blendenlagen, für die ein durch ihn gehendes ebenes achsensenkrechtes Flächenelement verzeichnungsfrei abgebildet wird.

Für eine feste Blende gibt es, wenn $S_6 \neq 0$ ist, ein festes, durch

$$l = -\frac{S_5^0}{S_6^0}, \\ \frac{n}{z} = A_1 - \frac{A_2 S_6^0}{S_5^0} \tag{2}$$

gegebenes Objekt, für das unsere Blende die Verzeichnung behebt.

Die Verzeichnung ist für eine feste Blende unabhängig von der Objektlage korrigiert, wenn für sie als Blendenpunkt $S_6^0 = S_5^0 = 0$ ist, d. h. wenn die Blende *orthoskopisch* ist. Eine orthoskopische Blende und nur sie gibt für *alle* ebenen Objekte eine verzeichnungsfreie optische Projektion.

Ein System besitzt dann und nur dann einen *orthoskopischen Punkt*, wenn die beiden Gleichungen

$$q^2 \tilde{S}_6 - q p \tilde{S}_5 = p^3 (S_2^0 + \varrho) + p^2((2 S_4^0 + S_3^0) + 3\sigma) \\ + 3 p (S_5^0 + \tau) + S_6^0 = 0, \\ q \tilde{S}_5 = p^3 S_1^0 + 3 p^2 S_2^0 + p(2 S_4^0 + S_3^0) + S_5^0 = 0 \tag{3}$$

eine gemeinsame Wurzel haben. Ein optisches System hat *unendlich viel* orthoskopische Punkte nur, wenn gilt:

$$S_1^0 = S_2^0 = 2\,S_4^0 + S_3^0 = S_5^0 = S_6^0 = 0, \left.\right\} \tag{4}$$
$$\varrho = \sigma = \tau = 0.$$

Ein Nichtknotenpunktsystem hat höchstens *drei* orthoskopische Punkte. Ein System mit drei orthoskopischen Blenden heiße *triorthoskopisch*. Die Bedingungen dafür, daß unser System triorthoskopisch ist, schreiben sich:

$$\lambda S_1^0 = \varkappa\,(S_2^0 + \varrho)\,,$$
$$\lambda\,3\,S_2^0 = \varkappa\,(2\,S_4^0 + S_3^0 + 3\,\sigma)\,,$$
$$\lambda\,(2\,S_4^0 + S_3^0) = \varkappa\,3\,(S_5^0 + \tau)\,,$$
$$\lambda S_5^0 = \varkappa\,S_6^0\,. \tag{5}$$

Die Gleichungen (5) müssen für ein triorthoskopisches System unabhängig von der Lage von Objekt- und Bildpunkt bestehen. Wählen wir als *Blendenpunkt* einen *nicht* orthoskopischen Punkt ($S_6^0 \neq 0$), so kann man den Objektpunkt so wählen, daß für ihn S_5^0 verschwindet. Dann muß in (5) $\varkappa = 0$ sein, wir erhalten also:

$$S_1^0 = S_2^0 = 2\,S_4^0 + S_3^0 = S_5^0 = 0\,. \tag{6}$$

Der so bestimmte Objektpunkt ist von allen meridionalen Fehlern frei; ein Blick auf § 33 (4) zeigt, daß diese Eigenschaft von der Blendenlage unabhängig ist. Einen solchen Punkt, in dem insbesondere die Verzeichnung unabhängig von der *Blendenlage* behoben ist, wollen wir als *verzeichnungssicheres* Objekt bezeichnen.

Wir sehen: Nur in *triorthoskopischen* Systemen gibt es ein *verzeichnungssicheres Objekt* und umgekehrt: Besitzt ein System ein *verzeichnungssicheres Objekt*, so hat es *drei orthoskopische Punkte*.

Aus § 36 (2) folgt: In einem HERSCHELschen System sind die Knotenpunkte und nur sie orthoskopische Punkte; liegt die Blende in einem Nichtknotenpunkt, so ist die Verzeichnung nicht zu beheben.

Aus § 38 (6) folgt: In *triplanatischen* Systemen kann höchstens ein Knotenpunkt orthoskopisch sein. Ebenso aus (5): In *triorthoskopischen* Systemen kann außer dem verzeichnungssicheren Objektpunkt höchstens *ein* Knotenpunkt aplanatisch sein.

Schließlich erkennt man noch ohne Mühe folgendes: Von den vier nach § 36 (1) in einem System vorhandenen Punkten, in denen S_1 verschwindet, sind in einem *triplanatischen* System *drei* Punkte aplanatisch, während der *vierte* in der raumasymmetriefreien Blende liegt. In einem *triorthoskopischen* System sind von diesen vier Punkten *drei* orthoskopische Punkte, während der *vierte* der verzeichnungssichere Objektachsenpunkt ist.

§ 41. Der Abstandsfehler bei gekrümmtem Objekt und Bild.

Sei Objekt und Auffangfläche gekrümmt, so durchstoßen die *Haupt*strahlen Objekt und Auffangfläche in Punkten, deren Koordinaten durch

$$x_0^{*\,\prime} - \beta_0' x_0^* = - \frac{A_2^2}{2 A_3} S_5^* a x_0^*, \qquad \left.\begin{array}{c}\\[2.5em]\end{array}\right\} \qquad (1)$$

$$y_0^{*\,\prime} - \beta_0' x_0^* = - \frac{A_2^2}{2 A_3} S_5^* a y_0^*,$$

mit

$$S_5^* = S_5 + \frac{A_1}{A_2}\frac{1}{n R} - \frac{A_2}{A_3}\frac{1}{n' R'} = S_5 + \beta'\frac{1}{n' R'} - \beta_B \frac{1}{n R}$$

gegeben sind. Wir können auch hier von einer optischen Projektion der Auffangfläche auf die Bildfläche mit Hilfe der *Haupt*strahlen sprechen. Verschwindet S_5^*, so sind bei dieser Projektion die Abstände entsprechender Punkte von der Achse proportional. Wir können von einer solchen Abbildung nicht gut sagen, daß sie *unverzeichnet* ist, wir wollen dafür jedoch die Bezeichnung *abstandstreu* einführen. Zwei Flächenelemente werden also abstandstreu aufeinander abgebildet, wenn $S_5^* = 0$ ist. Die Größe S_5^* selber bezeichnen wir als *Abstandsfehler*.

Wie ändert sich S_5^*, wenn wir die Blende verschieben? § 34 (4), § 33 (4) in Verbindung mit § 32 (5) gibt

$$\widetilde{S}_5^* = \frac{1}{q}\left(S_1^0 p^3 + 3 S_2^0 p^2 + (2 S_4^0 + S_3^{*0}) p + S_5^{*0}\right) \qquad (2)$$

eine Gleichung, die Formel § 40 (1_1) als Spezialfall enthält.

Verschwindet S_5^* für festes Objekt und feste Auffangfläche unabhängig von der Blendenlage, so wollen wir von einer *abstandssicheren* Abbildung der beiden Flächenelemente aufeinander sprechen. Hierzu ist notwendig und hinreichend, daß für den Objektpunkt unabhängig von der Blendenlage gilt:

$$S_1^0 = S_2^0 = 2 S_4 + S_3^* = S_5^* = 0 \,. \qquad (3)$$

Aus (3) folgt nun sofort, daß es durch jedes aplanatische Punktepaar ($S_1 = S_2 = 0$) zwei abstandssicher abgebildete Flächenelemente gibt. Zur Berechnung des Objekt- und Bildradius können die beiden letzten Gleichungen dienen. Wir finden:

$$\frac{1}{n R} = \frac{S_5^0 + \beta'(2 S_4^0 + S_3^0)}{\beta_B' - \beta'}, \qquad \left.\begin{array}{c}\\[2.5em]\end{array}\right\} \qquad (4)$$

$$\frac{1}{n' R'} = \frac{S_5^0 + \beta_B(2 S_4^0 + S_3^0)}{\beta_B' - \beta'}.$$

Formel (4) versagt im allgemeinen nur bei brennpunktlosen Systemen. Ist jedoch bei diesen brennpunktlosen Systemen

$$S_5^0 + B_0'(2 S_4^0 + S_3^0) = 0, \qquad (5)$$

so werden alle die Objekt- und Bildflächenelemente durch die aplanatischen Punkte verzeichnungssicher abgebildet, für deren Krümmungen gilt:

$$\frac{1}{n'R'} - \frac{1}{nR} = 2S_4^0 + S_3^0 = -\frac{1}{B_0'}S_5^0. \tag{6}$$

Die Bildfeldfehler.

§ 42. Die Fehler bei fester Lage von Objekt und Blende.

Um die noch nicht untersuchten Fehler zu isolieren, wollen wir nur die Strahlen betrachten, für die die Austrittspupille so klein ist, daß wir die zweite Potenz der Blendenöffnung vernachlässigen können. Es empfiehlt sich hier, von vornherein Objekt- und Auffangfläche als gekrümmt anzusehen. Wir erhalten nun aus § 34 (3):

$$\left.\begin{aligned}
\left(x_0^{*'} - \beta_0' x_0^* + \frac{A_2^2}{2A_3}S_5^* a x_0^*\right) &= S_4 b x_0^* + S_3^* a x_B', \\
\left(y_0^{*'} - \beta_0' y_0^* + \frac{A_2^2}{2A_3}S_5^* a y_0^*\right) &= S_4 b y_0^* + S_3^* a y_B'.
\end{aligned}\right\} \tag{1}$$

Für einen in der Meridianebene gelegenen Punkt ergibt sich daraus:

$$\left.\begin{aligned}
x_0^{*'} &= S_3^* y_0^{*'2} x_B', \\
\left(y_0^{*'} - \beta_0' y_0^* + \frac{A_2}{2A_3} y_0^{*3}\right) &= (2S_4 + S_3^*) y_0^{*'2} y_B'.
\end{aligned}\right\} \tag{2}$$

Gleichung (2) zeigt: Die vom Objektpunkt ausgehenden Strahlen durchstoßen die Bildfläche in einer Figur, deren Projektion auf eine achsensenkrechte Ebene eine kleine Ellipse ist, deren Halbachsen sich wie

$$\frac{2S_4 + S_3^*}{S_3^*} \tag{3}$$

verhalten. Der Mittelpunkt dieser Ellipse ist der Punkt, in dem der zugehörige *Haupt*strahl die Auffangfläche durchstößt.

Wir wollen S_3^* als *sagittalen Bildfeldfehler*, $S_4 + 2S_3^*$ als *meridionalen Bildfeldfehler* bezeichnen.

Halten wir die Objektfläche fest und verändern den Radius der Auffangfläche, so ändert sich die Gestalt der Ellipse.

Setzen wir

$$\left.\begin{aligned}
\frac{1}{n'R_m'} &= S_3 + 2S_4 + \frac{1}{nR}, \\
\frac{1}{n'R_s'} &= S_3 + \frac{1}{nR},
\end{aligned}\right\} \tag{4}$$

so erkennt man aus § 34 (4) und § 42 (2), daß unsere Ellipse auf eine sagittal bzw. meridional gelegene Zerstreuungslinie zusammenschrumpft. Man bezeichnet R_m' als Radius der *meridionalen Bildfeldkrümmung*,

R'_s als Radius der *sagittalen Bildfeldkrümmung;* die durch

$$\frac{1}{n' R'_\mu} = S_3 + S_4 + \frac{1}{n\,R} \qquad (5)$$

gegebene Kugel, auf der die Ellipse (2) zum Kreis wird, bezeichnet man als Kugel der *mittleren Bildfeldkrümmung.*

Besonders einfach werden die soeben dargestellten Tatbestände, wenn $S_4 = 0$ ist. In diesem Fall ist die Ellipse (2) für jede Bildfeldfläche

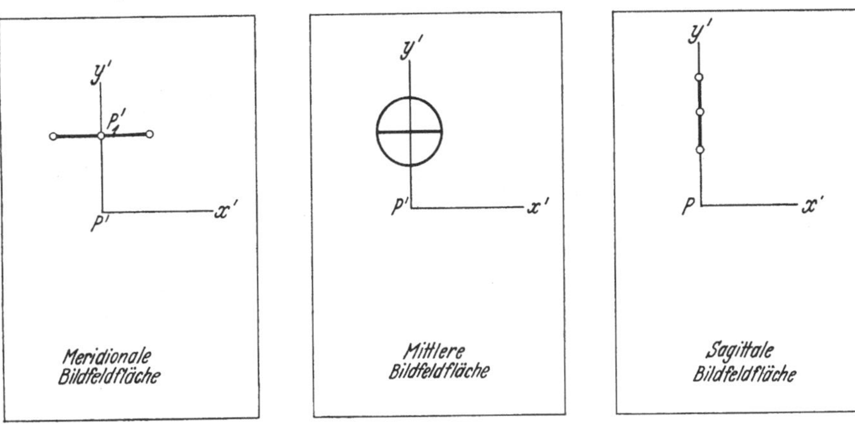

Abb. 52. Zu den Bildfeldfehlern.
(Zerstreuungsfiguren auf der Kugel der meridionalen, mittleren und sagittalen Bildkrümmung.)

ein Kreis; es ist $R'_m = R'_s = R'_\mu$ und die durch (4) oder (5) bestimmte Auffangfläche wird sogar in einem Punkt durchstoßen.

Die Größe S_4 bezeichnen wir nach einem Vorschlag von W. VOLKMANN als *Bildspannenfehler* (er wird auch *astigmatischer* Fehler genannt). S_4 ist von der Krümmung von Objekt- und Auffangfläche unabhängig. Einen Punkt, für den S_4 verschwindet, wollen wir als *spannenfreien* Punkt bezeichnen. Der Radius der Bildkugel wird durch

$$\frac{1}{n' R'} = S_3 + \frac{1}{n\,R} \qquad (6)$$

gegeben.

Den soeben skizzierten Tatbestand wollen wir mit Hilfe der in § 14 gewonnenen Einsichten noch etwas näher analysieren. Betrachten wir die Strahlen, die von einem seitlichen Objektpunkt herkommen und durch die als klein angenommene Austrittspupille gehen. Betrachten wir insbesondere zunächst den *Haupt*strahl durch die Mitte der Austrittspupille. Auf ihm entspricht dem Objektpunkt ein meridionaler und ein sagittaler Bildpunkt. Die Nachbarstrahlen durchstoßen ein Flächenelement durch den meridionalen Bildpunkt in einer sagittalen Zerstreuungslinie, ein Flächenelement durch den sagittalen Bildpunkt in einem Linienelement, das in der Meridianebene liegt.

Aus den oben durchgeführten Betrachtungen folgt, daß im SEIDELschen Gebiet die meridionalen (sagittalen) Bildpunkte für ein Objektflächenelement der Scheitelkrümmung R auf einer Bildkugel liegen, deren Radius durch R'_m bzw. R'_s gegeben ist.

Wird der Achsenpunkt spannenfrei abgebildet, so wird *jedes* Flächenelement durch den Achsenpunkt stigmatisch abgebildet. Die meridionale und sagittale Bildfeldfläche fallen zusammen. Gleichung (6) gibt den Zusammenhang zwischen der Krümmung von Objekt- und Bildfläche.

Unter den gemäß (6) aufeinander stigmatisch abgebildeten Paaren von Flächen gibt es bei nicht brennpunktlosen Flächen nur *ein* durch

$$\frac{1}{n R} = \frac{S_5^0 + \beta' S_3^0}{\beta'_B - \beta'}, \left.\begin{array}{r} \\ \\ \end{array}\right\}$$

$$\frac{1}{n' R'} = \frac{S_5^0 + \beta'_B S_3^0}{\beta'_B - \beta'} \qquad (7)$$

gegebenes Paar, das auch abstandstreu aufeinander abgebildet wird. Ist das System brennpunktlos, dann gibt es entweder kein aufeinander abstandstreu abgebildetes Flächenpaar, oder es wird jedes (6) genügende Flächenpaar aufeinander abstandstreu abgebildet. Notwendig und hinreichend dafür ist, daß gilt:

$$S_5^0 + B'_0 S_3^0 = 0. \qquad (8)$$

Zu beachten ist, daß wir in diesem Abschnitt nur die Strahlen betrachtet haben, für die die Blende klein ist; im allgemeinen werden sich die verschiedenen Fehler überlagern. Hierbei haben die Bildfeldfehler den Durchstoßungspunkt des Hauptstrahls als Symmetriezentrum, der Öffnungsfehler den GAUSSischen Bildpunkt, während der Asymmetriefehler eine unsymmetrische Zerstreuungsfigur hat, die im GAUSSischen Bildpunkt eine Spitze besitzt.

Ist $S_3 + S_4 = 0$, so verschwindet der Radius der mittleren Bildfeldkrümmung für ein ebenes Objekt. Man sagt in diesem Fall, das Bildfeld ist in *übertragenem Sinne geebnet*.

Abhängigkeit der Bildfeldfehler von Objekt- und Blendenlage.

§ 43. Die Bildspanne (Astigmatismus) in Abhängigkeit von der Objektlage.

Aus § 33 (4) finden wir für S_4:

$$\widetilde{S}_4 = p^2 S_1^0 + 2 p S_2^0 + S_4^0. \qquad (1)$$

Wir sehen:

Für jedes Objekt gibt es im allgemeinen für $S_2^{0\,2} - S_1^0 S_4^0 > 0$ zwei Blendenlagen, für die die Bildspanne behoben ist.

Die spannenfreie Blende fällt für ein Objekt mit der *asymmetriefreien* Blende zusammen, wenn für diesen Objektpunkt und beliebige Blende

gilt:
$$S_2^{0\,2} - S_1^0 S_4^0 = 0.\tag{2}$$

eine Bedingung, die zuerst von ZINKEN-SOMMER (*1*) aufgestellt wurde. Die Blendenlage ergibt sich aus

$$p = -\frac{S_2^0}{S_1^0} = -\frac{S_4^0}{S_2^0}.\tag{3}$$

Nahfeldgeschärft abgebildete Objekte. Die Bildfeldspanne für einen Objektpunkt und *alle* Blendenlagen ist nur dann behoben, wenn

$$S_1^0 = S_2^0 = S_4^0 = 0$$

ist. Dann ist gleichzeitig Asymmetriefehler und Öffnungsfehler für den Achsenpunkt behoben. Einen solchen Punkt wollen wir als *nahfeldgeschärft* abgebildeten Objektpunkt bezeichnen.

Wir wissen aus § 42, da Öffnungs- und Asymmetriefehler von der Objekt- und Bildkrümmung unabhängig sind, daß *jedes* Flächenelement durch einen nahfeldgeschärft abgebildeten Objektpunkt im SEIDEL-schen Gebiet scharf abgebildet wird .auf ein Bildelement, dessen Krümmung durch § 42 (6) gegeben ist. Unter diesen Objektelementen gibt es bei nicht brennpunktlosen Systemen gemäß § 42 (7) *eins und nur eins*, das auch abstandstreu abgebildet wird. In *brennpunktlosen* Systemen wird *jedes* Element oder *keins* auch abstandstreu abgebildet, je nachdem, ob § 42 (8) erfüllt ist oder nicht.

Ein System besitzt *nahfeldgeschärft* abgebildete Objekte, wenn die drei Gleichungen

$$\left.\begin{aligned}
g^2\,\overline{S}_1 - 2g\,l\,\overline{S}_2 + l^2\,\overline{S}_4 &= l^2(S_4^0 + \sigma) + l(2S_2^0 + \varrho) + \quad\ S_1^0 = 0,\\
g\,\overline{S}_2 - l\,\overline{S}_4 &= l^2(S_5^0 + \tau) + l(S_4^0 + S_3^0 + \sigma) + S_2^0 = 0,\\
\overline{S}_4 &= l^2 S_6^0 \qquad\quad + l(2S_5^0 + \tau) + \quad\ S_4^0 = 0
\end{aligned}\right\}\tag{4}$$

eine oder mehrere gemeinsame reelle Lösungen haben.

Alle Objekte werden nahfeldgeschärft abgebildet nur in Knotenpunktsystemen mit

$$\left.\begin{aligned}
S_1^0 = S_2^0 = S_3^0 = S_4^0 = S_5^0 = S_6^0 &= 0,\\
\varrho = \sigma = \tau &= 0.
\end{aligned}\right\}\tag{5}$$

In Nichtknotenpunktsystemen gibt es höchstens *zwei* nahfeldgeschärft abgebildete Objektpunkte.

Systeme mit zwei nahfeldgeschärft abgebildeten Objekten. Die Gleichungen (4) gelten, wie immer Objekt und Blende liegen. Wir legen den Objektpunkt in das eine nahfeldgeschärft abgebildete Objekt ($l = 0$), die Blende in das andere, so haben wir

$$\left.\begin{aligned}
S_1^0 = S_2^0 = \quad\ S_4^0 &= 0,\\
S_4^0 + \sigma = S_5^0 + \tau = S_6^0 &= 0.
\end{aligned}\right\}\tag{6}$$

Aus (6) folgt $\sigma = 0$, d. h. wegen § 33 (12):

Die beiden nahfeldgeschärft abgebildeten Objekte liegen in *reziproken* Punkten

$$\beta_1' \beta_2' = \left(\frac{n}{n'}\right)^2. \tag{7}$$

Für die Krümmung von abstandstreu abgebildeter Objekt- und Bildfläche findet man

$$\frac{1}{n\,R} = \frac{\beta'\,S_3^0 - \tau}{\dfrac{n^2}{n'^2\,\beta'} - \beta'}, \qquad \frac{1}{n'\,R'} = \frac{\dfrac{n^2}{n'^2}\dfrac{1}{\beta'}\,S_3^0 - \tau}{\dfrac{n^2}{n'^2}\dfrac{1}{\beta'} - \beta'}. \tag{8}$$

Da τ in Nichtknotenpunktsystemen nicht gleichzeitig mit σ verschwinden kann, ist es unmöglich, daß Objekt- und Bildflächenelement eben sind. Verzichten wir jedoch auch auf die Abstandtreue, so bildet *jedes* durch (6) gegebene System mit $S_3 = 0$ zwei *ebene* Flächenelemente in reziproken Punkten *eben* ab.

Betrachten wir den Sonderfall, daß die beiden reellen Lösungen von (4) zusammenfallen. Legen wir den Objektpunkt in diesen Punkt und lassen vorerst die Blende beliebig. Das gibt

$$\left.\begin{array}{l} S_1^0 = S_2^0 = S_4^0 = 0, \\[4pt] 2\,S_2^0 + \varrho = S_3^0 + S_4^0 + \sigma = 2\,S_5^0 + \tau = 0. \end{array}\right\} \tag{9}$$

(9) gibt zunächst $\varrho = 0$, der doppelt nahfeldgeschärft abgebildete Objektpunkt liegt, im Einklang mit (7), in einem Knotenpunkt

$$\beta'^2 = \left(\frac{n}{n'}\right)^2. \tag{10}$$

Legen wir die Blende in den zweiten Knotenpunkt, dann wird

$$\varrho = 0, \quad \sigma = \pm \frac{\varphi}{n\,n'}, \quad \tau = 0. \tag{11}$$

Wir finden an Stelle von (9)

$$\left.\begin{array}{c} S_1^0 = S_2^0 = S_4^0 = 0, \quad S_3^0 = -\,\sigma = \mp\,\dfrac{\varphi}{n\,n'}, \\[4pt] S_5^0 = 0. \end{array}\right\} \tag{12}$$

Für die Krümmung der auch abstandstreu abgebildeten Objekt- und Bildflächenelemente finden wir

$$\frac{1}{n\,R} = \mp\,\frac{\varphi}{2\,n\,n'}, \qquad \frac{1}{n'\,R'} = \pm\,\frac{\varphi}{2\,n\,n'}. \tag{13}$$

In (11) bis (13) gilt das obere Vorzeichen, wenn der positive Knotenpunkt nahfeldgeschärft abgebildet wird. φ bedeutet die Brechkraft des Systems.

Wir untersuchen zum Schluß die in den vorigen Abschnitten behandelten besonderen Systeme daraufhin, ob in ihnen nahfeldgeschärft abgebildete Objekte vorkommen können.

Zuerst die HERSCHELschen Systeme (§ 35). Wir legen den Objektpunkt in den einen, die Blende in den anderen Knotenpunkt.

Dann ist

$$\varrho = 0, \qquad \sigma = \pm \frac{\varphi}{n\,n'}, \qquad \tau = 0,$$
$$S_1^0 = S_2^0 = S_5^0 = S_6^0 = 0, \qquad S_3^0 + 2S_4^0 = -\frac{3}{2}\,\sigma = \mp\frac{3\,\varphi}{2\,nn'}. \qquad (14)$$

Setzen wir (14) in (4) ein, so erhalten wir

$$l^2\,(S_4^0 + \sigma) = 0,$$
$$l\left(S_4^0 + \left(\frac{\sigma}{2}\right)\right) = 0,$$
$$S_4^0 = 0, \qquad (15)$$

oder in Worten:

Ein HERSCHELsches System kann höchstens *einen* (nicht doppelt gezählten) nahfeldgeschärft abgebildeten Objektpunkt haben, der in einem der Knotenpunkte liegt.

Die triaplanatischen Systeme (§ 38). Wir legen die Blende in die raumasymmetriefreie Blende, den Objektpunkt in einen aplanatischen Punkt und haben [§ 38 (7)]

$$S_1^0 = S_2^0 = 2S_4^0 + S_3^0 + \sigma = 3S_5^0 + 2\tau = S_6^0 = 0. \qquad (16)$$

Setzen wir (16) in (4) ein, so gibt das

$$l^2\,(S_4^0 + \sigma) + l\varrho\,x = 0,$$
$$l^2\,\frac{\tau}{3} - l\,S_4^0 = 0,$$
$$-l\,\frac{\tau}{3} + S_4^0 = 0. \qquad (17)$$

Ein triaplanatisches System hat *einen* nahfeldgeschärft abgebildeten Objektpunkt, wenn entweder S_4 verschwindet oder

$$S_4^0\,(S_4^0 + \sigma) = \frac{\varrho\,\tau}{3} \qquad (18)$$

ist.

Zwei nahfeldgeschärft abgebildete Punkte

$$l_1 = 0, \qquad l_2 = -\frac{\varrho}{\sigma} \qquad (19)$$

besitzt das obige System dann und nur dann, wenn

$$S_4 = \tau = 0 \qquad (20)$$

ist. Die raumasymmetriefreie Blende liegt dann in einem Knotenpunkt; sie ist gleichzeitig der *dritte* aplanatische Punkt des Systems.

Für die Bildfehler dieses besonders bemerkenswerten Systems finden wir bei beliebigem Objektpunkt und Blende in der asymmetriefreien

Blende aus § 33 (7):

$$\left.\begin{aligned}
\bar{S}_1 &= \frac{1}{g^2}\, l\,(l\,\sigma + \varrho), \\
\bar{S}_2 &= 0, \\
\bar{S}_3 &= -\,\sigma, \\
\bar{S}_4 &= 0, \\
\bar{S}_5 &= 0, \\
\bar{S}_6 &= 0.
\end{aligned}\right\} \tag{21}$$

Wir sehen, in diesem Fall ist die *raumasymmetriefreie* Blende zugleich HOCKINSCHer und *aplanatischer* Punkt, als auch *orthoskopische* und *raumspannenfreie* Blende. Der letztere Ausdruck soll eine Blende bezeichnen, durch die für *alle* Objektpunkte die Bildspanne gehoben ist.

Die Krümmung der abstandstreu abgebildeten Flächenelemente durch die nahfeldgeschärft abgebildeten Punkte finden wir zu

$$\frac{1}{n\,R} = +\;\frac{\beta'\,\sigma}{\beta' - \beta'_B}, \qquad \frac{1}{n'\,R'} = \frac{\beta'_B\,\sigma}{\beta' - \beta'_B}, \tag{22}$$

mit

$$\beta'_B = \pm\,\frac{n}{n'}.$$

Es ist wieder nicht möglich, daß Objekt- und Bildfläche eben sind.

Die triorthoskopischen Systeme (§ 40). Wir legen den Objektpunkt in das verzeichnungssichere Objekt, die Blende in eine orthoskopische Blende. Dann haben wir [§ 40 (6)]

$$S_1^0 = S_2^0 = 2\,S_4^0 + S_3^0 = S_5^0 = S_6^0 = 0. \tag{23}$$

Setzen wir (23) in (4) ein, so ergibt sich:

$$\left.\begin{aligned}
l^2\,(S_4^0 + \sigma) + l\,\varrho &= 0, \\
l^2\,\tau + l\,(\sigma - S_4^0) &= 0, \\
l\,\tau + S_4^0 &= 0.
\end{aligned}\right\} \tag{24}$$

Ein triorthoskopisches System kann höchstens *ein* nahfeldgeschärftes Objekt besitzen. Wird das verzeichnungssichere Objekt selbst nahfeldgeschärft abgebildet ($S_4^0 = 0$), so haben wir

$$S_1^0 = S_2^0 = S_3^0 = S_4^0 = S_5^0 = S_6^0 = 0. \tag{25}$$

Das verzeichnungssichere Objekt wird frei von *allen* SEIDELSchen Bildfehlern eben abgebildet.

§ 44. Die Bildspanne in Abhängigkeit von der Blendenlage.

Aus § 33 (7) finden wir

$$\bar{S}_4 = l^2\,S_6^0 + l\,(2\,S_5^0 + \tau) + S_4^0. \tag{1}$$

Zu jeder Blende gibt es im allgemeinen für $\left(S_5^0 + \dfrac{\tau}{2}\right)^2 - S_4^0 S_6^0 > 0$ *zwei* Objektlagen, für welche die Blende als spannenfreie Blende wirkt.

Sie ist für ein Objekt gleichzeitig verzeichnungsfreie Blende, wenn für diese Blende und beliebigen Objektpunkt

$$S_5^0 (S_5^0 + \tau) = S_4^0 S_6^0 \tag{2}$$

ist.

Raumspannenfreie Blende. Verschwindet die Bildspanne bei fester Blende für alle Objektlagen, so nannten wir die Blende *raumspannenfreie* Blende. Wir erhalten als Bedingung:

$$\left.\begin{aligned} S_4^0 &= \quad 0, \\ S_5^0 &= -\frac{\tau}{2}, \\ S_6^0 &= \quad 0. \end{aligned}\right\} \tag{3}$$

Wir sehen, eine raumspannenfreie Blende wird stets zentrisch abgebildet. Die zweite Bedingung in (3) ist eine Bedingung für die Neigung der *Haupt*strahlen. Wir wollen eine Blende, in der $S_5^0 = -\dfrac{\tau}{2}$ und $S_6^0 = 0$ gilt, als MERTÉ*sche Blende* bezeichnen, nach W. MERTÉ (*2*), der (1930) zuerst die Aufmerksamkeit auf das hier behandelte Problem der spannenfreien Abbildung des Raumes durch eine enge Blende lenkte.

Ein System hat dann und nur dann eine raumspannenfreie Blende, wenn [siehe § 33 (4) und (14)] die drei Gleichungen

$$\left.\begin{aligned} q^2 \tilde{S}_6 - 2pq\left(\tilde{S}_5 + \frac{\tilde{\tau}}{2}\right) + p^2 \tilde{S}_4 &= p^2(S_4^0 + \sigma) + 2p(S_5^0 + \tau) \quad\quad + S_6^0 \quad\quad = 0, \\ 2q\left(\tilde{S}_5 + \frac{\tilde{\tau}}{2}\right) - 2p\tilde{S}_4 &= p^2(2S_2^0 + \varrho) + 2p(S_4^0 + S_3^0 + \sigma) + (2S_5^0 + \tau) = 0, \\ \tilde{S}_4 &= p^2 S_1^0 \quad\quad + 2p S_2^0 \quad\quad\quad + S_4^0 \quad\quad = 0 \end{aligned}\right\} \tag{4}$$

eine gemeinsame Lösung haben.

Jede Blende ist raumspannenfreie Blende nur in Knotenpunktsystemen mit

$$\left.\begin{aligned} S_1^0 = S_2^0 = S_3^0 = S_4^0 = S_5^0 = S_6^0 &= 0, \\ \varrho = \sigma = \tau &= 0. \end{aligned}\right\} \tag{5}$$

In Nichtknotenpunktsystemen gibt es höchstens *zwei* raumspannenfreie Blenden.

Zwei raumspannenfreie Blenden. Legen wir Objekt und Blende in je eine der raumspannenfreien Blenden, so wird

$$\left.\begin{aligned} S_4^0 + \sigma = 2S_2^0 + \varrho = S_1^0 &= 0, \\ S_6^0 = 2S_5^0 + \tau = S_4^0 &= 0, \end{aligned}\right\} \tag{6}$$

also $\sigma = 0$; wir sehen, auch zwei raumspannenfreie Blenden können nur in *reziproken* Punkten liegen:

$$\beta'_{1B}\,\beta'_{2B} = \left(\frac{n}{n'}\right)^2. \tag{7}$$

Setzen wir (6) in § 43 (4) ein, so erhalten wir

$$\left.\begin{array}{l} 0 \qquad\quad = 0, \\[4pt] l^2\,\dfrac{\tau}{2} + l\,S_3^0 - \dfrac{\varrho}{2} = 0, \\[4pt] 0 \qquad\quad = 0. \end{array}\right\} \tag{8}$$

Wir sehen, ein System mit zwei *raumspannenfreien* Blenden hat stets auch zwei, allerdings nicht notwendig reelle *nahfeldgeschärft* abgebildete Objektpunkte. Aber auch das Umgekehrte gilt: Sei ein System mit zwei *nahfeldgeschärft* abgebildeten getrennten Objektpunkten gegeben; wir legen Objekt und Blende in diese beiden Punkte und setzen § 43 (6) in (4) ein, das gibt

$$\left.\begin{array}{l} 0 \qquad\;\; = 0, \\[4pt] p^2\,\varrho + 2\,p\,S_3^0 - \tau = 0, \\[4pt] 0 \qquad\;\; = 0, \end{array}\right\} \tag{9}$$

das System hat also zwei (nicht notwendig reelle) *raumspannenfreie* Blenden. Habe unser System *einen* doppelt gezählten nahfeldgeschärft abgebildeten Objektpunkt, der in einem Knotenpunkt liegt; legen wir die Blenden in den zweiten Knotenpunkt und setzen § 43 (12) in (4) ein, so haben wir

$$\left.\begin{array}{l} p^2\,\sigma + S_6^0 = 0, \\[4pt] 0 = 0, \\[4pt] 0 = 0. \end{array}\right\} \tag{10}$$

Das System hat wieder zwei (nicht notwendig reelle) raumspannenfreie Blenden.

Es bleibt noch der Fall zu betrachten, daß *zwei zusammenfallende* raumspannenfreie Blenden vorhanden sind. (4) gibt dann, wenn wir die Blende in die raumspannenfreie Blende legen,

$$\left.\begin{array}{l} S_6^0 = 2\,S_5^0 \qquad + \tau = S_4^0 = 0, \\[4pt] S_5^0 + \tau = S_4^0 + S_3^0 + \sigma = S_2^0 = 0, \end{array}\right\} \tag{11}$$

also $\tau = 0$, d. h. die Blende liegt in Übereinstimmung mit (7) in einem Knotenpunkt. (11) lehrt uns, daß die *raumspannenfreie* Blende in diesem Fall auch *orthoskopische* und *raumasymmetriefreie* Blende ist. Es gibt stets zwei (nicht notwendig reelle) *nahfeldgeschärft* abgebildete Objektpunkte, deren Lage sich aus § 43 (4) aus der Gleichung

$$l^2\,\sigma + l\,\varrho + S_1^0 = 0 \tag{12}$$

errechnet.

Wir untersuchen zum Schluß, ob in den früher untersuchten besonderen Systemtypen spannenfreie Blenden vorkommen können.

Die HERSCHELschen Systeme. Wir legen wie in § 43 Objekt und Blende in die Knotenpunkte und setzen § 43 (14) in (4) ein. Das gibt

$$\left.\begin{aligned} p^2\,(S_4^0 + \sigma) &= 0, \\ 2\,p\left(S_4^0 + \frac{\sigma}{2}\right) &= 0, \\ S_4^0 &= 0, \end{aligned}\right\} \tag{13}$$

Nur im Knotenpunkt kann eine *nicht doppelt zählende* raumspannenfreie Blende liegen. Dann wird der andere Knotenpunkt nahfeldgeschärft abgebildet.

Die triaplanatischen Systeme. Wir legen die Blende in die raumasymmetriefreie Blende, den Objektpunkt in einen aplanatischen Punkt und setzen § 43 (16) in (4) ein. Das gibt:

$$\left.\begin{aligned} p^2\,(S_4^0 + \sigma) + \tfrac{2}{3}\,p\,\tau &= 0, \\ p^2\,\varrho - 2\,p\,S_4^0 - \frac{\tau}{3} &= 0, \\ S_4^0 &= 0. \end{aligned}\right\} \tag{14}$$

Der Objektpunkt muß selbst ohne Bildspannenfehler abgebildet werden, außerdem muß die raumasymmetriefreie Blende im Knotenpunkt liegen. Die Blende ist dann doppelt gezählte raumspannenfreie Blende, wir haben das in (11) gekennzeichnete System mit

$$\left.\begin{aligned} S_1^0 = S_2^0 = S_4^0 = S_5^0 = S_6^0 &= 0, \\ S_3^0 = -\sigma, \quad \tau &= 0. \end{aligned}\right\} \tag{15}$$

Aplanatisch sind Objekt, Blende und der durch

$$l = -\frac{\varrho}{\sigma} \tag{16}$$

gegebene Punkt.

Die triorthoskopischen Systeme. Wir legen die Blende in eine orthoskopische Blende, das Objekt in den verzeichnungssicheren Objektpunkt und setzen § 43 (23) in (4) ein. Das gibt:

$$\left.\begin{aligned} p^2\,(S_4^0 + \sigma) + 2\,p\,\tau &= 0, \\ p^2\,\varrho \quad\quad - 2\,p\,(S_4 - \sigma) + \tau &= 0, \\ S_4 &= 0. \end{aligned}\right\} \tag{17}$$

Nur wenn der verzeichnungssichere Objektpunkt auch nächstfeldgeschärft abgebildet wird und eine orthoskopische Blende in einem Knotenpunkt liegt, gibt diese eine raumspannenfreie Blende, die in Nichtknotenpunktsystemen niemals doppelt gezählt werden kann.

Die Systeme mit zwei nahfeldgeschärft abgebildeten Punkten haben wir schon oben behandelt.

§ 45. Die mittlere Bildfeldkrümmung in Abhängigkeit von Objekt- und Blendenlage.

In derselben ausführlichen Weise, wie wir in §§ 43, 44 die Bildspanne behandelt haben, könnten wir auch die andern Bildfeldfehler behandeln. Wir untersuchen noch die mittlere *Bildfeldkrümmung* $(S_3 + S_4)$.

Die Abhängigkeit von Objekt- und Blendenlage ergibt sich aus § 33 (4) und (7) zu

$$\left. \begin{aligned} \widetilde{S_3 + S_4} &= 2\,p^2\,S_1^0 + 4\,p\,S_2^0 + (S_3^0 + S_4^0)\,, \\ \overline{S_3 + S_4} &= 2\,l^2\,S_6^0 + 2\,l\,(2\,S_5^0 + \tau) + (S_3^0 + S_4^0). \end{aligned} \right\} \tag{1}$$

Zu jedem Objektpunkt gibt es im allgemeinen *zwei bildfeldebnende* Blenden, zu jeder Blende im allgemeinen *zwei* Objektpunkte, die durch sie bildfeldebnend abgebildet werden.

Die *bildfeldebnende* Blende fällt mit der *asymmetriefreien* Blende zusammen, wenn die Bereksche Bedingung Berek (*1*).

$$S_2^{02} = S_1^0 (S_3^0 + S_4^0) \tag{2}$$

erfüllt ist. Eine Blende wirkt für ein Objekt als *verzeichnungsfreie* und *bildfeldebnende* Blende gleichzeitig, wenn

$$S_5^0 (2\,S_5^0 + \tau) = S_6^0 (S_3^0 + S_4^0) \tag{3}$$

ist.

Der Ausgangspunkt ist unabhängig von der Blendenlage bildfeldgeebnet, wenn

$$S_1^0 = S_2^0 = S_3^0 + S_4^0 = 0\,. \tag{4}$$

Ein solches Objekt, das also gleichzeitig aplanatisch ist, wollen wir als *nahfeldgeebnetes* Objekt bezeichnen.

Ein System hat *einen* nahfeldgeebneten Objektpunkt, wenn die drei Gleichungen

$$\left. \begin{aligned} (S_3^0 + S_4^0 + 2\,\sigma)\,l^2 + 2\,l\,(2\,S_2^0 + \varrho) + 2\,S_1^0 \quad\;\; &= 0\,, \\ 2\,(S_5^0 + \tau)\,l^2 + l\,(3\,S_4^0 + S_3^0 + 2\,\sigma) + 2\,S_2^0 &= 0\,, \\ 2\,S_6^0\,l^2 + 2\,l\,(2\,S_5^0 + \tau) + S_4^0 + S_3^0 \quad\;\; &= 0 \end{aligned} \right\} \tag{5}$$

eine gemeinsame Lösung haben.

Systeme mit *zwei* nicht zusammenfallenden nahfeldgeebneten Objektpunkten sind, wenn man Objekt und Blende je in einen der beiden Punkte bringt, gegeben durch

$$\left. \begin{aligned} S_1^0 &= S_2^0 = S_3^0 + S_4^0 = 0\,, \\ S_3^0 + S_4^0 + 2\,\sigma &= S_5^0 + \tau = S_6^0. \end{aligned} \right\} \tag{6}$$

Auch hier wird $\sigma = 0$, d. h. die beiden nahfeldgeebneten Objekte müssen in *reziproken* Punkten liegen.

Systeme mit einem *doppelt zählenden* nahfeldgeebneten Objekt geben, wenn wir den Objektpunkt dorthin setzen,

$$S_1^0 = S_2^0 = S_3^0 + S_4^0 = 0 \, , \\ 2\,S_2^0 + \varrho = 3\,S_4^0 + S_3^0 + 2\,\sigma = 2\,S_5^0 + \tau = 0 \, . \tag{7}$$

Der Objektpunkt ist also Knotenpunkt; bringen wir die Blende in den anderen Knotenpunkt, so wird

$$S_1^0 = 0 \, , \qquad S_4^0 = -\,\sigma \, , \\ S_2^0 = 0 \, , \qquad S_5^0 = 0 \, . \\ S_3^0 = +\,\sigma \, , \tag{8}$$

Die Ausgangsblende wirkt für *alle* Objektpunkte als bildfeldebnende Blende, wenn

$$S_3^0 + S_4^0 = 0 \, , \\ S_5^0 = -\,\frac{\tau}{2} \, , \\ S_6^0 = 0 \tag{9}$$

ist. Dann muß also die Blende auch eine MERTÉsche Blende sein. Eine solche Blende bezeichnen wir als *raumbildfeldebnend*.

Ein System besitzt *eine* raumbildfeldebnende Blende, wenn für dasselbe die drei Gleichungen

$$(S_3^0 + S_4^0 + 2\,\sigma)\,q^2 + 2\,(S_5^0 + \tau)\,q + 2\,S_6^0 = 0 \, , \\ 2\,(2\,S_2^0 + \varrho)\,q^2 + (3\,S_4^0 + S_3^0 + 2\,\sigma)\,q + 2\,(2\,S_5^0 + \tau) = 0 \, , \\ 2\,S_1^0\,q^2 + 2\,S_2^0\,q + S_3^0 + S_4^0 = 0 \tag{10}$$

eine gemeinsame Lösung haben.

Systeme mit *zwei* nicht zusammenfallenden raumbildfeldebnenden Blenden sind wieder dadurch ausgezeichnet, daß die beiden Blenden in reziproken Punkten liegen. Legen wir den Objektpunkt in den einen, die Blende in die andere raumbildfeldebnende Blende, so werden die SEIDELschen Fehlergrößen

$$S_1^0 = S_2^0 + \frac{\varrho}{2} = S_3^0 + S_4^0 + 2\,\sigma = 0 \, , \\ S_6^0 = S_5^0 + \frac{\tau}{2} = S_3^0 + S_4^0 \qquad = 0 \, . \tag{11}$$

Systeme mit einer *doppelt zählenden* raumbildfeldebnenden Blende sind dadurch charakterisiert, daß diese Blende in einem Knotenpunkt liegen muß. Wir finden bei beliebiger Objektlage und Lage der Blende in der raumbildfeldebnenden Blende

$$S_2^0 = 0 \, , \quad S_3^0 = -\,S_4^0 = \sigma \, , \quad S_5^0 = 0 \, , \quad S_6 = 0 \, , \\ \tau = 0 \, . \tag{12}$$

Die raumbildfeldebnende Blende ist gleichzeitig *orthoskopisch* und *raumasymmetriefrei*.

§ 46. Die Bedeutung der Petzvalbedingung.

Die Größe
$$S_4 - S_3 = P \tag{1}$$

wird als *Petzvalkrümmung* bezeichnet. Wir werden § 48 (2) sehen, daß sie sich in einfacher Weise aus den Krümmungsradien des abbildenden Systems berechnet.

P ist die einzige Abbildungsgröße dritter Ordnung, die nicht zur nullten Gruppe gehört (s. § 32). Wie § 33 (4) und (7) zeigen, ist P unabhängig von der Lage von Objekt und Blende eine Konstante des Systems.

Gibt es in einem System ein nahfeldgeschärft abgebildetes Flächenelement, und sei $\frac{1}{R}$ bzw. $\frac{1}{R'}$ die Krümmung des scharf abgebildeten Objekts (Bilds), so folgt aus

$$S_1 = S_2 = S_3^* = S_4 = 0$$

und

$$S_3^* = S_3 + \frac{1}{n\,R} - \frac{1}{n'\,R'} \tag{2}$$

für die Petzvalkrümmung die wichtige Gleichung

$$\left.\begin{aligned} P &= \frac{1}{n'\,R'} - \frac{1}{n\,R}\,, \\ S_3^* &= S_3 - P\,. \end{aligned}\right\} \tag{3}$$

Wir erkennen: Nur wenn P verschwindet, ist es überhaupt denkbar, daß ein System ein *ebenes* Flächenelement *scharf* und *eben* abbildet (*Petzvalbedingung*, s. PETZVAL (*1*)).

In § 42 haben wir gesehen, daß die *Haupt*strahlen jedem Punkt eines achsensenkrechten Objekts ein oder zwei Bildpunkte zuordnen, je nachdem $S_4 = 0$ oder $\neq 0$ ist. Betrachten wir mit W. R. HAMILTON (*5*), A. GULLSTRAND (*5*) und H. BOEGEHOLD (*10*) einen beliebigen anderen Strahl, der die Blende durchsetzt, als Anfangsstrahl. Rechnen wir unsern Objektpunkt entlang diesem Strahl durch das System durch, so könnte es sein, daß auf diesem Strahl der Ausgangspunkt ein Stigmatpunkt wäre. Die hier vorgenommene Betrachtung ist eine Verallgemeinerung der Betrachtungen von § 43. Wir hatten dort eine Verschiebung der Austrittspupille längs der Achse zugelassen. Das würde in der obigen Sprechweise bedeuten, daß wir die Objektpunkte nur auf den Meridianstrahlen durchrechnen.

Um unser Problem allgemein zu behandeln, schreiben wir die SEIDELschen Gleichungen § 34 (3) für einen Meridianpunkt $x_0 = 0$, und gekrümmtes Objekt wie Bildfeld hin. Wir haben

$$\left.\begin{aligned} -\frac{2\,A_3}{A_2^2}\,x_0^{*\prime} &= S_3^{*0}\,y_0^{*2}\,x_B' + 2\,S_2^0\,y_0^*\,y_B'\,x_B' + S_1^0\,(x_B'^2 + y_B'^2)\,x_B'\,, \\ -\frac{2\,A_3}{A_2^2}\,(y_0^{*\prime} - \beta'\,y_0^*) &= S_5^{*0}\,y_0^{*3} + (2\,S_4^0 + S_3^{*0})\,y_0^{*2}\,y_B' \\ &\quad + S_2^0\,(x_B'^2 + 3\,y_B'^2)\,y_0^* + S_1^0\,(x_B'^2 + y_B'^2)\,y_B'\,. \end{aligned}\right\} \tag{4}$$

Wir betrachten als Anfangsstrahl den Strahl, der durch den Punkt x'_B, y'_B geht. Wir fragen, wann für diesen Strahl der Punkt $x_0 = 0$, y_0^* des Objekts ein Stigmatpunkt ist. Dazu ist notwendig und hinreichend, daß die Ableitung der beiden Gleichungen (4) nach x'_B und y'_B verschwindet. Wir erhalten die Gleichungen

$$S_3^{*0} y_0^{*2} + 2 S_2^0 y_0^* y'_B + S_1^0 (3 x_B'^2 + y_B'^2) = 0, \left.\right\} \tag{5}$$
$$(2 S_4^0 + S_3^{0*}) y_0^{*2} + 6 S_2^0 y_0 y'_B + S_1^0 (x_B'^2 + 3 y_B'^2) = 0.$$

$$2 S_2^0 y_0^* x'_B + 2 S_1^0 y'_B x'_B = 0. \tag{6}$$

Es sind wegen (6) zwei Fälle möglich, je nachdem, ob x'_B verschwindet oder nicht.

1. Fall. $x'_B = 0$. Der spannenfreie *Haupt*strahl liegt in der Meridianebene. Die Gleichungen (5) geben

$$S_3^{0*} y_0^{*2} + 2 S_2^0 y_0^* y'_B + S_1^0 y_B'^2 = 0, \left.\right\} \tag{7}$$
$$(2 S_4^0 + S_3^*) y_0^{*2} + 6 S_2^0 y_0^* y'_B + 3 S_1^0 y_B'^2 = 0.$$

Aus (7) errechnet man

$$S_4 - S_3^* = 0 = P - \left(\frac{1}{n' R'} - \frac{1}{n R} \right) \tag{8}$$

in Übereinstimmung mit (3). y_0 ergibt sich aus

$$S_4^0 y_0^{*2} + 2 S_2^0 y_0^* y'_B + S_1^0 y_B'^2 = 0, \tag{9}$$

einer Gleichung, die mit § 43 (1) identisch ist. Es gibt zwei spannenfreie *Meridianstrahlen* also dann und nur dann, wenn

$$S_2^{02} - S_1^0 S_4^0 > 0 \tag{10}$$

ist. Die den beiden spannenfreien *Haupt*strahlen entsprechenden Bildpunkte fallen zusammen. Radius der Bild- und Objektkugel hängen durch (8) zusammen.

2. Fall. $x'_B \neq 0$. Es gibt keinen spannenfreien *Meridian*strahl. Wir setzen gemäß (6)

$$y'_B = - \frac{S_2^0}{S_1^0} y_0^* \tag{11}$$

in (5) ein und finden

$$S_3^{*0} y_0^{*2} - \frac{S_2^0}{S_1^0} y_0^{*2} + 3 S_1^0 x_B'^2 = 0, \left.\right\} \tag{12}$$
$$(2 S_4^0 + S_3^{0*}) y_0^{*2} - \frac{3 S_2^{02}}{S_1^0} y_0^{*2} + S_1^0 x_B'^2 = 0,$$

daraus nach Elimination von S_3^{0*}

$$x_B'^2 = \frac{S_1^0 S_4^0 - S_2^{02}}{S_1^{02}} y_0^{*2}, \left.\right\} \tag{13}$$
$$y'_B = - \frac{S_2^0}{S_1^0} y_0^*.$$

Gleichungen (13) und (10) lehrten uns, daß es nur entweder zwei zur Meridianebene *windschiefe* spannenfreie Strahlen gibt, *oder* zwei spannenfreie *Meridian*strahlen. Die Bildkrümmung hängt hier mit der Objektkrümmung durch die Beziehung zusammen:

$$\frac{1}{n'\,R'} - \frac{1}{n\,R} = P + S_3^* - S_4 = P + \frac{4\,(S_2^{0\,2} - S_1^0\,S_4^0)}{S_1^0}. \tag{14}$$

Die Petzvalkrümmung entscheidet also in diesem Fall nicht *allein* über die Bildfeldkrümmung. Je nach dem Vorzeichen von S_1^0 ist die Bildfeldkrümmung der auch in diesem Fall einzigen anastigmatischen Bildfläche größer oder kleiner, als sie nach Formel (3) sein müßte.

Gullstrand (6) bezeichnet diesen zweiten Fall als *atypische* Abbildung, den ersten Fall als *typische* Abbildung. Im ersteren Fall ist $S_2^{0\,2} - S_1^0\,S_4^0 < 0$, im zweiten ist $S_2^{0\,2} - S_1^0\,S_4^0 > 0$.

Es bleibt der Fall $S_2^{0\,2} = S_1^0\,S_4^0$. Hier fällt [siehe § 43 (2)] die spannenfreie mit der asymmetriefreien Blende zusammen. Es gibt nur einen Strahl, auf dem der Objektpunkt stigmatisch abgebildet wird.

Die asymmetriefreie Blende ($S_2^0 = 0$) hat übrigens sowohl im typischen wie im atypischen Fall eine interessante Bedeutung. Die Durchstoßungspunkte der Strahlen, die eine spannenfreie Abbildung geben, liegen in ihr stets symmetrisch zum Achsenpunkt. Wir finden aus (9) bzw. (13) für $S_2^0 = 0$

$$\left.\begin{aligned} x_B' &= 0,\\[1mm] y_B'^{\,2} &= -\left(\frac{S_4^0}{S_1^0}\right) y_0^{*\,2} \end{aligned}\right\} \tag{15}$$

im typischen bzw.

$$\left.\begin{aligned} x_B'^{\,2} &= \frac{S_4^0}{S_1^0}\, y_0^{*\,2},\\[1mm] y_B' &= 0 \end{aligned}\right\} \tag{16}$$

im atypischen Fall.

Die Realisierung der Seidelschen Abbildung.

§ 47. Die Zusammensetzung von Abbildungen.

Gegeben seien zwei rotationssymmetrische Systeme mit gemeinsamer Achse, derart, daß der Objektraum des zweiten mit dem Bildraum des ersten übereinstimmt. Das erste System bilde im Gaussischen Gebiet die beiden Punkte $P = {}_{(1)}P$ und $B = {}_{(1)}B$ ab auf ${}_{(12)}P = {}_{(1)}P' = {}_{(2)}P$ bzw. ${}_{(12)}B = {}_{(1)}B' = {}_{(2)}B$, das zweite System bilde im Gaussischen Gebiet ${}_{(2)}P$ und ${}_{(2)}B$ auf ${}_{(2)}P' = P'$ und ${}_{(2)}B' = B'$ ab. Die Seidelschen Bildfehler für die Abbildung eines Flächenelements durch das erste System, mit Objektpunkt in ${}_{(1)}P$ und Austrittspupille in ${}_{(1)}B'$, seien durch ${}_{(1)}S_1 \ldots {}_{(1)}S_6$ gegeben, die Bildfehler für das zweite System mit Objekt in ${}_{(2)}P$ und Blende in ${}_{(2)}B'$ durch ${}_{(2)}S_1$ bis ${}_{(2)}S_6$; gesucht sind die Bildfehler für das Gesamtsystem mit Objekt in P und Blende in B'.

Seien k, $k_1' = -k_2$, k' die *Strahlungsweiten* in Objektraum, Zwischenraum, Bildraum; seien $_{(01)}\beta'$, $_{(12)}\beta'$, $(_{(01)}\beta'_B$, $_{(12)}\beta'_B)$ die GAUSSischen Vergrößerungen, mit denen im GAUSSischen Gebiet ein achsensenkrechtes Flächenelement im Objekt (Blendenpunkt) durch das erste, bzw. im ersten Bildpunkt durch das zweite Teilsystem abgebildet wird.

Wegen der allgemein gültigen Beziehungen

$$A_1 = \frac{n}{k}, \qquad A_2 = -\frac{n}{\beta'_B k} = +\frac{n'\beta'}{k'}, \qquad A_3 = -\frac{n'}{k'} \tag{1}$$

erhalten wir nun, wenn wir alle Strahlungsweiten vermittelst (1) durch k' ausdrücken,

$$\frac{_{(1)}A_3}{_{(1)}A_2^2} = \frac{k'}{n'\beta'^2} \frac{_{(23)}\beta'}{_{(23)}\beta'_B}, \qquad \frac{_{(2)}A_3}{_{(2)}A_2^2} = \frac{k'}{n'\beta'^2}\,_{(12)}\beta'^2; \qquad \frac{A_3}{A_2^2} = \frac{k'}{n'\beta'^2}. \tag{2}$$

Wir erhalten nun aus § 33 (14) die drei Gleichungen

$$\begin{aligned}
-\frac{2k'}{n'\beta'^2}\,_{(23)}\beta'\,(_{(1)}x' - {_{(12)}}\beta'\,_{(1)}x) &= {_{(23)}}\beta'_B\big[({_{(1)}}S_{5}\,_{(1)}a + {_{(1)}}S_4\,_{(1)}b + {_{(1)}}S_3\,_{(1)}c)\,x \\
&\qquad + ({_{(1)}}S_3\,_{(1)}a + {_{(1)}}S_2\,_{(1)}b + {_{(1)}}S_1\,_{(1)}c)\,_{(1)}x'_B\big], \\
-\frac{2k'}{n'\beta'^2}\,(_{(2)}x' - {_{(23)}}\beta'\,_{(2)}x) &= \frac{1}{_{(12)}\beta'^2}\big[({_{(2)}}S_5\,_{(2)}a + {_{(2)}}S_4\,_{(2)}b + {_{(2)}}S_3\,_{(2)}c)\,_{(2)}x \\
&\qquad + ({_{(2)}}S_3\,_{(2)}a + {_{(2)}}S_2\,_{(2)}b + {_{(2)}}S_1\,_{(2)}c)\,x'_B\big], \\
-\frac{2k'}{n'\beta'^2}\,(x' - \beta'x) &= \big[(S_5 a + S_4 b + S_3 c)\,x + (S_3 a + S_2 b + S_1 c)\,x'_B\big].
\end{aligned} \tag{3}$$

Nun ist aber die rechte Seite aller Gleichungen (3) von dritter Ordnung, man kann also ohne unzulässige Vernachlässigung hier setzen:

$$\begin{aligned}
_{(1)}x'_B &= \frac{1}{_{(23)}\beta'_B}\,x'_B, & _{(2)}x &= {_{(12)}}\beta'\,x, \\
_{(1)}a &= a, & _{(2)}a &= {_{(12)}}\beta'^2\,a, \\
_{(1)}b &= \frac{1}{_{(23)}\beta'_B}\,b, & _{(2)}b &= {_{(12)}}\beta'\,b, \\
_{(1)}c &= \frac{1}{_{(23)}\beta'^2_B}\,c, & _{(2)}c &= c.
\end{aligned} \tag{4}$$

Addiert man die beiden ersten Gleichungen in (3), so erhält man die dritte. Durch Koeffizientenvergleichung findet man

$$\begin{aligned}
S_1 &= \left(\frac{1}{_{(23)}\beta'_B}\right)^2\,_{(1)}S_1 + \left(\frac{1}{_{(12)}\beta'}\right)^2\,_{(2)}S_1, \\
S_2 &= \frac{1}{_{(23)}\beta'_B}\,_{(1)}S_2 + \frac{1}{_{(12)}\beta'}\,_{(2)}S_2, \\
S_3 &= {_{(1)}}S_3 + {_{(2)}}S_3, \\
S_4 &= {_{(1)}}S_4 + {_{(2)}}S_4, \\
S_5 &= {_{(23)}}\beta'_B\,_{(1)}S_5 + {_{(12)}}\beta'\,_{(2)}S_5, \\
S_6 &= ({_{(23)}}\beta'_B)^2\,_{(1)}S_6 + ({_{(12)}}\beta')^2\,_{(2)}S_6.
\end{aligned} \tag{5}$$

Herzberger, Strahlenoptik. 10

Die letzte Gleichung folgt natürlich nicht direkt, sie kann aber aus der Bedeutung von S_6 in Analogie zu S_1 sofort erschlossen werden. Fällt Objekt oder Blende in einem der Mittel ins Unendliche oder in den Brennpunkt, so muß man obige Gleichungen abändern mit Hilfe der Beziehungen [s. § 33 (16), (18)]

bzw.

$$
\left.
\begin{aligned}
&\lim_{k \to \infty} \frac{1}{\beta'^2} \frac{\tilde{k}'^2}{\tilde{k}'^2} \widetilde{S}_1 \to \frac{n^2}{\varphi^2} \hat{S}_1\,, \\[4pt]
&\cdot\ \cdot\ \cdot\ \cdot\ \cdot\ \cdot\ \cdot\ \cdot\ \cdot \\[4pt]
&\lim_{k \to \infty} \beta'^2 \frac{\tilde{k}'^2}{\tilde{k}'^2} \widetilde{S}_6 \to \frac{\varphi^2}{n^2} \hat{S}_6\,, \\[8pt]
&\lim_{k \to \infty} \frac{1}{\beta_B'^2} \frac{\bar{k}^2}{\bar{k}^2} \overline{S}_1 \to \frac{n^2}{\varphi^2} \hat{S}_1\,, \\[4pt]
&\cdot\ \cdot\ \cdot\ \cdot\ \cdot\ \cdot\ \cdot\ \cdot\ \cdot \\[4pt]
&\lim \beta_B'^2 \frac{\bar{k}^2}{\bar{k}^2} \overline{S}_6 \to \frac{\varphi^2}{n^2} \hat{S}_6\,.
\end{aligned}
\right\} \tag{6}
$$

Für die Bildfehler eines aus endlich vielen Systemen zusammengesetzten Ausdruckes erhält man schließlich allerdings unter evtl. Abänderung gemäß Formel (6):

$$
\left.
\begin{aligned}
S_1 &= \sum_1^\varkappa \left(\frac{1}{{}_{(1\,\nu)}\beta'\,{}_{(\nu\,\varkappa)}\beta'_B}\right)^2 {}_{(\nu)}S_1\,, & S_4 &= \sum_1^\varkappa {}_{(\nu)}S_4\,, \\[6pt]
S_2 &= \sum_1^\varkappa \left(\frac{1}{{}_{(1\,\nu)}\beta'\,{}_{(\nu\,\varkappa)}\beta'_B}\right) {}_{(\nu)}S_2\,, & S_5 &= \sum_1^\varkappa \left({}_{(1\,\nu)}\beta'\,{}_{(\nu\,\varkappa)}\beta'_B\right) {}_{(\nu)}S_5\,, \\[6pt]
S_3 &= \sum_1^\varkappa {}_{(\nu)}S_3\,, & S_6 &= \sum_1^\varkappa \left({}_{(1\,\nu)}\beta'\,{}_{(\nu\,\varkappa)}\beta'_B\right)^2 {}_{(\nu)}S_6\,.
\end{aligned}
\right\} \tag{7}
$$

Insbesondere folgt aus (7) für die Petzvalbedingung:

$$
P = S_4 - S_3 = \sum P_\nu\,. \tag{8}
$$

Kennen wir also die Bildfehler für eine einzelne Fläche, so können wir aus (7) die Bildfehler für ein aus endlich vielen Flächen zusammengesetztes System berechnen.

§ 48. Der Bildfehler für eine einzelne Fläche.

Wir behandeln zunächst Flächen mit nicht verschwindender Krümmung. Wir legen den Objektpunkt in den Scheitel, die Blende in den Knotenpunkt. Dann wird die Fläche, deren Scheitelkrümmung r sei, nahfeldscharf und abstandstreu auf sich selbst abgebildet, und zwar mit der Vergrößerung $\beta' = 1$.

Wir finden aus § 43 und § 42 (7):

$$
\left.
\begin{aligned}
S_1^0 &= S_2^0 = S_4^0 = S_5^0 = 0\,, \\[4pt]
S_3^0 &= -\,\sigma = \frac{1}{r}\,\varDelta\,\frac{1}{n} = -\,P\,.
\end{aligned}
\right\} \tag{1}
$$

§ 47 Gleichung (8) gibt uns nun die von PETZVAL (*1*) zuerst aufgestellte wichtige Formel

$$P = - \sum_{1}^{\varkappa}{}_{\nu} \frac{1}{r_\nu} \varDelta_\nu \frac{1}{n_\nu} = \sum_{1}^{\varkappa}{}_{\nu} \left(\frac{n'_\nu - n_\nu}{n'_\nu \, n_\nu \, r_\nu}\right). \tag{2}$$

Bei der von uns hier behandelten SEIDELschen Abbildung kann man schon in erster Annäherung die Kugelfläche von andern rotationssymmetrischen Flächen unterscheiden. Für alle gilt Formel (1); aber nur für die Kugelfläche ist der Krümmungsmittelpunkt frei vom Öffnungsfehler. Für die Kugelfläche erhalten wir also zu (1) als Ergänzung:

$$S_6^0 = 0. \tag{3}$$

Halten wir jetzt zunächst die Blende fest und lassen den Objektpunkt wandern, so gibt uns § 33 (7) die Bildfehler für eine Kugelfläche bei Lage der Blende im Mittelpunkt. Sei s die Entfernung des Objektpunktes vom Scheitel, so finden wir:

$$\begin{aligned}
\overline{S}_1 &= \frac{n - n'}{n^2 \, r^3} s\,(n\,s - (n + n')\,r), & \overline{S}_4 &= 0, \\
\overline{S}_2 &= 0, & \overline{S}_5 &= 0, \\
\overline{S}_3 &= \frac{1}{r} \varDelta \frac{1}{n}, & \overline{S}_6 &= 0.
\end{aligned}\right\} \tag{4}$$

Wir sehen, die Blende im Mittelpunkt ist *orthoskopisch, raumspannenfrei* und *raumasymmetriefrei*.

Legen wir die Blende in den Punkt der Entfernung s_B vom Scheitel, so ergibt sich schließlich aus § 33 (4):

$$\begin{aligned}
\widetilde{S}_1 &= \frac{n^2}{n'^2 \, \beta_B'^2} \frac{n - n'}{n^3 \, r^3} \frac{s\,(s - r)^2\,(n\,s - (n + n')\,r)}{k^2}, \\[4pt]
\widetilde{S}_2 &= \frac{p}{q}\widetilde{S}_1 = \frac{s_B - r}{s - r}\beta_B'\widetilde{S}_1 = \frac{n}{n'\,\beta_B'}\frac{(n - n')}{n^2 \, n'\, r^3}\frac{s\,(s - r)\,(n\,s - (n + n')\,r)\,(s_B - r)}{k^2}, \\[4pt]
\widetilde{S}_4 &= \frac{p}{q}\widetilde{S}_2 = \frac{n - n'}{n\,n'^2\,r^2}\frac{s\,(n\,s - (n + n')\,r)\,(s_B - r)^2}{k^2}, \\[4pt]
\widetilde{S}_3 &= \widetilde{S}_4 - P, \\[4pt]
\widetilde{S}_5 &= \widetilde{S}_3\frac{p}{q}, \\[4pt]
\widetilde{S}_6 &= \frac{n'^2\,\beta_B'^2}{n^2}\frac{(n - n')}{n'^3\,r^3}\frac{s_B\,(s_B - r)^2\,(n\,s_B - (n' + n)\,r)}{k^2}.
\end{aligned}\right\} \tag{5}$$

Aus (5) erkennen wir:

Der Mittelpunkt ist für Brechung an einer Fläche ein HOCKINscher Punkt.

Es gibt bei Brechung an einer Kugelfläche *drei* aplanatische Punkte:

$$\begin{aligned}
s &= 0 \quad \text{(Scheitel)}, \\
s &= r \quad \text{(Mittelpunkt)}, \\
s &= \frac{n' + n}{n}\,r \quad \text{(aplanatischer Punkt.}
\end{aligned}\right\} \tag{6}$$

Scheitel und aplanatischer Punkt sind auch *nahfeldgeschärft*. Aus § 42 (7) erkennen wir, daß die durch den Scheitel gehende fehlerfrei abgebildete Fläche den Radius

$$R = R' - r \tag{7}$$

hat, also die brechende Fläche selbst ist. Die fehlerfrei abgebildete Fläche durch den aplanatischen Punkt führt auf

$$R = -\frac{n'}{n} r, \qquad R' = -\frac{n}{n'} r, \tag{7a}$$

d. h. auf die in § 9 untersuchten aplanatischen Kugelflächen.

Nur der *Mittelpunkt* ist raumasymmetriefreie Blende, nur er ist orthoskopische Blende, nur er ist, allerdings zweifache, raumspannenfreie Blende.

Gleichung (5) geht für $\frac{1}{r} \to 0$ über in

$$S_1 = S_2 = S_3 = S_4 = S_5 = \frac{n^2 - n'^2}{n\, n'^2\, k^2} s, \qquad S_6 = \frac{n^2 - n'^2}{n^2 n' k^2} s_B. \tag{8}$$

Gleichung (8) gibt uns die Bildfehler für Brechung an einer Ebene als Grenzwert der Formeln für Brechung an einer Kugel. Will man die letzteren Formeln für sich ableiten, so beachte man, daß bei Brechung an einer Fläche der Scheitelkrümmung Null die brechende Fläche selbst auf sich nahfeldscharf und verzeichnungsfrei abgebildet wird, und zwar unabhängig von der Lage der Blende. Wir finden also:

$$S_1^0 = S_2^0 = S_3^0 = S_4^0 = S_5^0 = 0. \tag{9}$$

Legen wir die Blende in den unendlich fernen Punkt, so verschwindet für die *Ebene* $S_6^0 = 0$. Das gibt leicht in analoger Weise, wie vorher, direkt die Formeln (8).

Die Berechnung der Bildfehler für deformierte Flächen aus (1) unter anderen Annahmen über S_6^0 bei Lage der Blende im Knotenpunkt, kann füglich dem Leser überlassen werden. Zu den Gliedern, die für Kugelflächen gültig waren, kommt jeweils ein mit S_6^0 multipliziertes Glied hinzu.

Eine leichte Rechnung zeigt, unter Benutzung von § 32 (1), daß der durch

$$x^2 + y^2 = 2 r z - \left(\frac{\varkappa + r}{r}\right) z^2 \tag{10}$$

gegebenen Fläche der Wert

$$S_6^0 = \frac{n - n'}{n'^2 r^2} \varkappa \tag{11}$$

entspricht.

Die von uns hier entwickelte Theorie der Bildfehler dritter Ordnung unterscheidet sich von der SEIDELschen Theorie in zwei Punkten. Davon ist der erste nicht allzu wesentlich. Wir haben von vornherein darauf verzichtet, alle Bildfehler in den Objektraum zu projizieren; so haben wir Größen erhalten, die für die *einzelne* Fläche charakteristisch sind. Wir haben fernerhin in § 33 (3) alle Bildfehler in derselben Weise normiert. Diese Abweichungen brachten es mit sich, daß wir nicht, wie SEIDEL, die Bildfehler als direkte Summe der Teilfehler erhielten, sondern auf die Formeln § 47 (7) geführt wurden. Diese (nur scheinbare) Erschwerung gestattete uns aber, die bisher noch nicht untersuchte Abhängigkeit der Bildfehler von der Objektlage durch die Formeln § 33 (7) in einfachster Form darzustellen.

§ 49. Die Darstellung der SEIDELschen Bildfehler mit Hilfe der ABBEschen Invarianten.

In der Literatur wird meist eine von der unseren etwas abweichende Darstellung der SEIDELschen Bildfehler gegeben; der Vollständigkeit halber sei hier der Zusammenhang hergestellt.

Die Durchstoßhöhe h_ν (bzw. $h_{\nu B}$), in der ein Aperturstrahl (*Haupt*strahl) die νte brechende Fläche durchstößt, ergibt sich zu

$$h_\nu = - s_\nu \xi_\nu, \qquad h_1 = - s_1 \xi_1, \tag{1}$$

also

$$\left. \begin{aligned} \frac{h_\nu}{h_1} &= \frac{s_\nu \xi_\nu}{s_1 \xi_1} = \frac{n_1}{s_1} \frac{s_\nu}{\beta'_{0\,\nu-1}\,n_\nu}, \\[2mm] \frac{h_{\nu B}}{h_{1 B}} &= \frac{s_{\nu B} \xi_{\nu B}}{s_{1 B} \xi_{1 B}} = \frac{n_1}{s_{1 B}} \frac{s_{\nu B}}{\beta'_{B\,0,\,\nu-1}\,n_\nu}. \end{aligned} \right\} \tag{2}$$

Im GAUSSischen Gebiet gilt

$$n_\nu \left(\frac{1}{s_\nu} - \frac{1}{r_\nu} \right) = n'_\nu \left(\frac{1}{s'_\nu} - \frac{1}{r_\nu} \right) = Q_{\nu s}. \tag{3}$$

Die Bezeichnung $Q_{\nu s}$ stammt von ABBE (*5*). Man nennt (3) die ABBEsche Invariante für die νte Fläche und den Aperturstrahl. Analog wollen wir mit $Q_{\nu B}$ die entsprechende Größe für den *Haupt*strahl bezeichnen.

Aus der LAGRANGEschen Gleichung folgt leicht nach L. SEIDEL (*1*):

$$\frac{h_\nu}{h_1} \frac{h_{\nu B}}{h_{1 B}} (Q_{\nu B} - Q_{\nu s}) = Q_{1 B} - Q_{1 s} = D_{B s}. \tag{4}$$

Aus (2) folgt nach einer elementaren Überlegung, die auch zuerst von L. SEIDEL (*1*) angestellt wurde[1], mit Hilfe einer Rekursionsformel

$$\left. \begin{aligned} \frac{h_{\nu B}}{h_{1 B}} &= \frac{h_\nu}{h_1} \left(1 + D_{B s} \sum_{\lambda=2}^{\nu} \frac{d_{\lambda-1.\lambda}}{n_{\lambda-1.\lambda} \frac{h_{\lambda-1}}{h_1} \frac{h_\lambda}{h_1}} \right), \\[4mm] \frac{h_\nu}{h_1} &= \frac{h_{\nu B}}{h_{1 B}} \left(1 - D_{B s} \sum_{\lambda=2}^{\nu} \frac{d_{\lambda-1.\lambda}}{n_{\lambda-1.\lambda} \frac{h_{\lambda-1 B}}{h_{1 B}} \frac{h_{\lambda B}}{h_{1 B}}} \right) \end{aligned} \right\} \tag{5}$$

---

[1] Siehe z. B. S. CZAPSKI (*1*), S. 263.

daraus folgt schließlich

$$\frac{h_{\nu B}}{h_{1B}} Q_{\nu B} = \frac{h_\nu}{h_1} Q_{\nu s} \left[1 + D_{Bs} \left(\frac{1}{\left(\frac{h_\nu}{h_1}\right)^2 Q_{\nu s}} + \sum_{\lambda=2}^{\nu} \frac{d_{\lambda-1,\lambda}}{n_{\lambda-1,\lambda} \frac{h_{\lambda-1}}{h_1} \frac{h_\lambda}{h_1}} \right) \right]$$

$$= \frac{h_\nu}{h_1} Q_{\nu s} (1 + S) \tag{6}$$

bzw.

$$\frac{h_\nu}{h_1} Q_{\nu s} = \frac{h_{\nu B}}{h_{1B}} Q_{\nu B} \left[1 - D_{Bs} \left(\frac{1}{\left(\frac{h_{\nu B}}{h_{1B}}\right)^2 Q_{\nu B}} + \sum_{\lambda=2}^{\nu} \frac{d_{\lambda-1,\lambda}}{n_{\lambda-1,\lambda} \frac{h_{\lambda-1,B}}{h_{1B}} \frac{h_{\lambda,B}}{h_{1B}}} \right) \right]$$

$$= \frac{h_{\nu B}}{h_{1B}} Q_{\nu B} (1 + T). \tag{7}$$

Hierin hängt S nicht von der Blendenlage, T nicht von der Objektlage ab.

Führen wir noch die Größe

$$\Delta_\nu \frac{1}{ns} = \frac{1}{n_\nu' s_\nu'} - \frac{1}{n_\nu s_\nu} = \frac{n_\nu - n_\nu'}{n_\nu n_\nu'^2 r_\nu s_\nu} (n_\nu s_\nu - (n_\nu + n_\nu') r_\nu) \tag{8}$$

ein, so gibt § 47 Gleichung (7) und § 48 (5) für die SEIDELschen Bildfehler

$$\left. \begin{aligned}
S_1 &= \frac{s_1^4}{n_1^2 \beta_B'^2 k^2} \sum_\nu \left(\frac{h_\nu}{h_1}\right)^4 Q_{\nu s}^2 \Delta_\nu \left(\frac{1}{ns}\right), \\
S_2 &= \frac{s_1^3 s_{1B}}{n_1^2 \beta_B' k^2} \sum_\nu \left(\frac{h_\nu}{h_1}\right)^3 \left(\frac{h_{\nu B}}{h_{1B}}\right) Q_{\nu s} Q_{\nu B} \Delta_\nu \left(\frac{1}{ns}\right), \\
S_4 &= \frac{s_1^2 s_{1B}^2}{n_1^2 k^2} \sum_\nu \left(\frac{h_\nu}{h_1}\right)^2 \left(\frac{h_{\nu B}}{h_{1B}}\right)^2 Q_{\nu B}^2 \Delta_\nu \left(\frac{1}{ns}\right), \\
S_3 &= \frac{s_1^2 s_{1B}^2}{n_1^2 k^2} \sum_\nu \left(\frac{h_\nu}{h_1}\right)^2 \left(\frac{h_{\nu B}}{h_{1B}}\right)^2 Q_{\nu B}^2 \Delta_\nu \frac{1}{ns} - \sum_\nu \frac{1}{r_\nu} \Delta_\nu \left(\frac{1}{n}\right), \\
S_5 &= \frac{s_1 s_{1B}^3 \beta_B'}{n_1^2 k^2} \sum \left(\frac{h_\nu}{h_1}\right) \left(\frac{h_{\nu B}}{h_{1B}}\right)^3 \frac{Q_{\nu B}^3}{Q_{\nu s}} \Delta_\nu \frac{1}{ns} - \frac{s_{1B}}{s_1} \beta_B' \sum \frac{Q_{\nu B} \frac{h_{\nu B}}{h_{1B}}}{Q_{\nu s} \frac{h_\nu}{h_1} r_\nu} \Delta_\nu \left(\frac{1}{n}\right), \\
S_6 &= \frac{s_{1B}^4 \beta_B'^2}{n_1^2 k^2} \sum \left(\frac{h_{\nu B}}{h_{1B}}\right)^4 Q_{\nu B}^2 \Delta_\nu \left(\frac{1}{ns_B}\right).
\end{aligned} \right\} \tag{9}$$

Formel (7) kann zur Umformung dienen. Setzen wir

$$\left. \begin{aligned}
A_\nu &= \left(\frac{h_\nu}{h_1}\right)^4 Q_{\nu s}^2 \Delta_\nu \frac{1}{ns}, & P_\nu &= -\frac{1}{r_\nu} \Delta_\nu \left(\frac{1}{n}\right), \\
B_\nu &= A_\nu S_\nu, & \Delta_\nu &= \Gamma_\nu + P_\nu, \\
\Gamma_\nu &= A_\nu S_\nu^2, & E_\nu &= \Delta_\nu S_\nu,
\end{aligned} \right\} \tag{10}$$

so finden wir

$$
\begin{aligned}
S_1 &= \frac{s_1^4}{n_1^2 \beta_B'^2 k^2} \sum A_\nu, \\
S_2 &= \frac{s_1^3 s_{1B}}{n_1^2 \beta_B' k^2} \left(\sum A_\nu + D_{Bs} \sum B_\nu \right), \\
S_4 &= \frac{s_1^2 s_{1B}^2}{n_1^2 k^2} \left(\sum A_\nu + 2 D_{Bs} \sum B_\nu + D_{Bs}^2 \sum \Gamma_\nu \right), \\
S_3 &= \frac{s_1^2 s_{1B}^2}{n_1^2 k^2} \left(\sum A_\nu + 2 D_{Bs} \sum B_\nu + D_{Bs}^2 \sum \varDelta_\nu \right), \\
S_5 &= \frac{s_1 s_{1B}^3 \beta_B'}{n_1^2 k^2} \left(\sum A_\nu + 3 D_{Bs} \sum B_\nu + D_{Bs}^2 \sum (2 \Gamma_\nu + \varDelta_\nu) + D_{Bs}^3 \sum E_\nu \right).
\end{aligned} \tag{11}
$$

Formeln, die man als Spezialfälle von (7) auffassen kann. In ähnlicher Weise ist es möglich, mit Hilfe von (7) die Bildfehler nach Blendengrößen zu entwickeln[1].

Sechster Teil.

Die Gesetzmäßigkeiten in Rotationssystemen bei endlicher Öffnung oder endlichem Gesichtsfeld.

Die Abbildung eines Flächenstücks durch Bündel endlicher Öffnung.

§ 50. Der Öffnungsfehler.

Wir legen den Koordinatenanfangspunkt objektseitig in den Achsenpunkt des zu untersuchenden achsensenkrechten Flächenelements; bildseitig soll der Koordinatenanfangspunkt beliebig liegen. Wir bevorzugen im folgenden das gemischte Eikonal. Wir setzen also in diesem Teil:

$$
\begin{aligned}
a &= x_0^2 + y_0^2, \\
b &= 2 n' (x_0 \xi' + y_0 \eta'), \\
c &= n'^2 (\xi'^2 + \eta'^2).
\end{aligned} \tag{1}
$$

Die BRUNSschen Abbildungsgleichungen lauten [nach § 15 [20]]:

$$
\begin{array}{ll}
n \xi = -2 V_a x_0 - 2 V_b n' \xi', & n \eta = -2 V_a y_0 - 2 V_b n' \eta', \\
x' = -2 V_b x_0 - 2 V_c n' \xi', & y' = -2 V_b y_0 - 2 V_c n' \eta'.
\end{array} \tag{2}
$$

Wegen der Rotationssymmetrie wird es auch hier im folgenden meistens genügen, nur die ersten beiden Gleichungen hinzuschreiben.

---

[1] Siehe A. König (1), S. 329.

In diesem Teil sei angenommen, daß x_0, y_0 kleine Werte seien, während ξ', η' endliche Werte annehmen dürfen. Dann ist a von zweiter Ordnung klein, während b, x_0, y_0 nur von erster Ordnung klein sind. Entwickeln wir nach a und b, so können wir nach Größenordnungen ordnen, und finden

$$\left.\begin{aligned}
V_a &= V_a^0 + V_{ab}^0\, b + (V_{aa}^0\, a + \tfrac{1}{2} V_{abb}^0\, b^2) + \cdots, \\
V_b &= V_b^0 + V_{bb}^0\, b + (V_{ab}^0\, a + \tfrac{1}{2} V_{bbb}^0\, b^2) + \cdots, \\
V_c &= V_c^0 + V_{bc}^0\, b + (V_{ac}^0\, a + \tfrac{1}{2} V_{bbc}^0\, b^2) + \cdots.
\end{aligned}\right\} \tag{3}$$

Die Größen mit dem oberen Zeiger Null hierin sind reine Funktionen von c.

Wir betrachten zunächst die Strahlen, die vom Achsenpunkt $(a = b = 0)$ ausgehen. Gleichung (2) gibt

$$\left.\begin{aligned}
n\,\xi_0 &= -2\,V_b^0\, n'\, \xi_0', & n\,\eta_0 &= -2\,V_b^0\, n'\, \eta_0', \\
x' &= -2\,V_c^0\, n'\, \xi_0', & y' &= -2\,V_c^0\, n'\, \eta_0'.
\end{aligned}\right\} \tag{4}$$

Wir erhalten die Entfernung des GAUSSischen Bildpunktes, wenn wir in (4) $c = 0$ einsetzen. Das gibt, wenn wir diese Entfernung k' vom Koordinatenanfangspunkt aus zählen:

$$k' = 2\,n'\, V_c^0(0). \tag{5}$$

Ein beliebiger Strahl $c = c_0$ schneide die Achse in der Entfernung $\Delta'(c_0)$ vom GAUSSischen Bildpunkt. $\Delta'(c_0)$ heißt die zentrische Längs-

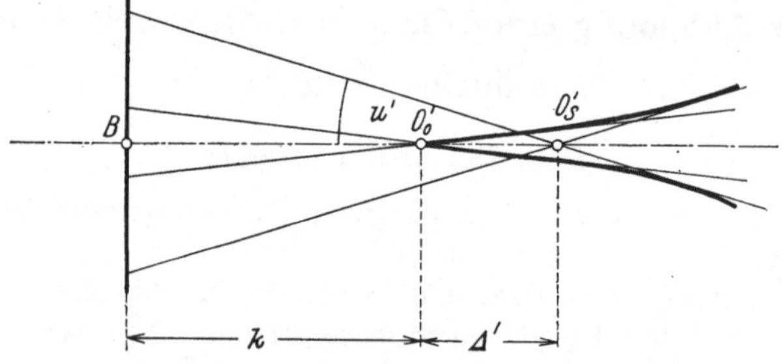

Abb. 53. Zum Öffnungsfehler. (Δ' = Längsabweichung.)

abweichung für den durch $c = c_0$ gegebene Strahlenkegel. Man findet, wenn u' der Winkel des Bildstrahls gegen die Achse ist,

$$\Delta'(c) = -k' + 2\,n'\, V_c^0\, \sqrt{1 - \frac{c}{n'^2}} = -k' + 2\,n'\, V_c^0 \cos u'. \tag{6}$$

Das System ist ohne Öffnungsfehler, der Achsenpunkt wird *scharf abgebildet* dann und nur dann, wenn $V_c^0(c)$ die Gestalt

$$V_c^0 = \frac{k'}{2\,n'\, \sqrt{1 - \dfrac{c}{n'^2}}} \tag{7}$$

hat. Nur in diesem Fall gehen *alle* vom Achsenpunkt ausgehenden Strahlen bildseitig durch einen Punkt. In jedem anderen Falle umhüllen sie bekanntlich zwei Flächen, von denen die eine in ein Stück der Systemachse entartet, während die andere eine um die Achse symmetrische Fläche, die *Kaustik* des Achsenpunktes bildet. Man erhält die Gleichung der letzteren, wenn man in (4) einen Meridianstrahl mit einem benachbarten Strahl zum Schnitt bringt und die Koordinaten dieses Schnittpunkts als Funktion von c bestimmt.

Sei in Abb. 54 $B_0' O_s'$ der Anfangsstrahl, $B_m' O_m'$ der Nachbarstrahl, also O_m' ein Punkt der Kaustik. Bezeichnen wir die Strecke $O_s' O_m'$ mit

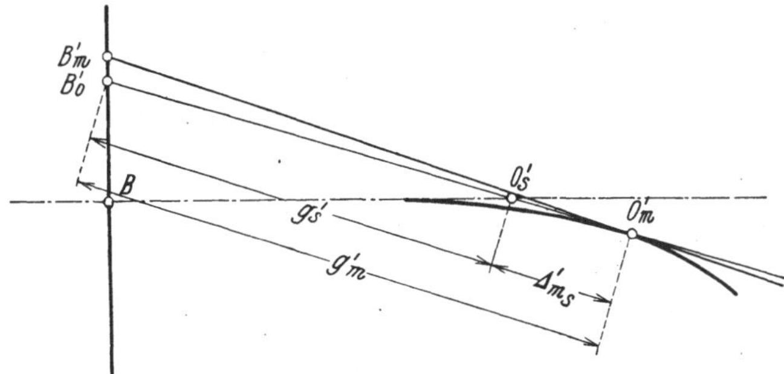

Abb. 54. Zum Entstehen der Kaustik.

Δ_{ms}', die Strecke $B_0' O_m'$ mit g_m' bzw. $B_0' O_s'$ mit g_s', dann erhalten wir wegen (4):

$$\frac{d x_m'}{d \xi_0'} = -2 n' (V_c^0 + 2 V_{cc}^0 c),$$

$$g_m' = -\frac{d x_m'}{d \xi_0'} \cos^2 u' = 2 n' (V_c^0 + 2 V_{cc}^0 c)\left(1 - \frac{c}{n'^2}\right), \tag{8}$$

$$\Delta_{ms}' = g_m' - g_s' = -2 n' V_c^0 + 2 n' (V_c^0 + 2 V_{cc}^0 c)\left(1 - \frac{c}{n'^2}\right)$$

$$= -2 n' c\left(\frac{1}{n'^2} V_c^0 - 2 V_{cc}^0 \cos^2 u'\right). \tag{9}$$

Die Gleichung der Kaustik ergibt sich nun zu

$$x^{*\prime} = \Delta_{ms}' \xi' = -2 n' c\left(\frac{1}{n'^2} V_c^0 - 2 V_{cc}^0 \cos^2 u'\right)\xi',$$

$$y^{*\prime} = \Delta_{ms}' \eta' = -2 n' c\left(\frac{1}{n'^2} V_c^0 - 2 V_{cc}^0 \cos^2 u'\right)\eta', \tag{10}$$

$$z^{*\prime} = g_m' \cos u' = 2 n' (V_c^0 + 2 V_{cc}^0 c) \cos^3 u'.$$

Wir wollen in Gleichung (10) die zentrische Längsabweichung einführen. Gleichung (6) ergibt, nach c differenziert,

$$\Delta_c' = \frac{n'}{\cos u'}\left(2 V_{cc}^0 \cos^2 u' - \frac{1}{n'^2} V_c^0\right). \tag{11}$$

Setzen wir (11) in (10) ein, so bekommen wir

$$x^{*\prime} = 2 n'^2 \sin^2 u' \cos u' \, \Delta_c' \xi',$$

$$y^{*\prime} = 2 n'^2 \sin^2 u' \cos u' \, \Delta_c' \eta', \tag{12}$$

$$z^{*\prime} = (k' + \Delta') + 2 \Delta_c' n'^2 \sin^2 u' \cos^2 u'.$$

Gleichung (12) lehrt uns, daß die Kaustik auf einen Punkt zusammenschrumpft, wenn Δ'_c verschwindet, d. h. wenn $\Delta' \equiv 0$ ist.

$\Delta'(0)$ ist stets Null. Ist $\Delta'(c)$ eine mit c monoton wachsende oder abnehmende Funktion, so spricht man in der Optik von reiner *Über-* oder *Unterkorrektion* des Öffnungsfehlers. Man spricht von einer *Korrektion* des Öffnungsfehlers, wenn der Randstrahl wieder durch den GAUSSischen Bildpunkt geht, wenn es also einen Wert gibt, für den

$$\Delta'(c_1) = \Delta'(0) = 0 \tag{13}$$

ist. Den Maximalbetrag

$$\underset{0 \leq c \leq c_1}{\mathrm{Max}}\,(\Delta'(c))$$

bezeichnet man als die *Zone* des Öffnungsfehlers. Gibt es mehrere Werte von c, für die Δ' verschwindet, so spricht man auch von mehrfacher Korrektion des Öffnungsfehlers, entsprechend von mehreren Zonen.

Gleichung (12) zeigt uns, daß die Kaustik für $c = 0$ eine Spitze hat. Die Achse ist in diesem Fall die einzige Tangente.

Gleichung (12) zeigt uns ferner, daß die Kaustik die Achse nur für solche Punkte schneidet, für die Δ' einen stationären Wert hat.

Man wird sich in der Praxis im allgemeinen beim Studium des Öffnungsfehlers damit begnügen, Δ' als Funktion von c aus einer Anzahl durchgerechneter Strahlen zu bestimmen. Man entwickelt Δ' in eine Reihe

$$\Delta' = A\,c + B\,c^2 + \cdots \tag{14}$$

und sucht die Koeffizienten gemäß den empirisch gegebenen Daten zu bestimmen. Hier kommt man im allgemeinen mit zwei Gliedern aus.

Haben A und B positives (negatives) Vorzeichen, so ist das System rein unter (über) korrigiert; haben sie verschiedene Vorzeichen, so ist es für den durch

$$c_1 = -\,\frac{A}{B} \tag{15}$$

bestimmten Wert korrigiert. Die Zone trete bei dem Wert $\tilde{c}$ auf; sie habe den Betrag $\tilde{\Delta}'$. Es gilt

$$\tilde{c} = -\,\frac{A}{2B}\,, \qquad \tilde{\Delta}' = -\,\frac{A^2}{4B}\,. \tag{16}$$

Es empfiehlt sich, Δ' als Funktion von $c = n'^2 \sin^2 u'$ statt von $\sin u'$, wie üblich, aufzuzeichnen. Die Kurve des Öffnungsfehlers hat dann die Gestalt einer Parabel (14), deren Zone durch (16) und dessen Anfangsneigung durch den Wert von A gegeben ist.

A ist übrigens, wie eine leichte Überlegung zeigt, stets proportional zu dem SEIDELschen Bildfehler S_1; B bezeichnet man oft als das erste *Zonenglied* des Öffnungsfehlers. Schon ABBE (5) hat Formeln zur Berechnung dieses Zonengliedes für ein System von Kugelflächen angegeben. Die Berechnung höherer Zonenglieder befindet sich in der elegantesten Form bei MARTINEZ RISCO (1).

§ 51. Nächstfeldscharfe und nächstfeldsymmetrische Abbildung.

Wir haben im vergangenen Abschnitt die Abbildung des Achsenpunktes untersucht. Wir wollen in diesem Abschnitt nach der Abbildung eines sehr nahe benachbarten Punktes fragen. Brechen wir die Gleichungen (2) nach den Gliedern erster Ordnung ab, so finden wir allgemein, geordnet:

$$x' = - 2\,V_c^0\,n'\,\xi' - 2\,(V_b^0\,x_0 + V_{bc}^0\,b\,n'\,\xi'), \Bigg\}$$
$$y' = - 2\,V_c^0\,n'\,\eta' - 2\,(V_b^0\,y_0 + V_{bc}^0\,b\,n'\,\eta'). \Bigg\} \tag{1}$$

Wir setzen zunächst voraus, der Achsenpunkt werde scharf abgebildet; wir legen den bildseitigen Koordinatenanfangspunkt in den Bildpunkt, dann erhalten wir wegen § 50 (7):

$$V_c^0 = 0, \tag{2}$$

das gibt, in (1) eingesetzt,

$$x' = - 2\,(V_b^0\,x_0 + V_{bc}^0\,b\,n'\,\xi'), \Bigg\}$$
$$y' = - 2\,(V_b^0\,y_0 + V_{bc}^0\,b\,n'\,\eta'). \Bigg\} \tag{3}$$

Wir sehen, die Abbildung eines Flächenelements bis auf Größen zweiter Ordnung ist uns gegeben, wenn wir V_b^0 als Funktion von c kennen.

Diese Funktion können wir aber erhalten, wenn wir allein die vom Achsenpunkt herkommenden Strahlen, die *Aperturstrahlen*, untersuchen. Für sie ergibt sich aus § 50 (4):

$$\frac{n\,\xi_0}{n'\,\xi_0'} = \frac{n\,\eta_0}{n'\,\eta_0'} = \frac{n \sin u}{n' \sin u'} = - 2\,V_b^0(c). \tag{4}$$

Sei $V_b^0(c)$ in eine Reihe entwickelt gegeben; etwa

$$V_b^0(c) = - \frac{\beta_0'}{2} + B_2\,c + B_3\,c^2 + \cdots, \Bigg\}$$
$$V_{bc}^0 = B_2 + 2\,B_3\,c + \cdots, \Bigg\} \tag{5}$$

wo β_0' die GAUSSische Vergrößerung bedeutet, so gibt uns (3) Auskunft über die Abbildung der Nachbarpunkte.

Ein Flächenelement wird unter Vernachlässigung von Größen höherer als der ersten Ordnung scharf abgebildet dann und nur dann, wenn

$$V_b^0(c) = - \frac{\beta_0'}{2}, \Bigg\}$$
$$V_{bc}^0(c) = 0 \Bigg\} \tag{6}$$

ist.

Eine Abbildung, in der die Gleichungen (6) erfüllt sind, wollen wir als *nächstfeldscharf* (auch mit ABBE aplanatisch) bezeichnen. Für eine nächstfeldscharfe Abbildung ist notwendig und hinreichend [ABBE (2), (3)], daß die vom Achsenpunkt ausgehenden Strahlen denselben scharf abbilden und daß die abbildenden Strahlen der ABBEschen Sinusbedingung genügen

$$V_c^0 = 0, \\ V_b^0 = -\frac{\beta'}{2}, \quad\Bigg\} \tag{7a}$$

oder anders geschrieben:

$$\Delta' = 0, \\ \frac{n \sin u}{n' \sin u'} = \beta_0', \quad\Bigg\} \tag{7b}$$

vgl. hierzu § 37 (6).

Wird schon der Achsenpunkt nicht scharf abgebildet, so kann man natürlich keine scharfe Abbildung eines Flächenelements erwarten. Wohl aber haben F. STAEBLE (*1*) und E. LIHOTZKY (*1*) gezeigt, daß unter den nicht scharfen Abbildungen eine Klasse dadurch ausgezeichnet ist, daß sie von Asymmetriefehlern frei ist.

Wir sahen in § 37, daß im SEIDELschen Bereich jede Abbildung asymmetriefrei gemacht werden kann, wenn man nur die Blende in eine geeignete Lage bringt.

Das wird im Fall endlicher Öffnung nicht immer gelingen. Wir wollen zunächst die zu stellende Forderung präzisieren.

Dem Achsenpunkt entspricht aus Symmetriegründen immer eine rotationssymmetrische Kaustik. Wir wollen eine Abbildung, die auch jedem Nachbarpunkt bis auf Größen zweiter Ordnung eine rotationssymmetrische Kaustik zuordnet, als *nächstfeldsymmetrisch* [oder auch mit E. LIHOTZKY (*1*) als *isoplanatisch*] bezeichnen.

Ist die einem Nachbarpunkt entsprechende Kaustik rotationssymmetrisch, so müssen alle von ihm ausgehenden Strahlen die Rotationsachse treffen; aber auch das Umgekehrte gilt [s. M. HERZBERGER (*3*)]: schneiden alle vom Nachbarpunkt ausgehenden Strahlen bildseitig einen festen Strahl — dieser muß natürlich in der zugehörigen Meridianebene liegen — so ist das zugehörige Normalensystem rotationssymmetrisch um diesen Strahl.

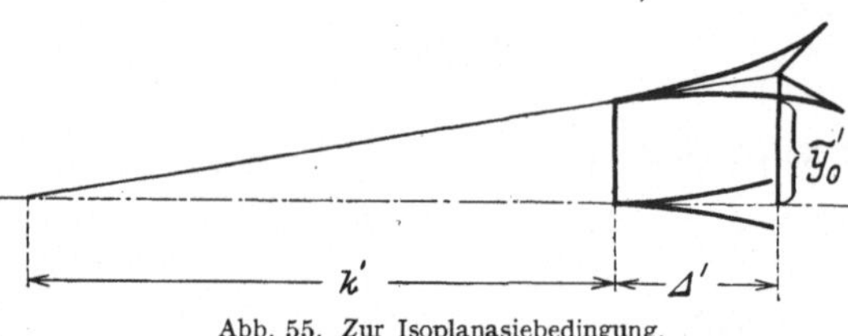

Abb. 55. Zur Isoplanasiebedingung.

Wir bestimmen die Koordinaten der Durchstoßpunkte unserer Strahlen mit der Meridianebene. Eine leichte Rechnung gibt aus (1):

$$\bar{x}' = -2n' V_b^0 x_0, \\ \bar{y}' = -2n' V_b^0 y_0, \\ \bar{z}' = \quad 2n'(V_c^0 + V_{bc}^0 b)\sqrt{1 - \frac{c}{n'^2}} = 2n' V_c^0 \sqrt{1 - \frac{c}{n'^2}}. \quad\Bigg\} \tag{8}$$

Die letzte Gleichsetzung ist erlaubt, da das Glied mit $V_{bc} b$ gegen das erste Glied zu vernachlässigen ist.

Die Abbildung ist dann und nur dann *isoplanatisch*, wenn alle Punkte (8) auf einer Geraden liegen; dann muß es eine Konstante z_0' derart geben, daß stets

$$- \frac{2\,n'\,V_c^0 \sqrt{1 - \dfrac{c}{n'^2} - z_0'}}{2\,n'\,V_b^0} = \text{const} \tag{9}$$

ist. Das gibt, wegen § 50 (6) und (5):

$$\frac{k_0' + \varDelta' - z_0'}{\dfrac{n \sin u}{n' \sin u'}} = \frac{k_0' - z_0'}{\beta_0'}. \tag{10}$$

Legen wir insbesondere den Koordinatenanfangspunkt bildseitig in den Schnittpunkt der Rotationsachse mit der Systemachse, in die sogenannte *isoplanatische Blende*, so erhält man die STAEBLE-LIHOTZKY-sche Isoplanasiebedingung

$$\left. \begin{aligned} \frac{k' + \varDelta'}{k'} &= \frac{n \sin u}{n' \beta' \sin u'}, \\ \frac{1}{k'} &= \frac{1}{\varDelta'} \left(\frac{n \sin u}{n' \beta' \sin u'} - 1 \right). \end{aligned} \right\} \tag{11}$$

Ein Vergleich mit § 37 (8) und (9) zeigt, daß selbst im SEIDEL-schen Gebiet der Asymmetriefehler nur dann behoben ist, wenn die Austrittspupille in der isoplanatischen Blende liegt. Während aber im SEIDELschen Gebiet der Asymmetriefehler durch Verschieben der Blende zu beheben ist, stellt (11) insbesondere in der Form (11_2) eine Forderung für die Aperturstrahlen dar, der sie nur unter besonderen Umständen genügen. Ist allerdings (11) erfüllt, so ist die Nachbarkaustik rotationssymmetrisch, die Abbildung nächstfeldsymmetrisch.

Ob die Abbildung eines Flächenelements gleichmäßig ist, wird natürlich noch von der Lage der wirklichen Blende abhängen. Liegt sie nicht in der Nähe der isoplanatischen Blende, so wird die an sich symmetrische Kaustik unsymmetrisch abgeschnitten.

Wie sehr dies unsymmetrische Abschneiden die Bildgüte beeinflußt, davon kann man sich praktisch überzeugen, wenn man eine Lichtquelle abbildet, die auf der Achse eines Rotationssystems liegt, und eine seitliche Blende anbringt. Obwohl die Kaustik des Achsenpunktes vollkommen symmetrisch ist, erhält man die typische Komafigur, die wir bei der Behandlung des Asymmetriefehlers (§ 37, Abb. 50) besprochen haben.

§ 52. Nahfeldscharfe Abbildung.

Entwickeln wir unsere Abbildungsgleichungen noch um ein Glied weiter, so erhalten wir

$$\left. \begin{aligned} x_0' &= -\,2\,V_c^0 n' \xi' - 2\,(V_b^0 x_0 + V_{bc}^0 b n' \xi') - 2\,(V_{ac}^0 a + \tfrac{1}{2} V_{bbc}^0 b^2) n' \xi' - 2\,V_{bb}^0 b x_0, \\ y_0' &= -\,2\,V_c^0 n' \eta' - 2\,(V_b^0 y_0 + V_{bc}^0 b n' \eta') - 2\,(V_{ac}^0 a + \tfrac{1}{2} V_{bbc}^0 b^2) n' \eta' - 2\,V_{bb}^0 b y_0. \end{aligned} \right\} \tag{1}$$

Setzen wir zunächst voraus, der Objektpunkt werde nächstfeldscharf (aplanatisch) abgebildet, dann gibt (1), wenn wir den bildseitigen Koordinatenanfangspunkt wieder in den Achsenbildpunkt legen:

$$x_0' - \beta' x_0 = -2 \left(V_{ac}^0 a + \tfrac{1}{2} V_{bbc}^0 b^2 \right) n' \xi' - 2 V_{bb}^0 b x_0 , \\ y_0' - \beta' y_0 = -2 \left(V_{ac}^0 a + \tfrac{1}{2} V_{bbc}^0 b^2 \right) n' \eta' - 2 V_{bb}^0 b y_0 . \tag{2}$$

Bei der jetzt zu berücksichtigenden Größenordnung ist ein ebenes Flächenelement schon von einem gekrümmten zu unterscheiden. Nehmen wir an, das Objektelement habe die Krümmung $\dfrac{1}{R}$, das Bildelement die Krümmung $\dfrac{1}{R'}$, dann finden wir

$$x_0 = x_0^* - \frac{a}{2 n R \sqrt{1 - (\xi^2 + \eta^2)}} \, n \, \xi = x_0^* - \frac{\beta'^2 a}{2 n' R \sqrt{1 - \dfrac{c}{n^2} \beta'^2}} \, n' \xi' , \\ x_0' = \qquad\qquad\qquad x_0^{*'} - \frac{\beta'^2 a}{2 n' R' \sqrt{1 - \dfrac{c}{n'^2}}} \, n' \xi' . \tag{3}$$

In (2) eingesetzt erhalten wir

$$x_0^{*'} - \beta_0' x_0^* = -2 V_{bb}^0 b x_0 - V_{bbc}^0 b^2 n' \xi' \\ \quad - 2 \left(V_{ac}^0 - \frac{\beta'^2}{4 n' R' \sqrt{1 - \dfrac{c}{n'^2}}} + \frac{\beta'^2}{4 n R \sqrt{1 - \dfrac{c}{n^2} \beta'^2}} \right) a n' \xi' . \tag{4}$$

Eine scharfe Abbildung bis auf Größen dritter Ordnung tritt also nur ein, wenn gleichzeitig

$$V_{bb}^0 = 0 , \\ V_{ac}^0 = \frac{\beta'^2}{4} \left(\frac{1}{n' R'} \frac{1}{\sqrt{1 - \dfrac{c}{n'^2}}} - \frac{1}{n R} \frac{1}{\sqrt{1 - \dfrac{c}{n^2} \beta'^2}} \right) \tag{5}$$

ist.

Lassen sich Größen R und R' bei Verschwinden von V_{bb}^0 so bestimmen, daß gleichzeitig V_{ac}^0 als Funktion von c die durch (5_2) gekennzeichnete Form annimmt, dann wird ein Flächenelement der Krümmung $\dfrac{1}{R}$ bis auf Größen dritter Ordnung scharf abgebildet auf ein Flächenelement der Krümmung $\dfrac{1}{R'}$. Eine solche Abbildung wollen wir als *nahfeldscharf* bezeichnen. Den Gleichungen (5) entsprechen in der SEIDELschen Theorie die Beziehungen

$$S_4 = 0 , \\ S_3 = -P = \frac{1}{n' R'} - \frac{1}{n R} , \tag{6}$$

die bei $S_1 = S_2 = 0$ nahfeldgeschärfte Abbildung eines Objektpunktes gewährleisten.

Man kann Gleichung (5_2) nach c integrieren. Beachtet man, daß

$$V_a^0(0) = \frac{\beta'}{2}\,\varphi \qquad (7)$$

ist, so finden wir an Stelle von (5) die Bedingungen:

$$\left.\begin{aligned}
V_a^0 &= \frac{n\cos u}{2R} - \frac{n'\cos u'}{2R'}\beta'^2 - \frac{n}{2R} + \frac{n'}{2R'}\beta'^2 + \beta'\frac{\varphi}{2}\\[2mm]
&= \frac{n'\sin^2\frac{u'}{2}}{R'}\beta'^2 - \frac{n\sin^2\frac{u}{2}}{R} + \beta'\frac{\varphi}{2}\,.
\end{aligned}\right\} \qquad (8)$$

Um zu erkennen, ob ein Flächenelement nächstfeldscharf abgebildet wird oder nicht, genügte es, die Abbildung der *Aperturstrahlen* zu kennen. Um zu erkennen, ob ein nächstfeldscharf abgebildetes Flächenelement nahfeldscharf abgebildet wird, genügt es, wie wir zeigen wollen, die Umgebung erster Ordnung der Aperturstrahlen zu betrachten.

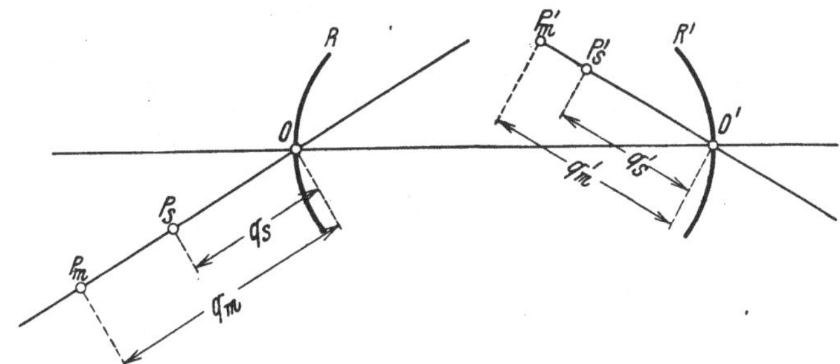

Abb. 56. Zur nahfeldscharfen Abbildung.

Jedem Punkt P_m eines Aperturstrahls ist ein *meridionaler* Bildpunkt P_m' zugeordnet: der Punkt, in dem ein in der Meridianebene liegender Nachbarstrahl durch P_m bildseitig den Aperturstrahl schneidet. Jedem Punkt P_s ist ein sagittaler Bildpunkt P_s' zugeordnet: der Punkt, in dem ein Nachbarstrahl durch P_s bildseitig den Aperturstrahl schneidet, der in der zur Meridianebene senkrechten Ebene liegt.

Die bis zur ersten Größenordnung entwickelten Gleichungen § 50 (2) geben:

$$\left.\begin{aligned}
n\xi &= -2V_a^0 x + (\beta' - 2V_{bb}^0 b)\,n'\xi',\\[1mm]
n\eta &= -2V_a^0 y + (\beta' - 2V_{bb}^0 b)\,n'\eta',\\[1mm]
x' &= \beta' x,\\[1mm]
y' &= \beta' y.
\end{aligned}\right\} \qquad (9)$$

Wir differenzieren und setzen in das Resultat $x_0 = y_0 = \xi' = 0$ ein, beachten also, daß wir den Ausgangsstrahl als Meridianstrahl annehmen.

Dann finden wir

$$n\,d\xi_s = -\,2\,V_a^0\,dx_s + \beta'\,n'\,d\xi_s',$$
$$dx_s' = \beta'\,dx_s$$

und

$$n\,d\eta_m = -\,2\,V_a^0\,dy_m + n'\,\beta'\,d\eta_m' - 2\,V_{bb}^0\,c\,dy_m,$$
$$dy_m' = \beta'\,dy_m. \tag{10}$$

Das gibt die beiden Gleichungen:

$$\frac{n'\,d\xi_s'}{dx_s'}\,\beta'^2 - \frac{n\,d\xi_s}{dx_s} = 2\,V_a^0,$$
$$\frac{n'\,d\eta_m'}{dy_m'}\,\beta'^2 - \frac{n\,d\eta_m}{dy_m} = 2\,V_a^0 + 2\,V_{bb}^0\,c. \tag{11}$$

Der Aperturstrahl möge die Achse in O bzw. O' schneiden. Sei $OP_s = q_s$, $O'P_m' = q_m'$ usw. So ergibt sich aus Abb. 56:

$$\frac{d\xi_s'}{dx_s'} = -\frac{1}{q_s'}, \qquad \frac{d\xi_s}{dx_s} = -\frac{1}{q_s},$$
$$\frac{d\eta_m'}{dy_m'} = -\frac{\cos^2 u'}{q_m'}, \qquad \frac{d\eta_m}{dy_m} = -\frac{\cos^2 u}{q_m}, \tag{12}$$

Setzen wir (12) und (8) in Gleichung (11) ein, so erhalten wir als Bedingung für nahfeldscharfe Abbildung das Bestehen der beiden von H. Boegehold (*12*) und M. Herzberger gefundenen Gleichungen:

$$\frac{n'\cos^2 u'}{q_m'}\,\beta'^2 - \frac{n\cos^2 u}{q_m} = \frac{2\,n\sin^2\dfrac{u}{2}}{R} - \frac{2\,n'\sin^2\dfrac{u'}{2}}{R'}\,\beta'^2 - \beta'\varphi,$$
$$\frac{n'}{q_s'}\,\beta'^2 - \frac{n}{q_s} = \frac{2\,n\sin^2\dfrac{u}{2}}{R} - \frac{2\,n'\sin^2\dfrac{u'}{2}}{R'}\,\beta'^2 - \beta'\varphi. \tag{13}$$

Während die Gleichungen (11) nur nächstfeldscharfe Abbildung des Achsenpunktes voraussetzen, sind die Beziehungen (13) nur gültig, wenn die Abbildung auch nahfeldscharf ist.

Einen von E. Lihotzky untersuchten Zwischenfall bekommt man, wenn man nur voraussetzt, daß

$$V_{bb}^0 = 0 \tag{14}$$

ist. Dann kann man die beiden Gleichungen (11) subtrahieren und bekommt unabhängig von V_a die Beziehung

$$\Delta\left(\frac{n'}{q_m'} - \frac{n'}{q_s'}\right)\beta'^2 = (n\sin u)^2\,\Delta\,\frac{1}{n\,q_m}, \tag{15}$$

die notwendig, aber nicht hinreichend für nahfeldscharfe Abbildung ist.

Unter Benutzung von (4) erkennt man leicht, daß $V_{bb}^0 = 0$ es nach sich zieht, daß die Abbildung nahfeldsymmetrisch ist. Die Rotationsachsen der bildseitigen Kaustiken sind hierbei alle zur Systemachse parallel.

Als Spezialfall sind in den Formeln (13) die YOUNGschen Formeln [§ 25 (8)] enthalten.

Objekt und Bildfläche fallen in die brechende Fläche zusammen. Rotationsachse ist die Flächennormale. Es ist

$$\left.\begin{array}{lll} \beta' = 1\,, & u = i\,, & u' = i'\,, \\[2mm] R = R' = r\,, & & \varphi = \dfrac{n' - n}{r}\,, \\[2mm] q_m = s_m\,, & & q_s = s_s, \end{array}\right\} \quad \cdot \qquad (16)$$

dann gibt (13)

$$\left.\begin{array}{l} \dfrac{n' \cos^2 i'}{s'_m} - \dfrac{n \cos^2 i}{s_m} = \dfrac{n' \cos i' - n \cos i}{r}\,, \\[3mm] \dfrac{n'}{s'_s} - \dfrac{n}{s_s} = \dfrac{n' \cos i' - n \cos i}{r}\,, \end{array}\right\} \qquad (17)$$

Der Sinusbedingung entspricht bei dieser Abbildung das Brechungsgesetz:

$$n' \sin i' = n \sin i\,. \qquad (18)$$

Die Abbildung des Raumes durch eine kleine Blende.

§ 53. Die Verzeichnung.

Betrachten wir die *Hauptstrahlen*, d. h. die Strahlen durch die Blendenmitte. Das zugehörige Bündel kann objekt- wie bildseitig mit Öffnungsfehler behaftet sein.

Es vermittelt uns nach GULLSTRAND (*1*) eine optische Projektion des Objektraums in den Bildraum.

Legen wir irgend wohin in die Entfernung k' von der Austrittspupille eine Auffangfläche, die Mattscheibe, so ordnen die Hauptstrahlen jedem Punkt des Objektraums einen Punkt der Mattscheibe zu, nämlich den Punkt, in dem sie von dem Hauptstrahl durch den Objektpunkt getroffen wird. Wir müssen hierzu allerdings voraussetzen, daß die Auffangfläche so weit von der Austrittspupille abliegt, daß durch jeden Punkt der Auffangfläche ein und nur ein Hauptstrahl geht.

Betrachten wir nun ein ebenes Objekt in der Entfernung $\bar{k}$ von der Eintrittspupille; auch dieses Objekt soll so weit von der Eintrittspupille entfernt sein, daß durch jeden seiner Punkte nur ein Hauptstrahl geht.

Liege der objektseitige (bildseitige) Hauptstrahl in der (y, z)-Ebene, sei der zugehörige Längsöffnungsfehler durch $\varDelta_B$ bzw. $\varDelta'_B$ gegeben, durchstoße der Hauptstrahl das Objekt (die Mattscheibe) in der Entfernung $\bar{y}$ bzw. y' von der Achse, dann gilt

$$\left.\begin{array}{l} \bar{y} = (\bar{k} + \varDelta_B)\,\operatorname{tg} u\,, \\[2mm] y' = (k' + \varDelta'_B)\,\operatorname{tg} u'\,. \end{array}\right\} \qquad (1)$$

Die Abbildung ist also dann und nur dann verzeichnungsfrei, wenn die Beziehung

$$\frac{\bar{y}}{\bar{y}'} = \frac{(\bar{k} + \varDelta_B)\,\mathrm{tg}\,w}{(\bar{k}' + \varDelta_B')\,\mathrm{tg}\,w'} = \mathrm{Const} \tag{2}$$

für alle Strahlen gilt. Man beachte, daß hierbei, da es sich um keine

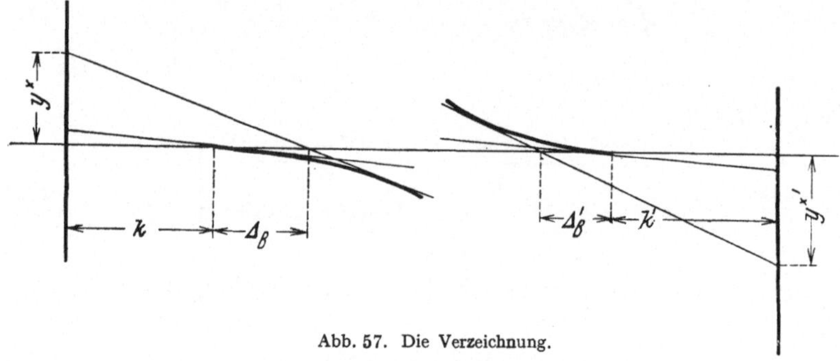

Abb. 57. Die Verzeichnung.

Abbildung handelt, Objekt und Mattscheibenebene nicht im GAUSS-schen Sinn konjugiert zu sein brauchen.

Ist Objekt und Mattscheibenebene konjugiert, so bestehen bei verzeichnungsfreier Abbildung die Beziehungen:

$$\frac{y'}{y} = \beta_0' = \frac{k' + \varDelta_B'}{k + \varDelta_B}\,\frac{\mathrm{tg}\,w'}{\mathrm{tg}\,w} = \frac{n\,k'}{n'\,k\,\beta_B'}\,. \tag{3}$$

Wir bekommen die zuerst von M. v. ROHR (1) aufgestellte Bedingung für Verzeichnungsfreiheit

$$n'\beta_B'\,\frac{k' + \varDelta_B'}{k'}\,\mathrm{tg}\,w' = n\,\frac{k + \varDelta_B}{k}\,\mathrm{tg}\,w\,, \tag{4}$$

in Übereinstimmung mit der im SEIDELschen Gebiet § 39 (7) erhaltenen Formel, bei der allerdings vorausgesetzt war, daß die Austrittspupille nicht mit Öffnungsfehler behaftet ist.

Im SEIDELschen Gebiet gab es immer ein verzeichnungsfreies Objekt, dessen Lage man durch Gleichung § 39 (7) errechnen konnte. Gleichung (4) jedoch ist eine Bedingung für die Hauptstrahlenkaustik, die nur ausnahmsweise erfüllt ist.

Einen wichtigen Sonderfall erhält man, wenn die Blende in den Objekt- und in den Bildraum ohne Öffnungsfehler abgebildet wird. Dann haben wir

$$\left.\begin{aligned}
n'\,\beta_B'\,\mathrm{tg}\,w' &= n\,\mathrm{tg}\,w\,, \\
\varDelta_B = \varDelta_B' &= 0
\end{aligned}\right\} \tag{5}$$

als Bedingungen für verzeichnungsfreie Abbildung [AIRY (1), BOW (1), SUTTON (1)]. Eine solche Blende bezeichnen wir [s. § 39 (5)] als *orthoskopische* Blende. In Gleichung (5) kommt nichts mehr vor, was auf die Objektlage Bezug nimmt; wir sehen also, eine orthoskopische Blende vermittelt eine verzeichnungsfreie optische Projektion jedes ebenen Objekts auf die zugehörige Gaussische Bildebene, ja, wie Gleichung (2) lehrt, sogar auf jede beliebige Mattscheibenebene.

Man muß sich natürlich davor hüten, die Bedeutung der hier vorliegenden Gesetzmäßigkeiten für optische Systeme zu überschätzen. Die Aussagen beziehen sich nur auf die durch die Hauptstrahlen bewirkte optische Projektion. Gewiß, für Systeme mit kleiner Öffnung und kleinem Gesichtsfeld werden die Hauptstrahlen jedenfalls annähernd die Schwerlinien des einen Punkt abbildenden Bündels bilden; obwohl auch in diesem Fall im allgemeinen keine Abbildung der Punkte der Objektebene auf die Punkte der Gaussischen Bildebene erfolgt, so wird doch die wegen der Größe der Öffnungsblende jedem Punkt entsprechende Zerstreuungsfigur um den Durchstoßungspunkt des Hauptstrahls symmetrisch angeordnet sein.

Hat die Blende jedoch eine endliche Öffnung oder wirken bei größerem Gesichtsfeld andere Blenden bei der Strahlenbegrenzung mit, dann wird die Bedeutung des Hauptstrahls problematisch; sahen wir doch in § 30, daß bei seitlichen Punkten es vorkommen kann, daß der Hauptstrahl abgeblendet wird, obwohl noch Strahlen das System durchstoßen.

Eine Ausnahme machen selbstverständlich die Systeme, bei denen eine scharfe Abbildung einer endlichen Objektfläche erfolgt (§ 55).

Hier wollen wir in Analogie zu § 41 von *abstandstreuer* Abbildung sprechen, wenn die Lote von Objekt und Bildpunkt auf die Systemachse proportional sind:

$$\frac{y^{*\prime}}{y^*} = \frac{x^{*\prime}}{x^*} = \beta_0' \,. \tag{6}$$

Auch bei der feldgleichmäßigen Abbildung, die wir in § 57 behandeln werden, und bei der u. a. jedem Objektpunkt eine rotationssymmetrische Kaustik entspricht, kann der Begriff der abstandstreuen Abbildung Verwendung finden. Wir werden allerdings dort nicht die Strahlen durch die Blendenmitte, sondern die Symmetrieachsen der Bildkaustiken als (feldsymmetrische) Hauptstrahlen betrachten.

§ 54. Raumstigmatische Abbildung.

Wir haben im vorigen Paragraphen die optische Projektion betrachtet, die durch die Hauptstrahlen geliefert wird. In diesem Abschnitt wollen wir die Abbildung der Umgebung eines Hauptstrahls untersuchen.

Insbesondere wollen wir in Anlehnung an § 44 nach der Bedingung dafür fragen, daß die Umgebung aller Hauptstrahlen *Gaußisch* abgebildet wird. Eine Blende, die diese Forderung erfüllt, wollen wir als *raumstigmatische Blende* bezeichnen; eine solche Blende wurde im SEIDELschen Gebiet *raumspannenfrei* genannt.

Im allgemeinen vermittelt jeder Hauptstrahl eine orthogonale Abbildung seiner Umgebung; jedem Objektpunkt entsprechen also zwei Bildpunkte, ein sagittaler und ein meridionaler Bildpunkt.

Um die Gesetzmäßigkeiten zu finden, legen wir zunächst unser Koordinatensystem beliebig und betrachten die Abbildung der Umgebung eines beliebigen Strahls. Es gilt allgemein:

$$\left.\begin{aligned}
n\,\xi &= -2V_a x_0 - 2V_b n'\xi', & n\eta &= -2V_a y_0 - 2V_b n'\eta', \\
x' &= -2V_b x_0 - 2V_c n'\xi', & y' &= -2V_b y_0 - 2V_c n'\eta'.
\end{aligned}\right\} \tag{1}$$

Wir differenzieren (1) und finden, wenn wir von einem Meridianstrahl ausgehen, unter Beachtung von

$$\left.\begin{aligned}
\xi &= x = \xi' = x' = 0, \\
da &= 2\,y\,dy, \\
db &= 2\,n'\,y\,d\eta' + 2\,n'\,\eta'\,dy, \\
dc &= 2\,n'^2\,\eta'\,d\eta'
\end{aligned}\right\} \tag{2}$$

die Beziehungen:

$$\left.\begin{aligned}
n\,d\xi_s &= -2V_a\,dx_s - 2V_b\,n'\,d\xi_s', \\
dx_s' &= -2V_b\,dx_s - 2V_c\,n'\,d\xi_s', \\
n\,d\eta_m &= -2(V_a + 2V_{aa}a + 2V_{ab}b + 2V_{bb}c)\,dy_m \\
&\quad -2(V_b + 2V_{ab}a + (V_{ac} + V_{bb})b + 2V_{bc}c)\,d\eta_m', \\
dy_m' &= -2(V_b + 2V_{ab}a + (V_{ac} + V_{bb})b + 2V_{bc}c)\,dy_m \\
&\quad -2(V_c + 2V_{bb}a + 2V_{bc}b + 2V_{cc}c)\,d\eta_m'.
\end{aligned}\right\} \tag{3}$$

Die ersten beiden Gleichungen beziehen sich auf die sagittalen Nachbarstrahlen, die beiden letzten Gleichungen auf die meridionalen Nachbarstrahlen. Eine leichte Umformung gibt

$$\left.\begin{aligned}
\frac{n\,d\eta_m}{dy_m} &= \frac{4(V_b + 2V_{ab}a + (V_{ac} + V_{bb})b + 2V_{bc}c)^2\,\dfrac{n'\,d\eta_m'}{dy_m'}}{1 + 2(V_c + 2V_{bb}a + 2V_{bc}b + 2V_{cc})\dfrac{n'\,d\eta_m'}{dy_m}} \\
&\quad -2(V_a + 2V_{aa}a + 2V_{ab}b + 2V_{bb}c), \\[2ex]
\frac{n\,d\xi_s}{dx_s} &= \frac{4V_b^2\,\dfrac{n'\,d\xi_s'}{dx_s'}}{1 + 2V_c\dfrac{n'\,d\xi_s'}{dx_s'}} - 2V_a.
\end{aligned}\right\} \tag{4}$$

Sei nun g_s, g_m bzw. g_s', g_m' die Entfernung des Durchstoßungspunktes mit der Koordinatenebene vom meridionalen bzw. sagittalen Objekt- (Bild-) Punkt, so ist

$$\left.\begin{aligned}
\frac{n\,d\eta_m}{dy_m} &= -\frac{n\cos^2 w}{g_m}, & \frac{n'\,d\eta_m'}{dy_m'} &= -\frac{n'\cos^2 w'}{g_m'}, \\
\frac{n\,d\xi_s}{dx_s} &= -\frac{n}{g_s}, & \frac{n'\,d\xi_s'}{dx_s'} &= -\frac{n'}{g_s'},
\end{aligned}\right\} \tag{5}$$

also gibt (4)

$$\frac{n \cos^2 w}{g_m} = \frac{4\,(V_b + 2\,V_{ab}\,a + (V_{ac} + V_{bb})\,b + 2\,V_{cc}\,c)^2\,\dfrac{n' \cos^2 w'}{g'_m}}{1 - 2\,(V_c + 2\,V_{bb}\,a + 2\,V_{bc}\,b + 2\,V_{cc}\,c)\,\dfrac{n' \cos^2 w'}{g'_m}} \\ \qquad\qquad\qquad + 2\,(V_a + 2\,V_{aa}\,a + 2\,V_{ab}\,b + 2\,V_{bb}\,c)\,,$$

$$\frac{n}{g_s} = \frac{4\,V_b^2\,\dfrac{n'}{g'_s}}{1 - 2\,V_c\,\dfrac{n'}{g'_s}} + 2\,V_a\,.$$

(6)

Die Gleichungen gelten ganz allgemein; unser Objektstrahl wird *Gaußisch* abgebildet, wenn aus $g_s = g_m$ identisch $g'_s = g'_m$ folgt. Das gibt drei Gleichungen:

$$\begin{aligned}
2\,(V_{ac}\,a + V_{ab}\,b + V_{bb}\,c) &= V_a\,(\cos^2 w - 1)\,, \\
2\,(V_{ab}\,a + \tfrac{1}{2}(V_{bb} + V_{ac})\,b + V_{bc}\,c) &= V_b\left(\frac{\cos w}{\cos w'} - 1\right), \\
2\,(V_{bb}\,a + V_{bc}\,b + V_{cc}\,c) &= V_c\left(\frac{1}{\cos^2 w'} - 1\right).
\end{aligned}$$

(7)

Die Gleichungen (7) gelten selbstverständlich nur für das spezielle Wertetripel $a_0,\, b_0,\, c_0$, das den Hauptstrahl kennzeichnet. Ist (7) erfüllt, so gehen die Beziehungen (3) über in

$$\begin{aligned}
n\,d\xi_s &= -2\,V_a\,dx_s - 2\,V_b\,n'\,d\xi'_s\,, \\
dx'_s &= -2\,V_b\,dx_s - 2\,V_c\,n'\,d\xi'_s\,, \\
n\,d\eta_m &= -2\,V_a \cos^2 w\,dy_m - 2\,V_b\,\frac{\cos w}{\cos w'}\,n'\,d\eta'_m\,, \\
dy'_m &= -2\,V_b\,\frac{\cos w}{\cos w'}\,dy_m - 2\,V_c\,\frac{1}{\cos^2 w'}\,n'\,d\eta'_m\,.
\end{aligned}$$

(8)

Wirkt die Blende als raumstigmatische Blende, so müssen die Gleichungen (7) und (8) gültig sein, wie immer man a, b, c wählt, vorausgesetzt, daß eine solche Wahl einen Hauptstrahl kennzeichnet.

Wir untersuchen den Sonderfall, daß die Eintrittspupille frei vom Öffnungsfehler ist; wir legen unsern Koordinatenanfangspunkt in diese Eintrittspupille. Dann sind die Hauptstrahlen durch $a = b = 0$, $c \sim$ gekennzeichnet. Die Abbildung ist raumstigmatisch, wenn gilt:

$$\begin{aligned}
V_{bb}^0\,c &= \tfrac{1}{2}\,V_a^0\,(\cos^2 w - 1)\,, \\
V_{bc}^0\,c &= \tfrac{1}{2}\,V_b^0\left(\frac{\cos w}{\cos w'} - 1\right), \\
V_{cc}^0\,c &= \tfrac{1}{2}\,V_c^0\left(\frac{1}{\cos^2 w'} - 1\right).
\end{aligned}$$

(9)

Für die Hauptstrahlen findet man aus (1) und (8):

$$\begin{aligned}
n\,\eta &= -2\,V_b^0\,n'\,\eta'\,, & n\,d\eta &= -2\,V_b^0\,\frac{\cos w}{\cos w'}\,n'\,d\eta'\,, \\
y' &= -2\,V_c^0\,n'\,\eta'\,, & d y' &= -2\,V_c^0\,\frac{1}{\cos^2 w'}\,n'\,d\eta'\,,
\end{aligned}$$

(10)

also wegen $\eta' = \sin w'$ nach Division:

$$\left.\begin{aligned} \frac{d\eta}{\eta\sqrt{1-\eta^2}} &= \frac{d\eta'}{\eta'\sqrt{1-\eta'^2}}, \\ \frac{dy'}{y'} &= \frac{dy'}{\eta'(1-\eta'^2)} \end{aligned}\right\} \tag{11}$$

oder integriert

$$\left.\begin{aligned} n'\,\beta'_B\,\mathrm{tg}\,\frac{w'}{2} &= n\,\mathrm{tg}\,\frac{w}{2} \\ 2\,V^0_\varrho &= \frac{k'}{n'\sqrt{1-\dfrac{c}{n'^2}}}, \end{aligned}\right\} \tag{12}$$

bzw.

also

$$\Delta'_B = 0.$$

Die zweite Gleichung (12) lehrt uns, im Einklang mit § 44 (3), daß die Eintrittspupille ohne Öffnungsfehler abgebildet werden muß. Die erste Gleichung (12) gibt eine Bedingung an, die die Hauptstrahlen erfüllen müssen, sie geht für kleine Neigungen in die zweite Gleichung in § 44 (3) über.

Eine Blende, für deren Hauptstrahlen die Gleichung (12) erfüllt ist, hatten wir in § 44 als MERTÉsche Blende bezeichnet. Man erkennt leicht, daß (12) mit der Erfüllung der beiden letzten Bedingungen in (7) gleichbedeutend ist; (12) ist notwendig, aber nicht hinreichend dafür, daß eine Blende raumstigmatisch ist.

Wir sehen ferner, daß eine raumstigmatische Blende nur dann ein *verzeichnungsfreies* Bild eines ebenen Gegenstandes entwickeln kann, wenn die Blende im Knotenpunkt liegt, da (12_1) und § 53 (5) sich sonst widersprechen[1].

Es sei zum Schluß darauf hingewiesen, daß es sehr wohl eine raumstigmatische Abbildung geben kann, bei der die Blende weder in den Objekt- noch in den Bildraum ohne Öffnungsfehler abgebildet wird.

Betrachten wir die durch

$$V = V_0 - \frac{n}{2\,n'}\,b, \tag{13}$$

also

$$\left.\begin{aligned} \xi' &= \xi', & \eta &= \eta', \\ x' &= \frac{n}{n'}\,x, & y' &= \frac{n}{n'}\,y \end{aligned}\right\} \tag{14}$$

gegebene Abbildung, die ein Knotenpunktsystem charakterisiert, so werden wegen $w = w'$ die drei Gleichungen (5) identisch erfüllt, d. h. jeder Strahl wird raumstigmatisch abgebildet.

Nehmen wir nun an, die Blende liege irgendwo im Innern des durch (14) gegebenen Systems und werde mit Öffnungsfehler behaftet in den Objekt- und daher auch in den Bildraum abgebildet. Dann wirkt die Blende sicher als raumstigmatische Blende, obgleich Δ_B und $\Delta'_B \neq 0$ sind.

---

[1] Siehe hierzu R. RICHTER (I), der zuerst die Bedeutung des symmetrischen Objektivs mit Mittelblende ($\beta'_B = 1$) zur Behebung dieses Fehlers hervorhob.

Siebenter Teil.

Abbildung des ganzen Strahlenraums in ausgezeichneten Systemen.

§ 55. Die feldscharfe Abbildung einer Ebene in Rotationssystemen.

Wir stellen die Forderung, daß eine achsensenkrechte Ebene durch unser System scharf abgebildet werde.

Wir legen den Koordinatenanfangspunkt objektseitig in die abzubildende Ebene, den bildseitigen Koordinatenanfangspunkt in den Gaussischen Bildpunkt ($V_c^0(0) = 0$), dann gibt das gemischte Eikonal die Beziehungen

$$\left.\begin{aligned} n\,\xi &= -2V_a x_0 - 2V_b n'\xi', & n\,\eta &= -2V_a y_0 - 2V_b n'\eta', \\ x' &= -2V_b x_0 - 2V_c n'\xi', & y' &= -2V_b y_0 - 2V_c n'\eta'. \end{aligned}\right\} \quad (1)$$

Wird unsere Ebene scharf abgebildet, so muß (aus Symmetriegründen) der zu einem festen Objektpunkt gehörende Bildpunkt in der zugehörigen Meridianebene liegen. Berechnen wir die Koordinaten $x^{*\prime}$, $y^{*\prime}$, $z^{*\prime}$ des Durchstoßpunktes mit der Meridianebene, dann müssen seine Koordinaten von ξ, η, ζ unabhängig sein. Wir erhalten:

$$\left.\begin{aligned} x^{*\prime} &= -2V_b x_0, \\ y^{*\prime} &= -2V_b y_0, \\ z^{*\prime} &= 2n'V_c\sqrt{1-\frac{c}{n'^2}}\,. \end{aligned}\right\} \quad (2)$$

Unser System bildet also die Ebene scharf dann und nur dann ab, wenn sowohl V_b wie $V_c\sqrt{1-\frac{c}{n'^2}}$ reine Funktionen von a sind. Setzen wir

$$\left.\begin{aligned} -2V_b &= \beta_s'(a), \\ 2n'V_c\sqrt{1-\frac{c}{n'^2}} &= z^{*\prime}(a). \end{aligned}\right\} \quad (3)$$

Man erkennt aus (2), daß $\beta_s'(a)$ die Vergrößerung darstellt, mit der die durch Objektpunkt P und Bildpunkt P' gehenden sagittalen Linienelemente, ja nicht nur sie, sondern die Kreise durch P und P' senkrecht zur Meridianebene aufeinander abgebildet werden.

$z^{*\prime}(a)$ ist die Abszisse von P'.

Durch Integration von (3) finden wir für V die Form

$$V = -\frac{\beta_s'(a)}{2}b - n'z^{*\prime}\sqrt{1-\frac{c}{n'^2}} + g(a), \quad (4)$$

wo $g(a)$ noch eine willkürliche Funktion von a bedeutet.

Ist die Abbildung abstandstreu, so wird

$$\beta_s'(a) = \beta_0'. \quad (5)$$

Ist die Bildfläche eben, so wird bei unserer Koordinatenwahl:

$$z^{*\prime}(a) = 0. \tag{6}$$

Wir haben bisher nur die letzten Gleichungen benützt. Die beiden ersten geben für die Strahlen durch einen Meridianpunkt

$$\left(x_0 = 0,\, y_0 = \sqrt{a}. \qquad \eta' = \frac{b}{2\,n'\sqrt{a}}\right)$$

$$\left.\begin{aligned} & n\,\xi - n'\,\beta'_s\,\xi' = 0,\\[2mm] & n\,\eta - n'\left\{\left(\beta'_s + \beta'_{\sqrt{a}}\,\sqrt{a}\right)\eta' + n'\,z^{*\prime}_{\sqrt{a}}\sqrt{1 - \frac{c}{n'^2}}\right\} = -g_{\sqrt{a}}\,. \end{aligned}\right\} \tag{7}$$

Wir führen nun neben der sagittalen Vergrößerung β'_s die meridionale Vergrößerung β'_m ein. Wir finden

$$\beta'_m = \frac{\sqrt{dy^{*2} + dz^{*2}}}{d\sqrt{a}}\,. \tag{8}$$

Sei $\varepsilon_s,\, \varepsilon'_s$ der Winkel, den ein Strahl mit der sagittalen Richtung bildet, sei $\varepsilon_m,\, \varepsilon'_m$ der Winkel, den ein Strahl mit der Meridiankurve der Bildfläche bildet, dann ergibt sich

$$\left.\begin{aligned} & \cos\varepsilon_s = \xi, \qquad \cos\varepsilon'_s = \xi',\\[2mm] & \cos\varepsilon_m = \eta, \qquad \cos\varepsilon'_m = \eta'\frac{dy^{*\prime}}{\sqrt{dy^{*2} + dz^{*2}}} + \sqrt{1 - \frac{c}{n'^2}}\,\frac{dz^*}{\sqrt{dy^{*2} + dz^{*2}}}, \end{aligned}\right\} \tag{9}$$

aus (8) und (9) ergibt sich unter Beachtung von (2) und (3):

$$\beta'_m\cos\varepsilon'_m = \frac{dy^*}{d\sqrt{a}}\eta' + \frac{dz^*}{d\sqrt{a}}\sqrt{1 - \frac{c}{n'^2}} = \left(\beta'_s + \beta'_{\sqrt{a}}\,\sqrt{a}\right)\eta' + z^{*\prime}_{\sqrt{a}}\sqrt{1 - \frac{c}{n'^2}}. \tag{10}$$

Setzen wir (9) und (10) in (7) ein, so erhalten wir die beiden Gleichungen

$$\left.\begin{aligned} & n\,\beta'_s\cos\varepsilon'_s - n\cos\varepsilon_s = 0,\\[2mm] & n'\,\beta'_m\cos\varepsilon'_m - n\cos\varepsilon_m = g_{\sqrt{a}}, \end{aligned}\right\} \tag{11}$$

deren Bestehen notwendig und, wie man leicht erkennt, auch hinreichend für die scharfe Abbildung einer Ebene ist; ein Ergebnis, das mit § 8 (9) im Einklang ist.

Für den Achsenpunkt verschwindet

$$\lim_{a \to 0} g_{\sqrt{a}} = 2\,\sqrt{a}\,g_a = 0. \tag{12}$$

Die Gleichungen (11) gehen dann in die ABBEsche Sinusbedingung über.

Eine Abbildung, bei der die Punkte einer endlichen Fläche durch Bündel endlicher Öffnung scharf abgebildet werden, wollen wir als *feldscharf* bezeichnen. Die feldscharfe Abbildung wurde zuerst untersucht von M. THIESEN (*1* bis *2*), der auch die Bedingungen (11) für die Abbildung zweier Ebenen fand. Die Abbildung zweier beliebiger Flächen aufeinander untersuchte zuerst BRUNS (*1*).

§ 56. Die feldsymmetrische Abbildung einer Ebene in Rotationssystemen.

Wir setzen jetzt voraus, jedem Objektpunkt der achsensenkrechten Ebene $z = 0$ sei bildseitig eine rotationssymmetrische Kaustik zugeordnet. Wir wollen die Form von V bestimmen.

Es gilt allgemein

$$n\,\xi = -2\,V_a\,x - 2\,V_b\,n'\,\xi', \qquad n\,\eta = -2\,V_a\,y - 2\,V_b\,n'\,\eta', \left.\right\}$$
$$x' = -2\,V_b\,x - 2\,V_c\,n'\,\xi', \qquad y' = -2\,V_b\,y - 2\,V_c\,n'\,\eta'. \left.\right\} \quad (1)$$

Die Durchstoßpunkte eines Strahls mit der zugehörigen Meridianebene sind durch

$$\tilde{x}' = -2\,V_b\,x,$$
$$\tilde{y}' = -2\,V_b\,y,$$
$$\tilde{z}' = 2\,n'\,V_c\sqrt{1 - \frac{c}{n'^2}} \qquad (2)$$

gegeben.

Die Abbildung ist feldsymmetrisch, wenn die von einem festen Punkt kommenden Strahlen bildseitig die Meridianebene in einer ge-

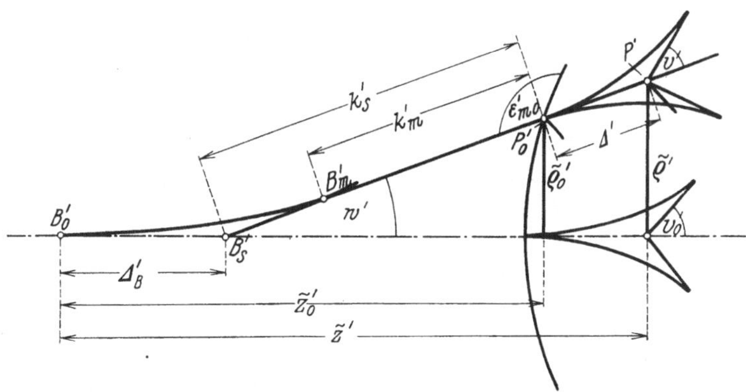

Abb. 58. Zur feldsymmetrischen Abbildung.

raden Linie durchstoßen. Diese gerade Linie nennen wir den zum Objektpunkt gehörenden *Symmetriestrahl.* Er schneide die Achse im Punkt B'_s. Koordinatenanfangspunkt sei die isoplanatische Blende B'_0. $B'_0 B'_s = \varDelta'_B$ ist der Längsöffnungsfehler der Kaustik der Symmetriestrahlen. w' sei der Winkel, den der Symmetriestrahl durch B'_s mit der Systemachse bilde. Dann muß gelten:

$$\operatorname{tg} w' = - \frac{2\,V_b\sqrt{a}}{2\,n'\,V_c\sqrt{1 - \dfrac{c}{n'^2}} - \varDelta'_B}. \qquad (3)$$

Integrieren wir (3) und beachten, daß der Winkel v' zwischen Strahl und Symmetriestrahl durch

$$\cos v' = H' = \frac{b}{2\,n'\sqrt{a}}\sin w' + \cos w'\sqrt{1 - \frac{c}{n'^2}} \qquad (4)$$

gegeben ist. Wir finden

$$V = \frac{\Delta'_B \operatorname{tg} w'}{2\sqrt{a}}\, b - n'\, f(a, H').$$ (5)

Hierin ist f eine an sich noch willkürliche Funktion, die aber allein von a und H' abhängt. Die Differentiation von (5) gibt

$$\left.\begin{aligned}
V_b &= \frac{\Delta'_B \operatorname{tg} w'}{2\sqrt{a}} - \frac{\sin w'}{2\sqrt{a}}\frac{\partial f}{\partial H'}\,, \\[2ex]
V_c &= \frac{\cos w'}{2\,n'\sqrt{1-\dfrac{c}{n'^2}}}\frac{\partial f}{\partial H'}\,.
\end{aligned}\right\}$$ (6)

Die Form der Funktion f können wir noch genauer aus den geometrischen Größen der Abbildung bestimmen. Sei k'_s der Abstand der kaustischen Spitze P'_0 von B'_s, sei Δ' der Längsöffnungsfehler $P'_0 P'$ der seitlichen Kaustik, auf dem Symmetriestrahl gemessen; dann folgt aus (2) und (6):

$$\frac{\partial f}{\partial H'} = (k'_s + \Delta') + \frac{\Delta'_B}{\cos w'}\,.$$ (7)

Beachten wir, daß hierin nur Δ' von H' abhängt, so gibt die Integration von (7) nach H'

$$f(a, H') = \left(k'_s + \frac{\Delta'_B}{\cos w'}\right)(H' - 1) + \int\limits_1^{H'} \Delta'(a, H')\, dH' + g(a)\,,$$ (8)

also

$$V = \frac{\Delta'_B \operatorname{tg} w'}{2\sqrt{a}}\, b - n'\left(k'_s + \frac{\Delta'_B}{\cos w'}\right)(H' - 1) - n'\int\limits_1^{H'} \Delta'(a, H')\, dH' + g(a)\,,$$ (9)

wo $g(a)$ noch eine willkürliche Funktion von a allein ist [s. hierzu H. Boegehold (*10*) und H. Boegehold (*11*) und M. Herzberger (*7*)].

Wir erkennen aus (7), daß Δ' eine reine Funktion von a und H' ist. Wir haben also hier den Beweis erneut geführt, daß die seitliche Kaustik, von der wir anfangs nur voraussetzten, daß alle Strahlen den Symmetriestrahl schneiden, rotationssymmetrisch ist.

Die Fläche der kaustischen Spitzen hat die Gleichung

$$\left.\begin{aligned}
\tilde{\varrho}'_0 &= \sqrt{\tilde{x}_0^2 + \tilde{y}_0^2} = k'_s \sin w' \sqrt{q}\,, \\[1ex]
\tilde{z}'_0 &= \Delta'_B + k'_s \cos w'\,.
\end{aligned}\right\}$$ (10)

Ziehen wir in (9) die Glieder, die nur von a abhängen, in die willkürliche Funktion, so haben wir

$$V = -\tilde{\varrho}\,\frac{b}{2\sqrt{a}} - \tilde{z}\,n'\sqrt{1-\frac{c}{n'^2}} - n'\int\limits_1^{H'} \Delta'(a, H')\, dH' + g(a)\,.$$ (11)

Endlich ergibt sich daraus

$$V_b = -\frac{\tilde{\varrho} + \Delta' \sin w'}{2\sqrt{a}}\,, \qquad V_c = \frac{\tilde{z}' + \Delta' \cos w'}{2\,n'\sqrt{1-\dfrac{c}{n'^2}}}\,,$$ (12)

ferner haben wir

$$
\begin{aligned}
V_{\sqrt{a}} = {} & \frac{\tilde{\varrho}' + \varDelta' \sin w'}{2\,a}\, b - \tilde{\varrho}'_{\sqrt{a}} \frac{b}{2\sqrt{a}} - \tilde{z}'_{\sqrt{a}}\, n'\sqrt{1 - \frac{c}{n'^2}} \\
& - n'\,\varDelta'\left(\cos w'\,\frac{b}{2\,n'\sqrt{a}} - \sin w'\sqrt{1 - \frac{c}{n'^2}}\right)w'_{\sqrt{a}} \\
& - n'\int_1^{H'} \varDelta'_{\sqrt{a}}\, dH + g_{\sqrt{a}}\,.
\end{aligned}
\tag{13}
$$

Die von einem Objektpunkt ausgehenden Strahlen zerfallen bildseitig in eine einfache unendliche Anzahl von Strahlenkegeln, die sich je in einem Punkt des Symmetriestrahls vereinigen und mit ihm dort gleiche Winkel v' bilden. Wir können also sagen, durch jeden dieser Kegel wird jeder Objektpunkt *abgebildet* auf einen Punkt des Symmetriestrahls.

Betrachten wir ein sagittales Linienelement. Man kann es als abgebildet betrachten auf jedes Linienelement, dessen Endpunkte auf den

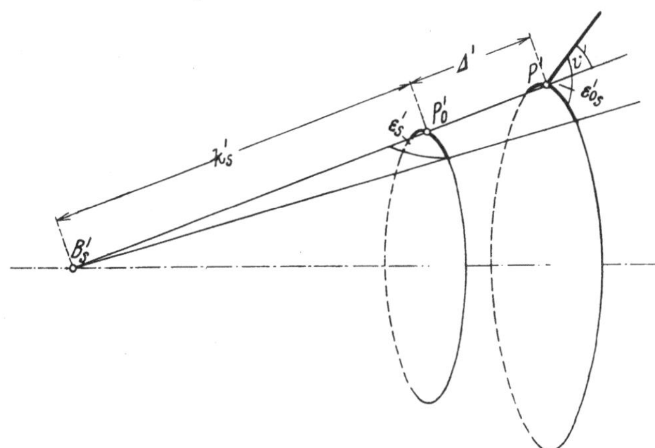

Abb. 59. Sagittale Änderung der Kaustik bei feldsymmetrischer Abbildung.

zu den Endpunkten des objektseitigen Linienelements gehörenden Symmetriestrahlen liegen. Unter diesen Bildlinienelementen greifen wir diejenigen heraus, die auf der Meridianebene senkrecht stehen; dazu gehört insbesondere das Linienelement der durch (10) gegebenen Fläche der kaustischen Spitzen. Sei ε_s bzw. ε'_s der Winkel, den ein Strahl mit der sagittalen Richtung bildet, sei β'_s die Vergrößerung, mit der unser sagittales Linienelement abgebildet wird, sei insbesondere β'_{0s} die Vergrößerung, mit der unser Linienelement durch die Symmetriestrahlen auf die Fläche der kaustischen Spitzen abgebildet wird, dann gilt

$$
\beta'_s = \frac{k'_s + \varDelta'_s}{k'_s}\,\beta'_{0s}\,.
\tag{14}
$$

Legen wir den Ausgangsobjektpunkt in die Meridianebene, setzen also

$$x_0 = 0, \quad y_0 = \sqrt{a}, \quad \eta' = \frac{b}{2\,n'\sqrt{a}}, \tag{15}$$

dann finden wir aus (1_1)

$$\left.\begin{aligned}
\xi &= \cos \varepsilon_s, \qquad \xi' = \cos \varepsilon_s', \\
n'\beta_s' \cos \varepsilon_s' &= n'\,\frac{k_s' + \Delta_s'}{k_s'}\cos \varepsilon_s' = n \cos \varepsilon_s,
\end{aligned}\right\} \tag{16}$$

also eine Gleichung in Kosinusform, die in ihrer Gestalt an die Isoplanasiebedingung erinnert, die wir in § 51 (11) behandelt haben. Selbstverständlich sind wegen der Rotationssymmetrie Kaustik und sagittale Nachbarkaustik kongruent.

Wesentlich komplizierter ist ein Versuch, ein ähnliches Abbildungsgesetz für die Abbildung eines meridionalen Linienelements zu finden.

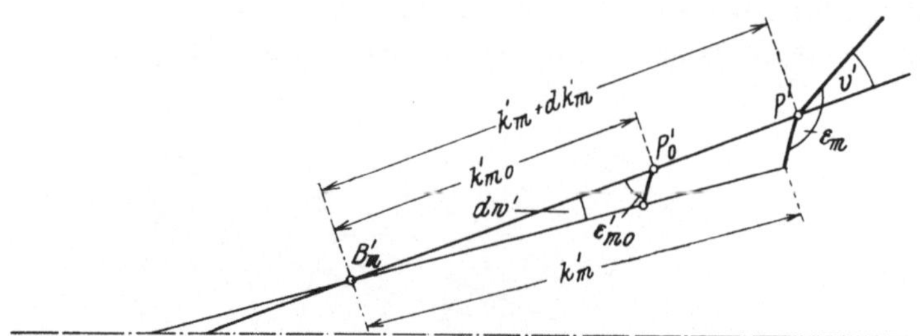

Abb. 60. Meridionale Änderung der Kaustik bei feldsymmetrischer Abbildung.

Setzen wir zunächst (15) in die entsprechende Gleichung für η ein, so finden wir

$$\left.\begin{aligned}
n \cos \varepsilon_m = \tilde{\varrho}_0'\sqrt{a}\,\frac{b}{2\sqrt{a}} &+ \tilde{z}_0'\sqrt{a}\,n'\sqrt{1 - \frac{c}{n'^2}} \\
&+ n'\Delta'\left(\cos w'\,\frac{b}{2\,n'\sqrt{a}} - \sin w'\sqrt{1 - \frac{c}{n'^2}}\right)w'\sqrt{a} \\
&+ n'\int_1^{H'}\Delta_{\sqrt{a}}'\,dH' - g_{\sqrt{a}}\,.
\end{aligned}\right\} \tag{17}$$

Jedes meridionale Linienelement wird abgebildet auf jedes Linienelement, dessen Endpunkte auf zwei meridional benachbarten Symmetriestrahlen liegen. Wir zeichnen die Linienelemente aus, die parallel zum meridionalen Linienelement der Fläche der kaustischen Spitzen liegen. Sei β_m' bzw. β_{0m}' die zugehörige Vergrößerung; sei ε_m' (ε_{m0}') der Winkel eines beliebigen Strahls (des Symmetriestrahls) mit der meridionalen Fortschreitungsrichtung, dann haben wir

$$n'\beta_{0m}' \cos \varepsilon_m' = \tilde{\varrho}_0'\sqrt{a}\,\frac{b}{2\sqrt{a}} + \tilde{z}_0'\sqrt{a}\,n'\sqrt{1 - \frac{c}{n'^2}}, \tag{18}$$

also in (17) eingesetzt

$$n \cos \varepsilon_m = n' \beta'_{0m} \cos \varepsilon'_m + n' \Delta' \left(\cos w' \frac{b}{2\,n'\,\sqrt{a}} - \sin w' \sqrt{1 - \frac{c}{n'^2}} \right) w' \sqrt{a}$$

$$+ n' \int_1^{H'} \Delta'_{\sqrt{a}} \, dH' - g_{\sqrt{a}}. \tag{19}$$

Für den Symmetriestrahl ergibt sich

$$n \cos \varepsilon_{m0} = n' \beta'_{0m} \cos \varepsilon'_{m0} - g_{\sqrt{a}}, \tag{19a}$$

also durch Subtraktion

$$n' \beta'_{0m} (\cos \varepsilon'_m - \cos \varepsilon'_{m0}) + n' \Delta' \left(\cos w' \frac{b}{2\,n'\,\sqrt{a}} - \sin w' \sqrt{1 - \frac{c}{n'^2}} \right) w' \sqrt{a}$$

$$+ n' \int_1^{H'} \Delta'_{\sqrt{a}} \, dH' = n \left(\cos \varepsilon_m - \cos \varepsilon_{m0} \right). \tag{20}$$

Um obige Gleichung auch der Isoplanasiebedingung anzugleichen, führen wir die meridionale Strahlungsweite k'_m ein. k'_m sei die Entfernung der kaustischen Spitze auf dem Symmetriestrahl, gemessen von dessen Berührungspunkt B'_m mit der Symmetriestrahlenkaustik. k'_m genügt, wie Abb. 60 zeigt, den Beziehungen

$$\left. \begin{aligned} \frac{d w'}{d \sqrt{a}} &= \frac{\beta'_{0m}}{k'_m} \sin \varepsilon'_{m0}, \\[2mm] \frac{d k'_m}{d \sqrt{a}} &= - \beta'_{0m} \cos \varepsilon'_{m0}. \end{aligned} \right\} \tag{21}$$

Wir erhalten

$$\left. \begin{aligned} & n' \Delta' \left(\cos w' \frac{b}{2\,n'\,\sqrt{a}} - \sin w' \sqrt{1 - \frac{c}{n'^2}} \right) w' \sqrt{a} \\[2mm] &= \frac{n\,\Delta'}{k'_m} \beta'_{0m} \sin \varepsilon'_{m0} \left(\cos w' \frac{b}{2\,n'\,\sqrt{a}} - \sin w' \sqrt{1 - \frac{c}{n'^2}} \right) \\[2mm] &= \frac{n' \Delta' \beta'_{0m}}{k'_m} \left(\cos \varepsilon'_{m0} \cos v' - \cos \varepsilon'_m \right). \end{aligned} \right\} \tag{22}$$

In (20) eingesetzt ergibt sich schließlich

$$n' \beta'_{0m} \frac{k'_m + \Delta'}{k'_m} (\cos \varepsilon'_m - \cos \varepsilon'_{m0}) = n' \beta'_m (\cos \varepsilon'_m - \cos \varepsilon'_{m0})$$

$$= n (\cos \varepsilon_m - \cos \varepsilon_{m0}) + n' \Delta' (H' - 1) \frac{d\,l\,(k'_m)}{d\,\sqrt{a}} - n' \int_1^{H'} \Delta'_{\sqrt{a}} \, dH'. \tag{23}$$

Obige Bedingung findet sich ebenso wie die vorstehende Entwicklung zuerst bei H. BOEGEHOLD (*11*) und M. HERZBERGER (*7*). Gleichung (23) wurde dort als *Symmetroplanasiebedingung* bezeichnet. In der Achse geht (23) wegen

$$\left. \begin{aligned} &\lim_{a \to 0} \Delta'_{\sqrt{a}} = \lim 2 \Delta'_a \sqrt{a} = 0, \\[2mm] &\lim_{a \to 0} k'_m{}_{\sqrt{a}} = \lim 2 k'_{ma} \sqrt{a} = 0 \end{aligned} \right\} \tag{24}$$

in die Isoplanasiebedingung über.

Das einfachste Beispiel einer feldsymmetrischen Abbildung bildet die Abbildung durch eine einzelne Kugelfläche. Jedem Objektpunkt einer beliebigen Ebene entspricht hierbei eine rotationssymmetrische Kaustik, deren Symmetriestrahl durch den Kugelmittelpunkt geht.

§ 57. Die feldgleichmäßige Abbildung einer Ebene.

Eine besonders interessante Unterklasse der feldsymmetrischen Abbildungen bilden die *feldgleichmäßigen* (homöoplanatischen) Abbildungen, die zuerst von E. LIHOTZKY und M. HERZBERGER (*4*) untersucht wurden. Sie sind dadurch ausgezeichnet, daß sowohl für die Meridianstrahlen als für die Sagittalstrahlen Gleichungen in der Art der Isoplanasiebedingung gelten:

$$n'\beta'_m(\cos \varepsilon'_m - \cos \varepsilon'_{m0}) = n'\beta'_{m0} \frac{k'_m + \Delta'}{k'_m}(\cos \varepsilon'_m - \cos \varepsilon'_{m0})$$
$$= n(\cos \varepsilon_m - \cos \varepsilon_{m0}),$$
$$n'\beta'_s \cos \varepsilon'_s = n'\beta'_{0s} \frac{k'_s + \Delta'}{k'_s}\cos \varepsilon'_s = n\cos \varepsilon_s . \qquad (1)$$

Gleichung § 56 (23) lehrt uns, daß in diesem Fall der Öffnungsfehler Δ' der Gleichung

$$\frac{\Delta'(H' - 1)}{k'_m} k'_m \sqrt{a} = \int\limits_1^{H'} \Delta'_{\sqrt{a}} dH' \qquad (2)$$

genügen muß. Das gibt, nach H' differenziert,

$$\left(\frac{H' - 1}{k'_m}\Delta'_{H'} + 1\right) k'_m \sqrt{a} = \frac{k'_m \Delta'_{\sqrt{a}}}{\Delta'} . \qquad (3)$$

Die Lösung dieser partiellen Differentialgleichung zeigt, daß bei feldgleichmäßiger Abbildung Δ' als Funktion von a und H' sich in der Form

$$\Delta'(a, H') = \frac{k'_m}{k'_0}\Delta'\left(0, (H' - 1)\frac{k'_0}{k'_m}\right) \qquad (4)$$

darstellen läßt. Gleichung (4) zeigt, daß in diesem Fall jede Kaustik gegeben ist durch die Kaustik, die dem Achsenpunkt ($a = 0$) entspricht.

Die Fläche der kaustischen Spitzen ist durch

$$\tilde{\varrho}'_0 = k'_s \sin w' \sqrt{a}$$
$$\tilde{z}'_0 = \Delta'_B + k'_s \cos w' \qquad (5)$$

gegeben. Für sie ist $H' = 1$. Wir betrachten die Flächen, für die H' sich gemäß

$$(H' - 1)\frac{k'_0}{k'_m} = -2\sin^2\frac{v'}{2}\frac{k'_0}{k'_m} = C = -2\sin^2\frac{v'_0}{2} \qquad (6)$$

ändert. Der zugehörige Öffnungsfehler auf einem beliebigen Symmetriestrahl ergibt sich zu

$$\frac{\Delta'}{\Delta'_0} = \frac{k'_m}{k'_0} = \frac{\sin^2\dfrac{v'}{2}}{\sin^2\dfrac{v'_0}{2}} . \qquad (7)$$

Aus (7) folgt

$$\frac{dl\,k'}{dw'} = \frac{dl\,\Delta'}{dw'}\,,\tag{8}$$

d. h. die gemäß (6) und (7) bestimmten Flächen schneiden die Symmetriestrahlen unter den gleichen Winkeln wie die Fläche der kaustischen Spitzen. Verfasser bezeichnete diese Flächen als *Quasiparallelflächen*.

Das Eikonal für eine feldgleichmäßige Abbildung ergibt sich nach H. Boegehold (*11*) und M. Herzberger zu

$$V = -\,\tilde{\varrho}'_0\,\frac{b}{2\sqrt{a}} - \tilde{z}'_0\,n'\sqrt{1 - \frac{c}{n'^2}} - \frac{n'\,k'_m}{k'_0}\int\limits_{1}^{H'}\Delta'\left(0,(H'-1)\,\frac{k'_0}{k'_m}\right)dH'.\tag{9}$$

Hierbei kann die unter dem Integralzeichen stehende Funktion, der Öffnungsfehler auf der Achse, noch ganz beliebig sein. In (9) ist letztlich noch zu beachten, daß gilt:

$$k'_m = k'_s - \sin w'\,\frac{d\Delta'_B}{dw'}\,.\tag{10}$$

Bei einer feldgleichmäßigen Abbildung bleibt im Gegensatz zur feldsymmetrischen Abbildung die Form der Kaustik im wesentlichen erhalten; die seitliche Kaustik steht mit der axialen Kaustik in besonderen einfachen Beziehungen. Die Gleichungen (1) kann man gewissermaßen als Bedingungen dafür auffassen, daß alle Kaustiken sich nicht wesentlich verformen.

Achter Teil.

Die Eikonale in geschlossener Form.

Zum Schluß wollen wir noch, im wesentlichen im Anschluß an Arbeiten von T. Smith (*4*), zeigen, wie man wenigstens theoretisch das Eikonal in geschlossener Form berechnen kann.

Zuerst mögen einige Bemerkungen über den Zusammenhang der Eikonale zusammengestellt werden. Die Koordinatenanfangspunkte mögen so liegen, daß alle Eikonale verwandt werden können; dann ist nach § 15 (3) und (6):

$$\left.\begin{aligned}
E + n\,(\mathfrak{a}\,\mathfrak{s}) - n'\,(\mathfrak{a}'\,\mathfrak{s}') &= W, \\
V &= E - n'\,(\mathfrak{a}'\,\mathfrak{s}'), \\
V' &= E + n\,(\mathfrak{a}\,\mathfrak{s})
\end{aligned}\right\}\tag{1}$$

mit

$$\left.\begin{aligned}
\mathfrak{a}\,\mathfrak{s} &= x\,\xi + y\,\eta, \\
\mathfrak{a}'\,\mathfrak{s}' &= x'\,\xi' + y'\,\eta'.
\end{aligned}\right\}\tag{2}$$

Betrachten wir z. B. die erste Gleichung. W soll eine reine Funktion von ξ,η,ξ',η' sein. Wir müssen also x, y, x', y' eliminieren; das gelingt im allgemeinen, d. h. immer, wenn das zweite Eikonal verwendbar ist (vgl. § 15), mit Hilfe der Beziehungen:

$$n\,\xi = -\,E_x\,, \qquad n'\,\xi' = E_{x'}\,, \atop n\,\eta = -\,E_y\,, \qquad n'\,\eta' = E_{y'}\,. \quad\Bigg\} \tag{3}$$

In derselben Weise kann man (theoretisch) den Übergang zwischen zwei beliebigen der obigen Eikonale herstellen.

Wir untersuchen jetzt den Einfluß einer Verschiebung des Koordinatenanfangspunktes. Hier ist die Benutzung des Winkeleikonals am zweckmäßigsten, da die Variablen dabei ungeändert bleiben. Aus der geometrischen Bedeutung des Winkeleikonals können wir folgern:

$$W_2 = W_1 - n\,\bar{z}\,\sqrt{1 - (\xi^2 + \eta^2)} + n'z'\,\sqrt{1 - (\xi'^2 + \eta'^2)}. \tag{4}$$

Hierin geben $\bar{z}, z'$ die Verschiebungen der Koordinatenanfangspunkte an.

Wollen wir zwei Abbildungen zusammensetzen, so können wir, evtl. mit Hilfe einer Koordinatenverschiebung, voraussetzen, daß die Koordinatenanfangspunkte zusammenfallen. Wir haben dann:

$$W(\xi,\eta,\xi',\eta') = W_1(\xi,\eta,\xi_{12},\eta_{12}) + W_2(\xi_{12},\eta_{12},\xi',\eta'). \tag{5}$$

Es bleibt die Aufgabe, die Zwischenkoordinaten zu eliminieren. Dazu dienen die Gleichungen

$$x_{12} = -\,\frac{\partial W_1}{\partial n\,\xi_{12}} = +\,\frac{\partial W_2}{\partial n\,\xi_{12}}\,, \atop y_{12} = -\,\frac{\partial W_1}{\partial n\,\eta_{12}} = +\,\frac{\partial W_2}{\partial n\,\eta_{12}}\,, \quad\Bigg\} \tag{6}$$

ein Eliminationsverfahren, das immer möglich sein muß, wenn nicht das zusammengesetzte System brennpunktlos ist.

Wir betrachten jetzt zum Schluß das Eikonal für eine Einzelfläche. Wenn die Einzelfläche nicht eine Ebene ist, können wir das Winkeleikonal verwenden. Seien x^*, y^*, z^* die Koordinaten der brechenden Fläche in unserem Koordinatensystem, dann haben wir

$$W = n(\xi x^* + \eta y^* + \zeta z^*) - n'(\xi' x^* + \eta' y^* + \zeta' z^*)$$
$$= -(n'\xi' - n\xi)x^* - (n'\eta' - n\eta)y^* - (n'\zeta' - n\zeta)z^*. \tag{7}$$

Mit SMITH (4) führen wir für die Klammerausdrücke die Abkürzungen $\mathfrak{L}, \mathfrak{M}, \mathfrak{N}$ ein, haben also

mit
$$W = -(\mathfrak{L}x^* + \mathfrak{M}y^* + \mathfrak{N}z^*) \tag{8}$$

$$\mathfrak{L} = n'\xi' - n\xi, \qquad \mathfrak{M} = n'\eta' - n\eta, \qquad \mathfrak{N} = n'\zeta' - n\zeta. \tag{9}$$

Das Brechungsgesetz § 8 (35) lehrt, daß der Vektor mit den Komponenten $\mathfrak{L}, \mathfrak{M}, \mathfrak{N}$ die Richtung der Flächennormale im Punkt x^*, y^*, z^* hat. Eliminiert man diese drei Größen aus

und
$$\mathfrak{L} : \mathfrak{M} : \mathfrak{N} = \frac{\partial f}{\partial x^*} : \frac{\partial f}{\partial y^*} : \frac{\partial f}{\partial z^*} \atop f(x^*,y^*,z^*) = 0 \quad\Bigg| \tag{10}$$

und setzt in (8) ein, so erhält man wegen

$$\left.\begin{aligned}\zeta &= \sqrt{1 - (\xi^2 + \eta^2)}\,, \\ \zeta' &= \sqrt{1 - (\xi'^2 + \eta'^2)}\,,\end{aligned}\right\} \tag{11}$$

W wie gewünscht als Funktion von ξ, η, ξ', η'.

Ist die Fläche rotationssymmetrisch, so kann man leicht zeigen, daß auch dann W nur von a, b, c abhängt. Betrachten wir z. B. eine Kugelfläche und legen den Koordinatenanfangspunkt in den Mittelpunkt, dann gibt (10)

$$\left.\begin{aligned}x^{*2} + y^{*2} + z^{*2} - r^2 &= 0\,, \\ \mathfrak{L} : \mathfrak{M} : \mathfrak{N} &= x^* : y^* : z^*\,.\end{aligned}\right\} \tag{12}$$

also

$$\frac{\mathfrak{L}}{\sqrt{\mathfrak{L}^2 + \mathfrak{M}^2 + \mathfrak{N}^2}} = \frac{x^*}{r}\,, \quad \frac{\mathfrak{M}}{\sqrt{\mathfrak{L}^2 + \mathfrak{M}^2 + \mathfrak{N}^2}} = \frac{y^*}{r}\,, \quad \frac{\mathfrak{N}}{\sqrt{\mathfrak{L}^2 + \mathfrak{M}^2 + \mathfrak{N}^2}} = \frac{z^*}{r} \tag{13}$$

und schließlich

$$W = \pm\, r \sqrt{\mathfrak{L}^2 + \mathfrak{M}^2 + \mathfrak{N}^2}\,. \tag{14}$$

Führen wir endlich

$$\left.\begin{aligned}a &= n^2 (\xi^2 + \eta^2)\,, \\ b &= 2 n n' (\xi\,\xi' + \eta\,\eta')\,, \\ c &= n'^2 (\xi'^2 + \eta'^2)\end{aligned}\right\} \tag{15}$$

ein und beachten (11), so finden wir

$$W = \pm\, r \sqrt{n^2 + n'^2 - b - 2 n n' \sqrt{\left(1 - \frac{a}{n^2}\right)\left(1 - \frac{c}{n'^2}\right)}}\,, \tag{16}$$

das positive oder negative Vorzeichen gilt, je nachdem r positiv oder negativ ist.

Wenn man das hier angewandte allgemeine Eliminationsverfahren betrachtet, so erkennt man, daß das Eikonal für eine einzelne brechende Fläche stets in $\mathfrak{L}, \mathfrak{M}, \mathfrak{N}$ homogen von der ersten Ordnung ist. T. Smith zeigt, daß man diesen Schluß auch umkehren kann; jedes Winkeleikonal, das durch eine homogene Funktion erster Ordnung in den $\mathfrak{L}, \mathfrak{M}, \mathfrak{N}$ dargestellt wird, läßt sich durch eine Fläche realisieren. Sei W eine homogene Funktion erster Ordnung in den $\mathfrak{L}, \mathfrak{M}, \mathfrak{N}$, also

$$W = \mathfrak{L}\,\frac{\partial W}{\partial \mathfrak{L}} + \mathfrak{M}\,\frac{\partial W}{\partial \mathfrak{M}} + \mathfrak{N}\,\frac{\partial W}{\partial \mathfrak{N}}\,. \tag{17}$$

Nun ist aber

$$\left.\begin{aligned}x &= -\frac{\partial W}{\partial (n\xi)} = -\frac{\partial W}{\partial \mathfrak{L}}\frac{\partial \mathfrak{L}}{\partial (n\xi)} - \frac{\partial W}{\partial \mathfrak{N}}\frac{\partial \mathfrak{N}}{\partial (n\xi)} = \frac{\partial W}{\partial \mathfrak{L}} - \frac{\partial W}{\partial \mathfrak{N}}\frac{\xi}{\zeta}\,, \\ x' &= \frac{\partial W}{\partial \mathfrak{L}} + \frac{\partial W}{\partial \mathfrak{N}}\frac{\xi'}{\zeta'}\,, \\ y &= \frac{\partial W}{\partial \mathfrak{M}} - \frac{\partial W}{\partial \mathfrak{N}}\frac{\eta}{\zeta}\,, \\ y' &= \frac{\partial W}{\partial \mathfrak{M}} + \frac{\partial W}{\partial \mathfrak{N}}\frac{\eta'}{\zeta'}\,.\end{aligned}\right\} \tag{18}$$

Betrachten wir die durch

$$
\begin{aligned}
x^* &= \frac{\partial W}{\partial \mathfrak{L}} = x + \frac{\partial W}{\partial \mathfrak{R}}\,\frac{\xi}{\zeta} = x' - \frac{\partial W}{\partial \mathfrak{R}}\,\frac{\xi'}{\zeta'}\,, \\[2mm]
y^* &= \frac{\partial W}{\partial \mathfrak{M}} = y + \frac{\partial W}{\partial \mathfrak{R}}\,\frac{\eta}{\zeta} = y' - \frac{\partial W}{\partial \mathfrak{R}}\,\frac{\eta'}{\zeta'}\,, \\[2mm]
z^* &= \frac{\partial W}{\partial \mathfrak{R}}
\end{aligned}
\right\}
\qquad (19)
$$

gegebene Fläche. Für sie geht (17) in (8) über. Die so bestimmte Fläche bricht unsere Strahlen in der gewünschten Weise.

Zum Schluß behandeln wir die Brechung an einer Ebene. Hier ist das Winkeleikonal nach § 15 unbrauchbar. Wir benutzen das gemischte Eikonal V'.

Koordinatenanfangspunkt sei objekt- und bildseitig der Scheitel der brechenden Ebene. Dann ist

$$
\begin{aligned}
n\xi &= n'\xi'\,, & n\eta &= n'\eta'\,, \\
x' &= x\,, & y' &= y\,,
\end{aligned}
\right\}
\qquad (20)
$$

also ergibt sich aus § 50 (2):

$$
V_a = V_c = 0\,, \qquad V_b = -\tfrac{1}{2}\,, \qquad (21)
$$

d. h.

$$
V = -2b\,. \qquad (22)
$$

Zum Schluß wollen wir noch überlegen, welchen Bedingungen ein Eikonal genügen muß, damit es realisierbar sein kann. Wir müssen jedem Objektstrahl eineindeutig einen Bildstrahl zuordnen können, d. h. z. B. die Gleichungen

$$
\begin{aligned}
x &= +\frac{\partial W}{\partial(n\xi)}\,, & y &= +\frac{\partial W}{\partial(n\eta)}\,, \\[2mm]
x' &= -\frac{\partial W}{\partial(n'\xi')}\,, & y' &= -\frac{\partial W}{\partial(n'\eta')}
\end{aligned}
\qquad (23)
$$

müssen nach x', y', ξ', η' auflösbar sein. Das bedingt

$$
\frac{\partial^2 W}{\partial \xi\,\partial \xi'} \neq 0\,, \qquad \frac{\partial^2 W}{\partial \eta\,\partial \eta'} \neq 0\,. \qquad (24)
$$

Für rotationssymmetrische Systeme wird daraus:

$$
\frac{\partial W}{\partial b} \neq 0\,. \qquad (25)
$$

Geschichtliche Bemerkungen[1].

Wir haben in den früheren Abschnitten unseres Buches gesehen, daß man in einem rotationssymmetrischen optischen Instrument im allgemeinen die Lichtstrahlen auf zwei verschiedenartige Weisen anordnen kann, je nachdem, ob man sie um die Strahlen durch den Achsenpunkt (*Aperturstrahlen*) (s. S. 151), oder um die Strahlen durch die Blendenmitte (*Hauptstrahlen*) (s. S. 161) gruppiert. Die letztere Anordnung führte zu einer Theorie der Strahlenbegrenzung, zu der Lehre von der Perspektive, d. h. vom Sehen durch optische Geräte, letzthin zu dem von A. GULLSTRAND (*1*) geprägten Begriff der optischen *Projektion*. Die Anordnung um die Aperturstrahlen führte zu den Fragen der *optischen Abbildung*. Die Strahlen, die in der Nachbarschaft des Ausgangsstrahles verlaufen und von einem seiner Punkte ausgehen, geben auf der Bildseite im allgemeinen ein astigmatisches Strahlenbündel mit zwei Punkten bester Vereinigung. Es ist nun interessant, zu verfolgen, wie in der Geschichte unserer Wissenschaft abwechselnd die eine und die andere Behandlungsweise vorherrscht.

Bedenken wir, daß die Griechen annahmen, die Lichtstrahlen gingen vom Auge aus (Sehstrahlen!) zu den Dingen, so wird es verständlich erscheinen, daß im Altertum und im Mittelalter die Fragen der optischen Projektion das größte Interesse fanden. In der dem EUKLID (ca. 300 v. Chr.) zugeschriebenen Optik finden wir eine eingehende Darstellung der Gesetze der Perspektive, in seiner Katoptrik finden wir eine Darstellung der Gesetze vom Sehen durch Spiegel. Als „*Bildpunkt*" bezeichnen EUKLID und seine Nachfolger *den* Punkt, in dem der reflektierte Hauptstrahl das vom Objektpunkt aus auf den Spiegel gefällte Flächenlot schneidet. Erst KEPLER gab (*1*) für diese Wahl eine Begründung. Es handelt sich um den sagittalen Bildpunkt; dieser ist beim beidäugigen Sehen bevorzugt dadurch, daß wir meistens die Augen symmetrisch zur Meridianebene durch den Objektpunkt halten. Interessant ist, daß EUKLID annahm, vom Auge gingen nur diskrete Lichtstrahlen aus;

---

[1] Die Geschichte der geometrischen Optik ist seit WILDE (*1*) nicht allgemein behandelt worden, das WILDEsche Buch ist mir noch vielfach von Wert gewesen. Einzeldarstellungen haben in den letzten Jahrzehnten M. v. ROHR und H. BOEGEHOLD geliefert; die fraglichen Arbeiten bis 1924 sind im CZAPSKISCHEN Handbuch angeführt. Eine ausführlichere Darstellung wird Verfasser in der Z. Instrumentenkde geben.

Allgemein bemerke ich noch, daß ich im Text überall die heute üblichen Ausdrücke benutze, die oft nicht mit den von den Autoren gebrauchten Bezeichnungen übereinstimmen.

hierdurch konnte er die Tatsache erklären, daß Gegenstände nicht mehr gesehen werden können, wenn sie dem Auge in zu großer Entfernung, d. h. unter zu kleinem Winkel dargeboten werden.

HERO von Alexandrien schreibt (nach 100 v. Chr.) eine Katoptrik, die besonderen Wert auf die Anwendungen legt. Der Spiegel als Spion, der Spiegel im Theater, der Spiegel als Mittel zur Hervorzauberung von Geistererscheinungen, der Zylinderspiegel zur Erzeugung verzerrter Bilder sind Gegenstand seiner Untersuchungen. Er versucht eine Ableitung des Reflexionsgesetzes, wie der geradlinigen Lichtausbreitung aus dem Satz, das Licht lege zwischen zwei Punkten stets den kürzesten Weg zurück. Nicht ganz uninteressant ist, daß er beim Beweis dieses Satzes nur Figuren mit ebener und erhabener Trennungsfläche zeichnet, für die er richtig ist, während er bekanntlich beim Hohlspiegel versagen kann.

Die Tatsache der Brechung war den Alten bekannt, wie aus einer Stelle in PLATONS Staat hervorgeht; es gelang ihnen jedoch nicht, das Brechungsgesetz zu finden. Für ihre Bemühungen zeugen insbesondere Messungen des PTOLEMAEUS (ca. 150 v. Chr.), der mittels einer schönen Versuchsanordnung für 10 zu 10 Grad Einfallswinkel den Brechungswinkel beim Übergang von Luft in Glas, Wasser in Glas, Luft in Wasser experimentell ermittelte. VITELO (um 1270) versuchte eine Ergänzung dieser Angaben, indem er auch für den umgekehrten Übergang Werte angab, die jedoch zum Teil unrichtig sind. J. KEPLER (1571 bis 1630) ist leider durch Benutzung dieser Werte von VITELO auf falsche Wege geleitet worden. KEPLER war übrigens der erste, der wirklich hier ein mathematisches Gesetz aufzustellen suchte und hierzu viele mühselige und interessante Untersuchungen anstellte. Er suchte eine Fläche, die ein paralleles Strahlenbündel so brach, daß die Strahlen nach der Brechung durch einen Punkt gehen. Er fand, daß die Fläche nahezu ein Rotationshyperboloid sein müßte, jedoch gaben die benutzten Tabellen von VITELO Abweichungen, die KEPLER als real ansah. Durch richtige Verfolgung dieses Weges ist bald darauf R. DESCARTES (1596 bis 1650) zur Ableitung des Brechungsgesetzes wohl unabhängig von W. SNELL gekommen. R. DESCARTES versucht eine Erklärung des Brechungsgesetzes, indem er den Lichtstrahl mit einem elastischen Ball vergleicht, der in verschiedenen Mitteln verschiedene Geschwindigkeiten besitzt. Er benutzt das Brechungsgesetz und die von ihm erfundenen Methoden der analytischen Geometrie auch, um die nach ihm benannten kartesischen Flächen zu untersuchen, die ein homozentrisches bzw. ein Parallelstrahlenbündel in einem Punkt brechen bzw. reflektieren. Gegen seine Begründung des Brechungsgesetzes wendet sich heftig P. FERMAT (1608 bis 1665), der den Gedanken HEROS zweckmäßig erweitert; er leitet das Brechungsgesetz aus dem Prinzip der schnellsten Ankunft ab; auch er ist sich bewußt, daß das Prinzip als *Minimum*-Prinzip schon beim

Hohlspiegel versagen kann. Er hilft sich durch einen dialektischen Kunstgriff: er sagt, für den ebenen Spiegel sei das Minimumprinzip richtig, die Natur stütze sich bei dem gekrümmten Spiegel auf die Tangentialebene als das einfachste Gebilde mit gleicher Wirkung für den einfallenden Strahl. Bald sollte (G. G. LEIBNIZ) das Minimumprinzip sogar theologisch fundiert werden.

Inzwischen waren in der Erkenntnis der optischen Abbildung große Fortschritte gemacht worden. Schon EUKLID, später vor allem ALHAZEN (965—1039 n. Chr.) hatten ausführliche Kenntnisse über die sagittalen Bildpunkte in Spiegeln. R. BACON (1214 bis 1297) entdeckte für den Kugelspiegel den schon früher gelegentlich erwähnten Öffnungsfehler, F. MAUROLYCUS (1494 bis 1577) für die Brechung an einer Glaskugel. Nur die Strahlen, die einen Rotationskegel um die Achse bilden, treffen sich nach der Reflexion (Brechung) in einem Punkt der Achse. Strahlenkegel verschiedener Öffnung durchdringen sich, sie umhüllen (MAUROLYCUS!) einen krummlinigen Kegelmantel, die Kaustik. KEPLER weist (*1*) darauf hin, daß auf jedem Meridianstrahl zwei Bildpunkte liegen. Der meridionale Bildpunkt müßte gegenüber der Annahme der Alten z. B. dann als Bildort dem Auge erscheinen, wenn man beide Augen in die zugehörige Meridianebene brächte, eine allerdings ungewöhnliche Haltung. In seiner Dioptrik (*2*) geht KEPLER von der Annahme aus, daß man mit genügender Genauigkeit Einfallswinkel i und Ablenkung $(i' - i)$, zwischen denen er auch allgemein eine Beziehung sucht, als proportional ansetzen könne, wenn man nur darauf achtet, daß die Öffnungswinkel in keinem Mittel 30° überschreiten. Er bekommt so im Bereich der GAUSSschen Optik wichtige Angaben über die Lage des Brennpunktes und der GAUSSschen Bildpunkte für verschiedene Dingorte und Linsentypen, Angaben, die auch zur Konstruktion optischer Instrumente ausreichen.

Bisher waren nur einfarbige (monochromatische) Lichtstrahlen untersucht. J. NEWTON (1643 bis 1727) machte auch die Farberscheinungen der mathematischen Analyse zugänglich. Neben den Rotationssystemen taucht das Prisma als optisches System auf, und wird auf seine Eigenschaften untersucht; so findet NEWTON unter anderem die Formel für das Minimum der Ablenkung. CHR. HUYGENS' (1629 bis 1695) Abhandlungen sind zum Teil erst in der Gegenwart vollständig veröffentlicht worden; aber auch die Gedanken der beiden, damals veröffentlichten Arbeiten haben über ein Jahrhundert gebraucht, um sich durchzusetzen. In seinem Traité de la lumière haben wir die erste Wellentheorie des Lichts. Aus der Wellennatur wird die Geradlinigkeit der Lichtstrahlen, das Reflexions- und Brechungsgesetz abgeleitet, aber auch z. B. die Gesetze der Doppelbrechung am isländischen Kalkspat entwickelt. HUYGENS zeigt, daß die Meridiankurven der Kaustik, wenn man längs ihnen die Lichtstrahlen abwickelt, die Meridiankurven der Wellenflächen geben, und gibt eine Analyse der Gestalt der Wellenflächen auch in der Nähe der Kaustik. Aus seiner Dioptrik erwähnen wir vor allem den ersten Reziprozitätssatz, der dort, natürlich nur für Objekte nahe der Achse von Rotationssystemen folgendermaßen ausgesprochen ist. „Vertauschen wir Auge und Gegenstand bei festgehaltenem optischen System, so wird der Gegenstand dieselbe scheinbare Größe haben und beide Male in derselben Art erscheinen." Wir verdanken Huygens die Entdeckung der aplanatischen Punkte und des optischen Mittelpunkts einer dicken Linse. Die Theorie der Lichtstrahlenbegrenzung verdankt ihm insbesondere eine genaue Untersuchung der Eigenschaften der telezentrischen Perspektiven.

Die Eigenschaften der meridionalen Kaustiken erregten um diese Zeit (1700) das Interesse der Mathematiker; Arbeiten von Tschirnhausen, Leibniz, de la Hire und vor allem Arbeiten von Johann und Jacob Bernoulli seien hier erwähnt. Fragen der Abbildung treten immer mehr in den Vordergrund. Euler (1707 bis 1783) betrachtet in seiner Dioptrik das optische Instrument ganz losgelöst vom Auge; er benutzt keine Blenden zur Strahlenbegrenzung, er gibt als Regel an, man möge alle Linsen außer der ersten so groß machen, daß keine Abschattung durch sie hervorgerufen werden; dann wirkt die Öffnung der ersten Linse als Eintrittspupille. Euler behandelt von den Bildfehlern im Seidelschen Gebiet nur den Öffnungsfehler, obwohl kurz vorher schon d'Alembert und Clairaut auf Abweichungen außerhalb der Achse hingewiesen hatten. Euler gibt ferner an, daß man durch geeignete Stellung des Auges bei vorhandener Farbenlängsabweichung den Farbvergrößerungsfehler für ein Farbenpaar unschädlich machen kann, da es einen Blendenort gibt, von dem aus die Bilder in beiden Farben gleich groß erscheinen.

J. de Lagrange veröffentlicht 1803 den zweiten Reziprozitätssatz, der bei der Abbildung Objekt- und Winkelvergrößerung für achsensenkrechte Objekte in Zusammenhang bringt. Lagrange, Piola, Bessel, Möbius und insbesondere K. Fr. Gauss (1841) verdanken wir die Kenntnis der allgemeinen Abbildungssätze, die in diesem Buch unter dem Kapitel Gausssche Optik beschrieben sind. Es seien hier erwähnt die Eigenschaften der Hauptpunkte (Möbius), Knotenpunkte (Bessel) und die Ableitung der Beziehungen zwischen Objekt- und Dingweiten, die vorher nur für die Einzelfläche oder für den Spezialfall dünner Linsen bekannt waren.

Die Entwicklung der Flächentheorie und ihre Anwendung auf die Optik durch Malus, Dupin und Cauchy in den zwanziger Jahren brachte durch den Beweis des Satzes, daß ein Normalensystem bei Brechung und Reflexion wieder in ein Normalensystem übergehe, die Gedanken der Huygensschen Lehre von der Wellennatur des Lichts wieder zu Ehren. Gergonne, Quetelet und Sturm, insbesondere der erstere, geben mathematisch sehr schöne Sätze über die meridionalen kaustischen Flächen.

In England lehrt uns Th. Young (1773 bis 1829) bei Untersuchung der Fehler des menschlichen Auges den Bau eines astigmatischen Strahlenbündels und gibt Formeln, um ein solches Bündel durchzurechnen, wenn dessen Anfangsstrahl in der Meridianebene liegt. Die entsprechende Aufgabe wurde 1838 von Ch. Sturm gelöst für die Durchrechnung eines Bündels, dessen Anfangsstrahl beliebige Lage zu der jeweiligen brechenden Fläche hat. G. B. Airy findet 1827 die Bedingung für verzeichnungsfreie Abbildung; seine Untersuchung der Bildfehler enthält u. a. schon die uns jetzt aus der Seidelschen Theorie geläufigen Beziehungen zwischen den sagittalen und meridionalen Bildfeldfehlern.

Die Arbeiten W. R. Hamiltons (1805 bis 1865) beginnen erst in der Gegenwart wieder für die Optik nutzbar gemacht zu werden. Die Betrachtung der Strahlenoptik als Problem der Variationsrechnung ist von ihm konsequent durchgeführt worden. Die Länge des vom Licht zwischen zwei seiner Punkte zurückgelegten Wege E bei festgehaltenem Anfangspunkt als Funktion des Endpunkts betrachtet, bezeichnet er als charakteristische Funktion (jetzt *Eikonal* genannt). Aus den Eigenschaften dieser charakteristischen Funktion sucht er die Eigenschaften der optischen Abbildung zu finden. Hamiltons Untersuchungen beschränken sich nicht auf Rotationssysteme, sie beschränken sich nicht auf homogene, ja nicht einmal auf isotrope Mittel. So gibt er z. B. 1827 eine Theorie der konischen Refraktion, die erst daraufhin von S. Lloyd experimentell bestätigt wurde. Über den Inhalt dieses Buches hinaus behandelt Hamilton in seiner ersten Arbeit die Gesetze zweiter bzw. dritter Ordnung in einem astigmatischen oder stigmatischen Strahlenbündel, dessen Anfangsstrahl beliebig liegt, allerdings nur die Abbildung eines Punktes, nicht eines Flächenelementes.

Der Kenner erstaunt, wenn er auch hier die Analogien aufspürt, die zwischen den Gesetzmäßigkeiten in einem Normalenbündel und den entsprechenden optischen Abbildungsgesetzen der gleichen Ordnung bestehen. Hamilton führt auch Winkeleikonal und gemischtes Eikonal ein und gibt die Beziehungen bis zur zweiten Ordnung zwischen diesen Größen an. Es ist mit der Zweck dieses Buches, von neuem die Fruchtbarkeit der Ideen Hamiltons zu erweisen. Von Arbeiten aus dem vergangenen Jahrhundert, die auf den Hamiltonschen Gedanken aufbauen, seien vor allem die Arbeiten Cl. Maxwells (1831 bis 1879) genannt.

Die Lehre von den Bildfehlern dritter Ordnung wurde von J. Petzval weitergeführt und von L. Seidel in der bis zur Gegenwart üblichen Form vollendet.

Die Lehre von der Strahlenbegrenzung war inzwischen allmählich in den Hintergrund getreten, die hierher gehörigen Fragen wurden nur für Sonderfälle behandelt, wo es sich gerade als notwendig erwies. L. Schleiermacher (1785 bis 1844) gab zuerst wieder eine umfassende Darstellung, die auch heute noch sehr lesenswert ist, leider fand er zunächst keine Nachfolger. 30 Jahre später kam E. ABBE, von der Lichtstärke der optischen Instrumente ausgehend, auf diese Aufgaben zurück. Er legte dann die Grundlage zu unserem Lehrgebäude der Strahlenbegrenzung, das besonders durch M. v. ROHR ausgebaut wurde.

Gleichzeitig mit H. v. HELMHOLTZ fand E. ABBE den optischen Sinussatz, das erste Beispiel dafür, daß man durch Studium der von einem Objektpunkt kommenden Strahlen Aussagen über die Abbildung der Nachbarpunkte machen kann. Von ABBE stammt auch folgender Prozeß der Invariantenbildung. Die nach dem Brechungsgesetz invariante Größe $n'\sin i' = n\sin i = J$ bildet stets die Grundinvariante. Entwickelt man J nach einer invarianten Größe, z. B. nach dem Kugelwinkel φ (s. S. 44), so sind die Koeffizienten dieser Entwicklung wieder Invarianten. Man erhält auf diese Weise Invarianten beliebig hoher Ordnung. Die ABBE-sche Schule, insbesondere A. KÖNIG in M. v. ROHR (5), hat diese Gedanken benutzt, um die SEIDELschen Bildfehler sowie die Größen, die den Öffnungsfehler in dritter Ordnung kennzeichnen, durch diese Invarianten auszudrücken. A. GULLSTRAND hat (1) die Methode auf allgemeine Systeme übertragen.

Von den neueren Autoren soll in diesem Abschnitt nur soweit die Rede sein, als sie neue mathematische Methoden auf die Optik anwandten oder neue Problemstellungen entdeckten.

Die Theorie der Berührungstransformationen wurde in einer kleinen Note von S. LIE, in einer Arbeit von STUDY und insbesondere in einer Monographie von BRUNS auf optische Fragen angewendet. Letztere Arbeit kommt ohne Kenntnis HAMILTONS zur Wiederaufnahme der charakteristischen Funktion, die er als Eikonal bezeichnet. Wesentlich ist die Forderung, nur Koordinaten einzuführen, die den *Lichtstrahl* eindeutig charakterisieren, während HAMILTON u. a. die sechs Koordinaten von Anfangs- und Endpunkt benutzte.

Methoden der Variationsrechnung benutzt C. CARATHÉODORY (2), um für ein beliebiges Mittel optische Abbildungssätze zu beweisen; umgekehrt wird ein geometrisch-optischer Satz von R. STRAUBEL, der beide Reziprozitätssätze verallgemeinerte, von J. DOUGLAS und T. LEVI-CIVITA auf allgemeinere Variationsprobleme übertragen.

Gern gebe ich hier eine Anregung von W. HAACK weiter, der in einem Gespräch auf die Möglichkeit verwies, gruppentheoretische Methoden auf die Optik anzuwenden. Die PLÖCKERsche Abbildung des Geradenraums auf eine Fläche zweiter Ordnung des homogenen Raums von sechs Dimensionen ordnet einer optischen Abbildung eine Punkttransformation dieses Raums zu. Die gruppentheoretische Struktur der Untergruppen der optisch möglichen Abbildungen dürfte vielleicht für die Optik von Wert sein.

Differentialgeometrische Methoden bevorzugt A. GULLSTRAND in seinen Untersuchungen, die sich methodisch an die ABBEsche Invariantenmethode anschließen. Er hat in seinen Arbeiten zum erstenmal einen erschöpfenden Aufbau auch der schwierigeren Probleme unserer Wissenschaft unternommen. Bei ihm finden wir klar eine Zusammenfassung der beiden an den Anfang dieses Abschnitts gestellten Aufgaben. Die Strahlen in der Nachbarschaft des Anfangsstrahls können zur *optischen Projektion* eines Flächenelements benutzt werden (s. S. 161); hierbei sind die *Hauptstrahlen*, d. h. die Strahlen durch einen festen Punkt (Blende) ausgezeichnet; sie können zur *Abbildung* benutzt werden, dann ist das Aperturstrahlbündel durch einen Punkt des Flächenelements ausgezeichnet. GULLSTRAND betrachtet die Abbildungsgesetze bis zur dritten Ordnung, setzt allerdings bei den Gesetzen zweiter Ordnung das Bestehen einer Symmetrieebene, bei den Gesetzen dritter Ordnung das Bestehen zweier Symmetrieebenen voraus. Es ist in diesem Buch versucht worden, die wichtigsten seiner Ergebnisse auf einem etwas weniger mühevollen Weg abzuleiten.

Der ABBESche Sinussatz hat eine große Literatur hervorgerufen, die die oben skizzierte Idee zu verallgemeinern suchen. Es seien zwei Arbeiten von STAEBLE und LIHOTZKY erwähnt, die an Stelle der Bedingung für eine scharfe Abbildung bei Rotationssystemen eine Bedingung für eine gleichmäßige Abbildung eines Flächenelements angeben; es seien Arbeiten von THIESEN, BRUNS genannt, die Bedingungen für eine *scharfe*, sowie andere Untersuchungen, die Bedingungen für eine *gleichmäßige* Abbildung einer endlichen Fläche angaben; es sei auf die oben zitierte Arbeit von CARATHÉODORY hingewiesen, der allgemeine Abbildungssätze in anisotropen Mitteln aussprach. Etwas abseits liegen Arbeiten von W. MERTÉ, der die Bedingung für eine stigmatische Abbildung des Raums durch enge Bündel angab.

Von besonderer Bedeutung für die Weiterentwicklung unserer Wissenschaft dürften vielleicht noch die Arbeiten von T. SMITH sein, insbesondere (*1*), in der eine Einteilung der Bildfehler beliebiger Ordnung für Rotationssysteme in natürliche Gruppen angegeben ist, und in der sich ferner Ansätze finden, um die Abhängigkeit der Bildfehler beliebiger Ordnung in Rotationssystemen von Objekt- und Blendenlage zu untersuchen.

Das entsprechende Problem wurde in diesem Buch für die SEIDELsche Theorie in allen Einzelheiten durchgeführt.

Zum Schluß bemerke ich noch, daß F. KLEIN, E. STUDY, G. PRANGE (*1, 2*) in Deutschland, T. SMITH (*4*) in England in jüngster Zeit nachdrücklich auf die Bedeutung W. R. HAMILTONS für die geometrische Optik verwiesen haben. Während der Drucklegung dieses Buches erschien: A. W. CONWAY & J. L. SYNGE: The mathematical papers of Sir W. R. HAMILTON Vol I. Geometrical optics, Cambridge 1931; eine deutsche kritische Ausgabe der Hauptwerke HAMILTONS durch G. PRANGE ist in Vorbereitung.

Literaturverzeichnis.

ABBE, E. (*1*): Über die Bestimmung der Lichtstärke optischer Instrumente. Jen. Z. Med. Naturw. **6**, 263—291 (1871); (*2*): Beiträge zur Theorie des Mikroskops und der mikroskopischen Wahrnehmung. Schultzes Arch. mikrosk. Anat. **9**, 413—468 (1873); (*3*): Über die Bedingungen des Aplanatismus der Linsensysteme. Sitzgsber. Jen. Ges. Med. Naturw. **1879**, 129—142; (*4*): Anamorphotisches Linsensystem, D.R.P. 99722 v. 30. XI. 1897; (*5*): S. CZAPSKI (*1*).
— u. E. SCHOTT (*6*): Produktionsverzeichnis des glastechnischen Laboratoriums von Schott und Genossen in Jena. Ges. Abh. **2**, 196—205, auf S. 199.

AIRY, G. B. (*1*): On the spherical aberration of the eye pieces of telescopes. Cambr. Phil. Trans. **3**, 1—64 (1827).

D'ALEMBERT (*1*): Opuscules mathématiques **3**. Paris: Briasson 1764.

ALHAZEN (*1*): Opticae thesaurus. Herausg. F. Risner. Basel 1572.

BACO, ROGER (*1*): Tractatus de speculis. Gedr. 1614 Frankfurt.

BEREK, M. (*1*): Grundlagen der praktischen Optik. Analyse und Synthese optischer Systeme. Berlin: de Gruyter 1930.

BERNOULLI, JAC. (*1*): Additamentum ad solutionem curvae causticae fratris JOH. BERNOULLI. Acta erud. **1692**, 110—116; (*2*): Lineae cycloidales, Evolutae, Ant-Evolutae, Causticae, Peri-Causticae. Acta erud. **1692**, 207—213; (*3*): Curvae diacausticae, earum relatio ad evolutas. Acta erud. **1693**, 244—256, (*4*): Solutio Problematis fraterni. Acta erud. **1693**, 255—256.

BERNOULLI, JOH. (*1*): Solutio curvae Causticae per vulgarem Geometrium Cartesianam. Acta erud. **1692**, 30—35.

BESSEL, F. W. (*1*): Über die Grundformeln der Dioptrik. Astr. Nachr. **18**, 97—108 (1841).

BOEGEHOLD, H. (*1*): Besprechung von A. GULLSTRAND (*11*). Z. Instrumentenkde **37**, 187—192, 201—208 (1917); (*2*): Einiges aus der Geschichte des Brechungsgesetzes. Cz. Opt. **40**, 94—97, 103—105, 113—116, 121—124 (1919); (*3*): Zur Geschichte der Grundpunkte von Linsenfolgen. Z. ophthalm. Opt. **9**, 161—170 (1921); (*4*): Herausgeber, der dritten Auflage des CZAPSKI-EPPENSTEIN; (*5*): Zum Kosinussatze von A. E. CONRADY und T. T. SMITH. Cz. Opt. **45**, 107—108 (1924); (*6*): Weitere Bemerkungen zum Kosinussatze. Cz. Opt. **45**, 295—296 (1924); (*7*): Note on the STAEBLE und LIKOTZKY (Druckfehler!) condition. Trans. opt. Soc. Lond. **26**, 287—288 (1924/25); (*8*): Zur Behandlung der Strahlenbegrenzung im 17. und 18. Jahrhundert. Cz. Opt. **49**, 94—95, 105—106, 108—109 (1928); — u. M.HERZBERGER (*9*): Zum allgemeinen Kosinussatz. Z. Physik **50**, 187—194 (1928); (*10*): Über die Entwicklung der Theorie der optischen Instrumente seit ABBE. Erg. exakt. Naturwiss. **8**, 69—146 (1929); — u. M. HERZBERGER (*11*): Die optische Abbildung eines endlichen Ebenenstückes durch eine Umdrehungsfolge. Z. Physik **61**, 15—36 (1930); (*12*): Über die nahfeldscharfe Abbildung durch eine achsensymmetrische Folge bei endlicher Öffnung des abbildenden Bündels. Z. ang. Math. Mech. **10**, 585—596 (1930); (*13*): KEPLERS Gedanken über das Brechungsgesetz und ihre Einwirkung auf SNELL und DESCARTES. Erscheint in der KEPLER-Festschrift, Regensburg; — u. M.HERZBERGER (*14*): Zur Bezeichnungsfrage in der Optik. Z. Instrumentenkde **51**, 44 (1931); (*15*): Geometrische Optik. Sammlung Borntraeger **11** (1927).

Bow, R. (*1*): On photographic distortion. Brit. J. Phot. **8**, 417—419 (1861).

BRUNS, H. (*1*): Das Eikonal. Leipz. Sitzgsber. **21**, 321—436 (1895).

BURMESTER, L. (*1*): Homozentrische Brechung des Lichtes durch das Prisma. Z. Math. Phys. **40**, 65—90 (1895); (*2*): Homozentrische Brechung des Lichtes durch die Linse. Z. Math. Phys. **40**, 321—336 (1895).

CARATHÉODORY, C. (*1*): Über die Enveloppen der Extremalen eines Feldes in mehrdimensionalen Räumen. Griech. math. Ges. **4**, 1—10 (1923); (*2*): Über den Zusammenhang der Theorie der absoluten optischen Instrumente mit einem Satze der Variationsrechnung. Münch. Ber. **1926**; (*3*): Les transformations canoniques de glissement et leur application à l'optique géométrique. Rend. della Acad. dei Lincei **12**, 353—360 (1930).

CLAIRAUT, A. C. (*1*): Mémoire sur les moyens de perfectionner les lunettes d'approche. Mem. Paris **1756**, 380—437; **1757**, 524—550; **1762**, 578—631.

CODDINGTON, A. E. (*1*): A treatise on the reflexion and refraction of light. Cambridge 1829.

CZAPSKI-EPPENSTEIN (*1*): Grundzüge der Theorie optischer Instrumente, 3. Aufl., herausgegeben v. H. ERFLE u. H. BOEGEHOLD. Leipzig: Joh. Ambr. Barth 1924.

DESCARTES (*1*): Discours de la méthode pour bien conduire sa raison et chercher la verité dans les sciences, plus la dioptrique, les météores et la geométrie. Leyden 1637.

DOUGLAS, J. (*1*): On certain two-point properties of general families of curves. Trans. amer. Math. Soc. **22**, 289—310 (1921).

DUPIN, CH. (*1*): Développement de géométrie pour faire suite à la géométrie pratique de Monge. Paris 1813.

EULER, L. (*1*): Methodus inveniendi lineas curvas maximi minimive proprietate gaudentes. Lausanne u. Genf 1744; (*2*): Dioptrica. Petersburg 1769, Werke, 3. Serie **1—4**. Leipzig: B. G. Teubner 1911/12.

EUKLID (*1*): Optica, opticorum recensio Theonis; (*2*): Catoptrica, opera omnia **6**, ed. L. L. HEIBERG. Leipzig: B. G. Teubner 1895.

FERMAT, P. (*1*): Oeuvres **1—3**. Paris: Gauthier Villars 1891—1896.

FRESNEL, A. (*1*): Supplément au mémoire sur la double réfraction 1821. Oeuvres **2**, 343—367. Paris: Imprimerie Impériale 1858.

GAUSS, C. F. (*1*): Dioptrische Untersuchungen (Dez. 1840). Gött. Abh. **1**, 1—34 (1838—1841).

GERGONNE, J. (*1*): Recherche analytique des propriétés les plus générales des faisceaux lumineux directs, refléchis et réfractés. Ann. Math. **13** (1823/24); (*2*): Sur les caustiques planes. Ann. Math. **15** (1824/25); (*3*): Démonstration purement géométrique du principe fondamental de la théorie des caustiques. Ann. Math. **16** (1825/26); (*4*): Sur les surfaces caustiques. Ann. Math. **16** (1825/26); (*5*): Formules d'optique à trois dimensions. Ann. Math. **16** (1825/26); (*6*): Demonstration de deux théoremes sur les caustiques par réfraction rélative d'un cercle. Ann. Math. **18** (1824—28).

GLEICHEN, A. (*1*): Die Blendenstellung bei zentrierten optischen Systemen endlicher Öffnung. Verh. dtsch. phys. Ges. **5**, 193—203 (1903); (*2*): Über einen allgemeinen Satz der geometrischen Optik. Phys. Z. **4**, 226—227 (1903).

GULLSTRAND, A. (*1*): Tatsachen und Fiktionen in der Lehre von der optischen Abbildung. Arch. Opt. **1**, 1—41, 81—97 (1907); (*2*): Die optische Abbildung in heterogenen Medien und die Dioptrik der Kristallinse des Menschen. Sv. Vetensk. Handl. **43**, 1—58 (1908); (*3*): Zur Würdigung der PETZVALschen Bedingung. Z. Instrumentenkde. **30**, 97—105 (1910); (*4*): Einführung in die Methoden der Dioptrik des Auges des Menschen. Leipzig: S. Hirzel 1911; (*5*): Das allgemeine optische Abbildungssystem. Sv. Vetensk. Handl. **55**, 1—139 (1915); (*6*): Optische Systemgesetze zweiter und dritter Ordnung. Sv. Vetensk. Handl. **63**, 13 (1924).

HAMILTON, W. R. (*1*): Theory of systems of rays. Trans. Irish Acad. **15**, 69—178 (1828); (*2*): Supplement to an essay on the theory of systems of rays. Trans.

Irish Acad. **16**, 1—61 (1830); (*3*): Second supplement to an essay on the theory of systems of rays. Trans. Irish Acad. **16**, 93—125 (1830); (*4*): Third supplement to an essay on the theory of systems of rays. Trans. Irish Acad. **17**, 1—144 (1837); (*5*): On some results of the view of a characteristic function in optics. Brit. Assoc. Rep. **1833**, 360—370.

HELMHOLTZ, H. (*1*): Handbuch der physiologischen Optik. Leipzig: L. Voss 1867; (*2*): Die theoretische Grenze für die Leistungsfähigkeit der Mikroskope. Pogg. Ann. **1874**, 557—584.

HERO VON ALEXANDRIEN (*1*): Opera, quae supersunt omnia **6** (1), 303—365. Herausgeg. von L. NIX u. W. SCHMIDT. Leipzig: B. G. Teubner 1900.

HERSCHEL, J. F. W. (*1*): On the aberrations of compound lenses and object glasses. Phil. Trans. **111**, 222—266 (1821).

HERZBERGER, M. (*1*): Über die Durchrechnung windschiefer Strahlen durch ein System zentrierter Linsen. Cz. Opt. **46**, 100—105 (1925); (*2*): Über die Durchrechnung von Strahlen durch optische Systeme. Z. Physik **43**, 750—768 (1927); (*3*): Die Gesetze erster Ordnung in optischen Systemen. Z. Physik **45**, 86—96 (1927); (*4*): Über Sinusbedingung, Kosinusrelation, Isoplanasie und Homöoplanasiebedingung, ihren Zusammenhang mit energetischen Überlegungen und ihre Ableitung aus dem FERMATschen Gesetz. Z. Instrumentenkde **48**, 313 bis **327**, 465—490, 524—540 (1928); (*5*): s. H. BOEGEHOLD (*9*); (*6*): Ein allgemeines optisches Gesetz. Z. Physik **53**, 237—247 (1929); (*7*): s. H. BOEGEHOLD (*11*); (*8*): s. H. BOEGEHOLD (*12*); (*9*): Über die Umgebung eines Strahls in optischen Systemen. Z. ang. Math. Mech. **10**, 467—486 (1930); (*10*): s. H. BOEGEHOLD (*14*).

HILBERT (*1*): Mathematische Probleme. Gött. Nachr. **1900**, 252—297.

HIRE, DE LA (*1*): Théorie des coniques. Paris 1672; (*2*): Traité des epicycloides, Examen de la courbe formée par les rayons réfléchis par un quart de cercle. Anc. Mém. **9**.

HOCKIN, CH. (*1*): On the estimation of aperture in the microscope. J. roy. Micr. Soc. **4**, 337—346 (1884).

HUYGHENS, CHR. (*1*): Traité de la lumière. Fertiggestellt 1678. Leyden: P. v. der Aa 1690. Dtsch. Ostw. Klass. **20** (1913); (*2*): Dioptrica. Geschr. 1653, 1666, abgedruckt lat. und franz. in Oeuvres **13**. Haag: M. Nyhoff 1916.

KEPLER, JOH. (*1*): Ad Vitellionem Paralipomena, quibus Astronomiae pars optica traditur. Übers. v. F. PLEHN 1922. Ostw. Klass. **198**. Frankfurt: Ch. Marne 1604; (*2*): Dioptrice ... Ostw. Klass. **144**. Augsburg: D. Franke 1610.

KLEIN, F. (*1*): Räumliche Kollineationen bei optischen Instrumenten. Z. Math. Phys. **46** (1901) 376—382.

KLÜGEL, G. S. (*1*): Angabe eines möglichst vollkommenen Doppelobjektivs und über die Anwendbarkeit dieser und ähnlicher Berechnungen für Künstler zur Verfertigung achromatischer Fernröhre. Gilb. Ann. Phys. **34**, 265—291 (1810).

KNESER (*1*): Lehrbuch der Variationsrechnung. Braunschweig: Vieweg 1900.

KÖNIG, A. (*1*): in M. v. ROHR (*5*); (*2*): in CZAPSKI-EPPENSTEIN (*2*); (*3*): Geometrische Optik. Handb. Experimentalphysik **2** (1929).

LAGRANGE, J. DE (*1*): Sur une loi générale d'optique. Mém. Berlin **1803**, 3—12.

LANDOLT-BÖRNSTEIN (*1*): Physikalisch-chemische Tabellen, 4. Aufl. Berlin: Julius Springer 1913.

LANGE, M. (*1*): Vereinfachte Formeln für die trigonometrische Durchrechnung optischer Systeme. Diss. Rostock 1909; (*2*): Über ein eigentümliches optisches System, das bis auf den Verzeichnungsfehler von allen Abbildungsfehlern streng befreit ist. Cz. Opt. **40**, 248—249 (1919).

LEIBNIZ, G. G. (*1*): Unicum Opticae, Catoptricae et Dioptricae Principium. Acta erud. **1682**, 185—190; (*2*): De lineis opticis et alia. Acta erud. **1689**, 36—38;

(*3*): Generalia de natura linearum anguloque contactus et osculi, provolutionibus, aliesque cognatis. Acta erud. **1692, 440—446**.

LENZ, W. (*1*): Zur Theorie der optischen Abbildung. Sommerfeld-Festschrift S. 198—207, herausgegeben v. P. DEBYE. Leipzig: S. Hirzel 1928.

LEVI-CIVITA, T. (*1*): Una proprieta di simmetria delle trajettorie dinamiche spiccate da due punti. Rend. della Acad. dei Lincei **24**, 666—674 (1915).

LIE, S. (*1*): Die infinitesimalen Berührungstransformationen de Optik. Leipz. Sitzgsber. **1896, 131—133**.

LIHOTZKY, E. (*1*): Verallgemeinerung der ABBESCHEN Sinusbedingung für Systeme mit nicht gehobener Längenaberration. Wiener Sitzgsber. **128**, 85—90 (1919).

LIPPICH, F. (*1*): Über Brechung und Reflexion unendlich dünner Strahlensysteme an Kugelflächen. Wiener Denkschrift **38**, 163—192 (1877).

MALUS (*1*): Mémoire sur l'optique. J. l'école polytechn. **7**, 1—44, 84—129 (1808).

MARTINEZ-RISCO (*1*): Estudios generales sobre aberración esferica de orden superior (Invariantes de los dioptrios de revolución). Madrid 1926.

MATTHIESEN, L. (*1*): Über die Form unendlich dünner astigmatischer Strahlenbündel und die KUMMERSCHEN Modelle. Cz. Opt. **3**, 277—278 (1882); (*2*): Über die Form der astigmatischen Bilder sehr kleiner gerader Linien bei schiefer Inzidenz der Strahlen in ein unendlich kleines Segment einer brechenden sphärischen Fläche. Graefes Arch. **29**, 147—149 (1883); (*3*): Untersuchungen über die Konstitution unendlich dünner astigmatischer Strahlenbündel nach ihrer Brechung in einer krummen Oberfläche. Z. Math. Phys. **33**, 167—183 (1888).

MAUROLYKUS, F. (*1*): Theoremata de lumine et umbra, ad perspectivum et radiorum incidentiam facientia. Venedig **1575**.

MAXWELL, J. CL. (*1*): Solution of problems. Cambr. Dubl. Math. J. **8**, 188—193 (1854); (*2*): On the general laws of optical instruments. Quart. J. pure et appl. math. **2**, 233—246 (1858); (*3*): On the application of HAMILTON's characteristic function to the theory of an optical instrument symmetrical about its axis. Proc. Lond. Math. Soc. **6**, 117—122 (1874/75); (*4*): On HAMILTON's characteristic function for a narrow beam of light. Proc. Lond. Math. Soc. **6**, 182—190 (1874/75).

MERTÉ, W. (*1*): Über die Abhängigkeit des Astigmatismus und der Bildfeldwölbungen von der Dingweite. Z. Physik **1**, 174—190 (1920); (*2*): Beiträge zur Abbildung des Raumes durch enge Bündel. Z. Physik **57**, 747—769 (1929).

MÖBIUS, A. F. (*1*): Kurze Darstellung der Haupteigenschaften eines Systems von Linsengläsern. Crelles J. **5**, 113—132 (1829); (*2*): Beiträge zu der Lehre von den Kettenbrüchen nebst einem Anhang dioptrischen Inhalts. Crelles J. **6**, 215—243 (1830); (*3*): Entwicklung der Lehre von dioptrischen Bildern mit Hilfe der Kollineationsverwandtschaft. Leipz. Sitzgsber. **7**, 8—32 (1855).

NEWTON, J. (*1*): Opticks or a treatise of the reflexions, refractions, inflexions and colours of light. London 1704; (*2*): Optical lectures read in the public schools of the university of Cambridge. London 1728.

PETZVAL, J. (*1*): Bericht über die Ergebnisse einiger dioptrischer Untersuchungen. Pesth: C. A. Hartleben 1843.

PIOLA, G. (*1*): Sulla teorica dei cannocchiali. Milano: Imp. Reg. 1821.

POINCARÉ, H. (*1*): Sur le problème des trois corps et les equations de la dynamique. Acta math. **13**, 5—270 (1890).

PRANGE, G. (*1*): W. R. Hamiltons Bedeutung für die geom. Optik. Jahresber. d. Dtsch. Math. Vereinigg **30**, 69—82 (1921); (*2*): W. R. HAMILTON's Arbeiten zur Strahlenoptik und analytischen Mechanik. Nova acta, Abh. der Leopoldina **107**. Halle 1923.

PTOLEMAEUS, CH. (*1*): L'ottica di Claudio Tolomeo. Herausgegeben italienisch von G. GOVI. Turin: G. B. Paravia 1885.

QUETELET, L. (*1*): Mémoire sur une nouvelle manière de considérer les caustiques
    soit par réflexion, soit par réfraction. Nouv. mém. de l'acad. de Bruxelles **2**
    (1822); (*2*): Demonstration et développement des principes fondamentaux de la
    théorie des caustiques secondaires. Nouv. mém. de l'acad. de Bruxelles **5** (1829.)
RICHTER, H. (*1*): Photographisches Objektiv insbesondere für Reproduktions-
    zwecke D.R.P. 1921, **342937** (Voigtländer & Sohn).
ROHR, M. V. (*1*): Über die Bedingungen für die Verzeichnungsfreiheit optischer
    Systeme mit besonderer Bezugnahme auf die bestehenden Typen photo-
    graphischer Objektive. Z. Instrumentenkde **17**, 271—277 (1897); (*2*): On
    perspective and depth of field, with special reference to short-focus lenses.
    Brit. J. Phot. **48**, 454—458 (1901); (*3*): Die beim beidäugigen Sehen durch
    optische Instrumente möglichen Formen der Raumanschauung. Münch.
    Sitzgsber. **36**, 487—506 (1906); (*4*): Die Strahlenbegrenzung. Cz. Opt. **41**, 145
    bis 150, 159—162, 171—174 (1920); (*5*): Die Bilderzeugung in optischen In-
    strumenten. Berlin: Julius Springer 1904.
SAMPSON, R. (*1*): A continuation of GAUSS's Dioptrische Untersuchungen. Proc.
    Lond. Math. Soc. **29**, 33—83 (1897).
SCHLEIERMACHER, L. (*1*): Analytische Optik. Darmstadt: G. Jonghans 1842.
SEIDEL, L. (*1*): Zur Dioptrik. Astr. Nachr. **37**, 105—120 (1853); (*2*): Zur Dioptrik.
    Über die Entwicklung der Glieder dritter Ordnung . . . Astr. Nachr. **43**,
    289—332 (1856).
SMITH, T. (*1*): The changes in aberrations, when the object and stop are moved.
    Trans. opt. Soc. **23**, 311—322 (1921/22); (*2*): The optical cosine law. Trans.
    opt. Soc. **24**, 31—40 (1922/23); (*3*): A reference system for primary aberra-
    tions. Trans. opt. Soc. **25**, 130—134 (1923/24); (*4*): Some uncultivated optical
    fields. Trans. opt. Soc. **28**, 225—284 (1926/27); (*5*) On toric lenses. Trans. opt.
    Soc. **29**, 71—87 (1927/28); (*6*): Canonical forms in the theory of asym-
    metrical optical systems. Trans. opt. Soc. **29**, 88—98 (1927/28); (*7*): The
    primordial coefficients of asymmetrical lenses. Trans. opt. Soc. **29**, 179—186
    (1927/28); (*8*): Notes on skew pencils traversing a symmetrical instrument.
    Trans. opt. Soc. **30**, 130—133 (1928/29).
STAEBLE, F. (*1*): Isoplanatische Korrektion und Proportionalitätsbedingung.
    Münch. Sitzgsber. **1919**, 163—196.
STRAUBEL, R. (*1*): Über einen allgemeinen Satz der geometrischen Optik und einige
    Anwendungen. Phys. Z. **4**, 114—117 (1902/03).
STURM, J. CH. (*1*): Recherches sur les caustiques. Ann. Math. **15** (1824/25);
    (*2*): Recherches d'analyse sur les caustiques planes. Ann. math. **15** (1824/25);
    (*3*): Mémoire sur l'optique. Liouv. J. **3** (1838); (*4*): Mémoire sur la théorie de
    la vision. Comptes rendus **20** (1845).
SUTTON, TH. (*1*): Distortion produced by lenses. Phot. Notes **7**, 3—5 (1862).
THIESEN, M. (*1*): Beiträge zur Dioptrik. Berl. Sitzgsber. **2**, 799—813 (1890);
    (*2*): Über vollkommene Diopter. Wied. Ann. **45**, 821—823 (1892).
TSCHIRNHAUSEN, D. (*1*): Inventa nova, exhibita Parisisiis societate regiae scien-
    tiaram. Acta erud. Nov. 1682; (*2*): Methodus, curvas determinandi, quae
    formantur a radiis reflexis, quorum incidentes at paralleli considerantur.
    Acta erud. **1690**, 68—73; (*3*): Curva geometrica quae se ipsam sui evolutioni
    describit. Acta erud. **1690**, 169—172.
VITELO (*1*): Opticae libri decem. Herausgeg. v. F. RISNER. Basel 1572.
WILDE, E. (*1*): Geschichte der Optik. Vom Ursprunge dieser Wissenschaft bis auf
    die gegenwärtige Zeit. **1** (1838), **2** (1843). Berlin: Rücker u. Tüchler.
YOUNG, R. (*1*): On the mechanism of the eye. Phil. Trans. **91**, 23—88 (1801);
    Dtsch. von M. V. ROHR. Z. ophthalm. Opt. **11**, 102—147.
ZINKEN-SOMMER (*1*): Untersuchungen über die Dioptrik der Linsensysteme.
    Braunschweig: Vieweg 1870.

Sachverzeichnis.

Geometrische Optik. Optische Konstante. Optische Instrumente. Redigiert von **H. Konen.** (Band XVIII des „Handbuch der Physik".) Mit 688 Abbildungen. XX, 865 Seiten. 1927.
RM 72.—; gebunden RM 74.40

Inhaltsübersicht: Geometrische Optik: Allgemeines über Strahlen und Strahlensysteme. — Allgemeine geometrische Abbildungsgesetze. Von Dr. W. Merté, Jena. — Realisierung der Abbildung durch Kugelflächen. Von Dr. W. Merté, Jena, Dr. H. Boegehold, Jena, und Dr. O. Eppenstein, Jena. — Ebene Flächen, Prismen. Von Dr. H. Hartinger, Jena. — Die Beziehungen der geometrischen Optik zur Wellenoptik. Von Prof. Dr. F. Jentzsch, Berlin. — Besondere optische Instrumente: Spiegel und daraus entstehende Instrumente. — Prismen. Von Dr. F. Löwe, Jena. — Das Auge und das Sehen. — Das Brillenglas und die Brille. — Das photographische Objektiv. Von Professor Dr. M. v. Rohr, Jena. — Beleuchtungsvorrichtungen und Bildwerfer. — Die Lupe, das zusammengesetzte Mikroskop. Von Dr. H. Boegehold, Jena.— Das Fernrohr. Von Dr. O. Eppenstein, Jena. — Optische Konstanten: Die Messung der Brechungszahlen von Gasen, flüssigen und festen Körpern, Kristallen usw. Methoden. Apparate. — Die Methoden zur Prüfung von optischen Instrumenten, Linsen, Spiegeln, Mikroskopen, Fernrohren usw. Von Dr. H. Keßler, Jena.

Ergebnisse der exakten Naturwissenschaften. Herausgegeben von der Schriftleitung der „Naturwissenschaften". Band VIII. Mit 123 Abbildungen. III, 514 Seiten. 1929. RM 38.—; gebunden RM 39.60

Inhaltsangabe: Probleme der fundamentalen Positionsastronomie. Von Professor Dr. A. Kopff, Berlin-Dahlem. — Jetziger Stand der grundlegenden Kenntnisse der Thermoelektrizität. Von Professor Dr. C. Benedicks, Stockholm. — **Über die Entwicklung der Theorie der optischen Instrumente seit Abbe.** Von Dr. H. Boegehold, Jena. — Molekelbau. Von Professor Dr. F. Hund, Leipzig. — Freie Elektronen als Sonden des Baues der Molekeln. Von Dr. E. Brüche, Berlin. — Der aktive Stickstoff. Von Dr. H. O. Kneser, Marburg. — Elektrische Dipolmomente von Molekülen. Von Dr. I. Estermann, Hamburg. — Dipolmoment und Molekularstruktur. Von Dr. H. Sack, Leipzig. — Die Grundgedanken der neueren Quantentheorie. II. Teil. Von Dr. O. Halpern, Leipzig und Professor Dr. H. Thirring, Wien. — Inhalt der Bände 1—8. — Namen- und Sachverzeichnis.

Die optischen Instrumente. Brille, Lupe, Mikroskop, Fernrohr, Aufnahmelinse und ihnen verwandte Vorkehrungen. Von Professor Dr. **Moritz von Rohr,** wissenschaftlichem Mitarbeiter an der optischen Werkstätte von Carl Zeiß, Jena. Vierte, vermehrte und verbesserte Auflage. Mit 91 Abbildungen. V, 130 Seiten. 1930. RM 5.70

Praktische Optik. Die Gesetze der Linsen und ihre Verwendung. Von Privatdozent Dr. **Paul Schrott,** Wien. Mit 115 Abbildungen im Text. V, 135 Seiten. 1930. RM 7.—

Zeitschrift für Instrumentenkunde. Organ für Mitteilungen aus dem gesamten Gebiete der wissenschaftlichen Technik. Herausgegeben von zahlreichen Fachleuten unter Mitwirkung der Physikalisch-Technischen Reichsanstalt. Schriftleitung: **F. Göpel,** Berlin-Südende. Erscheint monatlich (1931: 51. Jahrgang).
Vierteljährlich RM 14.--; Einzelheft RM 5.90
Dazu zwanglos erscheinende, gesonderte Beilagehefte:

Forschungen zur Geschichte der Optik. Herausgegeben unter Mitwirkung der Herren H. Boegehold-Jena, Th. H. Court-London, F. P. Liesegang-Düsseldorf, A. v. Pflugk-Dresden von dem Schriftleiter **Moritz v. Rohr**-Jena. Oktober 1930 erschien das 4. Heft.

Verlag von Julius Springer / Berlin

Aus **Carl Friedrich Gauß' Werke.** Herausgegeben von der **Gesellschaft der Wissenschaften** zu Göttingen.

Band V: **Mathematische Physik.** Zweiter Abdruck. 642 Seiten. 1877. kart. RM 64.—

Enthält u. a. folgende Arbeiten:

Dioptrische Untersuchungen (zwei Beiträge). — Über die achromatischen Doppelobjektive besonders in Rücksicht der vollkommenern Aufhebung der Farbenzerstreuung. — Brief an Brandes über denselben Gegenstand.

Band XI, Abteilung 2, Abhandlung 2: **Über Gauß' physikalische Arbeiten** (Magnetismus, Elektrodynamik, **Optik**). Von **Clemens Schaefer.** Mit 12 Figuren. 217 Seiten. 1929. RM 24.—

***Die mathematischen Hilfsmittel des Physikers.** Von Professor Dr. **Erwin Madelung,** Frankfurt a. M. Zweite, verbesserte Auflage. Mit 20 Textfiguren. XIII, 283 Seiten. 1925.
RM 13.50; gebunden RM 15.—

***Vorlesungen über höhere Geometrie.** Von **Felix Klein†.** Dritte Auflage, bearbeitet und herausgegeben von **W. Blaschke,** Professor der Mathematik an der Universität Hamburg. Mit 101 Abbildungen. VIII, 406 Seiten. 1926. RM 24.—; gebunden RM 25.20

***Vorlesungen über neuere Geometrie.** Von **Moritz Pasch †,** weil. Professor an der Universität Gießen. Zweite Auflage. Mit einem Anhang: **Die Grundlegung der Geometrie in historischer Entwicklung.** Von **Max Dehn,** Professor an der Universität Frankfurt a. M. Mit insgesamt 115 Abbildungen. X, 275 Seiten. 1926. RM 16.50; gebunden RM 18.—

***Der absolute Differentialkalkül** und seine Anwendungen in Geometrie und Physik. Von **Tullio Levi-Civita,** Professor der Mechanik an der Universität Rom. Autorisierte deutsche Ausgabe von Adalbert Duschek, Privatdozent der Mathematik an der Technischen Hochschule Wien. Mit 6 Abbildungen. XI, 310 Seiten. 1928.
RM 19.60; gebunden RM 21.—

***Elementarmathematik vom höheren Standpunkte aus.** Von **Felix Klein†.** Dritte Auflage.

Zweiter Band: **Geometrie.** Ausgearbeitet von E. Hellinger. Für den Druck fertiggemacht und mit Zusätzen versehen von Fr. Seyfarth. Mit 157 Abbildungen. XII, 302 Seiten. 1925.
RM 15.—; gebunden RM 16.50

Dritter Band: **Präzisions- und Approximationsmathematik.** Ausgearbeitet von C. H. Müller. Für den Druck fertiggemacht und mit Zusätzen versehen von Fr. Seyfarth. Mit 156 Abbildungen. X, 238 Seiten. 1928. RM 13.50; gebunden RM 15.—

** Aus der Sammlung „Grundlehren der mathematischen Wissenschaften"*